高等职业教育教材

大学数学

简明教程

侯方博　姜丽萍　主编

化学工业出版社

·北京·

内 容 简 介

《大学数学简明教程》根据专科、高职院校的数学相关课程的基本要求为出发点编写而成。大学数学简明教程按照内容分为三部分：高等数学、线性代数、概率论与数理统计。在本书中涵盖了以上三部分，共分为十章。主要内容有：函数与极限、导数与微分、导数的应用、不定积分、定积分及其应用、微分方程、线性代数、随机事件与概率、随机变量及其分布、参数估计与假设检验等，书后有附表和习题参考答案。

本书在内容编排上力求做到深入浅出、通俗易懂、直观精练，突出实用性和全面性，具有广泛的应用性和工具性等特点。书中标 * 号的为选学内容，各专业可根据专业需要进行选择。本书可作为高职高专理工农类院校的教学用书，也可作为具有高中以上文化程度的读者的自学用书或参考书。

图书在版编目 (CIP) 数据

大学数学简明教程/侯方博，姜丽萍主编. —北京：化学工业出版社，2021.10
ISBN 978-7-122-39511-5

Ⅰ.①大… Ⅱ.①侯…②姜… Ⅲ.①高等数学-高等学校-教材 Ⅳ.①O13

中国版本图书馆 CIP 数据核字（2021）第 136211 号

责任编辑：邢启壮　旷英姿　　　　　　　　装帧设计：张　辉
责任校对：宋　夏

出版发行：化学工业出版社（北京市东城区青年湖南街 13 号　邮政编码 100011）
印　　装：北京捷迅佳彩印刷有限公司
787mm×1092mm　1/16　印张 12½　字数 308 千字　2021 年 10 月北京第 1 版第 1 次印刷

购书咨询：010-64518888　　　　　　　　　售后服务：010-64518899
网　　址：http://www.cip.com.cn
凡购买本书，如有缺损质量问题，本社销售中心负责调换。

定　　价：39.00 元　　　　　　　　　　　　　　　　　　版权所有　违者必究

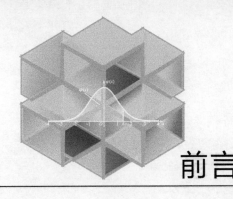

前言

  大学数学是大学理、工、农、医、经、管各学科的基础课程，它向学生阐述重要的数学思想及其应用，培养学生的数学思维能力和逻辑思维能力，提高学生的数学素养，为他们进一步学习本专业后继课程打下一定的基础。

  高等数学是以极限为工具，研究函数的微分与积分的一门课程；线性代数是现代数学的基础，围绕解线性方程组展开知识点的布局；概率论与数理统计是定量地分析随机现象的规律性的课程。通过学习和应用以上三个部分的理论和方法，培养学生分析问题、解决问题的能力，同时训练其批判性思维意识，提高学生的数学综合素养。

  《大学数学简明教程》以应用型人才培养为出发点，充分考虑专科、高职层次的学生特点，围绕实用性、全面性展开编写，包含高等数学、线性代数、概率论与数理统计三个部分的核心内容，主要涵盖函数理论、极限理论、微分与积分、微分方程、线性代数、概率论、数理统计等内容。全书深入浅出，系统全面，为学生专业的学习提供基础理论保障。

  本书具有以下特点：

  1. 本书强调知识的科学性，注重知识的实用性；

  2. 内容涵盖较全面，充分体现了加强基础知识、扩大知识面的编写目标；

  3. 本书力求文字通俗易懂，简明扼要，突出重点，并设置恰当的习题，以培养学生的学习能力、分析问题和解决问题的能力。

  本书执笔与统稿者分工如下：

  第一、二、三章由姜丽萍编写，第四、六章由万喜昌编写，第五、七章由于宏佳编写，第八、九章由侯方博编写，第十章、附表由吴艳华编写。全书由侯方博、姜丽萍主编，侯方博负责策划与统稿。

  化学工业出版社以一贯严谨的科学态度和高度的责任心对书稿严格把关，并确保印刷质量，力求把精品教材呈献给广大师生，在此表示由衷的谢意！

  由于编写时间仓促，书中难免有不妥之处，敬请广大读者和同行提出宝贵意见，以便不断完善。

编者

2021 年 6 月

目录

第一章 函数与极限 … **001**
- **第一节** 初等函数相关知识 … 001
- **第二节** 极限的概念 … 005
- **第三节** 无穷小与无穷大 … 009
- **第四节** 两个重要极限 … 011
- **第五节** 函数的连续性 … 013

第二章 导数与微分 … **019**
- **第一节** 导数的概念 … 019
- **第二节** 导数的运算 … 023
- **第三节** 函数的微分 … 031

第三章 导数的应用 … **036**
- **第一节** 微分中值定理 … 036
- **第二节** 洛必达法则 … 038
- **第三节** 函数的单调性与极值 … 043
- **第四节** 函数图形的描绘 … 051

第四章 不定积分 … **054**
- **第一节** 不定积分的概念 … 054
- **第二节** 不定积分的性质与基本积分公式 … 055
- **第三节** 不定积分的计算 … 057
- **第四节** 积分表的使用 … 067

第五章 定积分及其应用 … **068**
- **第一节** 定积分的概念 … 068
- **第二节** 定积分的性质 … 071
- **第三节** 定积分的计算 … 073
- **第四节** 定积分的应用 … 077

第六章　微分方程 ......　080

第一节　微分方程的概念 ......　080
第二节　一阶微分方程 ......　082
第三节　可降阶的微分方程 ......　086
第四节　二阶常系数线性微分方程 ......　090

第七章　线性代数 ......　095

第一节　行列式 ......　095
第二节　矩阵 ......　100
第三节　矩阵的初等变换与线性方程组 ......　105

第八章　随机事件与概率 ......　111

第一节　随机事件 ......　111
第二节　事件的概率 ......　115
第三节　条件概率和全概率公式 ......　120
第四节　独立重复试验 ......　125

第九章　随机变量及其分布 ......　130

第一节　随机变量的概念 ......　130
第二节　离散型随机变量 ......　131
第三节　连续型随机变量 ......　135
第四节　正态分布 ......　138
第五节　随机变量的数学期望与方差 ......　141
***第六节**　大数定律与中心极限定理简介 ......　145

第十章　参数估计与假设检验 ......　148

第一节　样本与统计量 ......　148
第二节　参数的点估计 ......　153
第三节　参数的区间估计 ......　157
第四节　假设检验问题的基本思想 ......　161
第五节　单个正态总体的假设检验 ......　163
***第六节**　两个正态总体的假设检验 ......　166

附表1　泊松分布表 ......　169

附表 2	标准正态分布表	173
附表 3	χ^2 分布表	174
附表 4	t 分布表	176
附表 5	F 分布表	178

习题参考答案 ………………………………………………… 182

参考文献 …………………………………………………………… 193

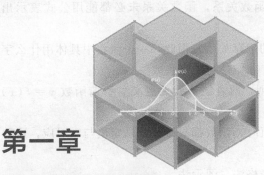

第一章

函数与极限

初等数学研究的对象基本上是不变的量,而高等数学则是以变量为研究对象的一门数学.所谓函数关系就是变量之间的依赖关系.极限方法则是研究变量的一种基本方法.本章将介绍初等函数、极限和函数的连续性等基本概念,以及它们的一些性质.

第一节 初等函数相关知识

一、函数的定义

先考察几个例子.

例 1 考察圆的面积 S 与它的半径 r 之间的关系.我们知道,它们之间的关系由公式 $S=\pi r^2$ 给定,当半径 r 在区间内 $(0,+\infty)$ 取定一个数值时,由上式就可以确定圆面积 S 的相应数值.

例 2 某工厂每年最多生产产品 100t,固定成本为 10 万元,每生产 1t 产品成本增加 0.8 万元,则每年产品总成本 C(万元)与年产量 x(t)的关系由公式

$$C=10+0.8x \qquad 0 \leqslant x \leqslant 100$$

确定,当 x 取 0 到 100 之间的任何一个值时,由上式就可算得 C 的对应值.

抽出上面几个例子中所考虑的量的实际意义,它们都表达了两个变量之间的相依关系,这种相依关系给出了一种对应法则,根据这一法则,当其中一个变量在其变化范围内任意取定一个数值时,另一个变量就有确定的值与之对应.两个变量间的这种对应关系就是函数概念的实质.

定义 1 如果当变量 x 在其变化范围内任意取定一个数值时,变量 y 按照一定的法则总有确定的数值和它对应,则称 y 是 x 的函数.变量 x 的变化范围叫做这个函数的定义域,通常 x 叫做自变量,y 叫做因变量.

为了表明 y 是 x 的函数,我们用记号 $y=f(x)$,$y=\varphi(x)$ 或 $y=F(x)$ 等来表示,这里字母"f""φ""F"表示 y 与 x 之间的对应法则,即函数关系.如果 x_0 是定义域内的一个数值,则 $f(x_0)$ 为 x 在 x_0 处的函数值,我们把所有函数值的集合称为函数的值域.

在这里要注意:

（1）因变量对于自变量的依从关系，叫做函数关系，函数关系未必都能用公式表示出来，可能是表格，也可能是图像．

（2）在数学中讨论函数是着重讨论变量间的依存关系，因此，一个函数中具体用什么字母表示变量是无关紧要的，如 $y=f(x)$ 和 $u=f(v)$ 是同一个函数．

（3）函数含有两要素——定义域和对应法则，两者缺一就无意义．所谓函数 $y=f(x)$ 给定，是指定义域和对应法则都已指定．

（4）如果自变量在定义域内任取一个确定值时，函数都只有一个确定值与它对应，这种函数叫做单值函数，否则叫做多值函数．

一般说来函数的表示法有三种：公式法、表格法、图示法．

二、函数的几种常见性质

1. 函数的单调性

函数 $y=f(x)$ 的值一般总是随着自变量 x 变化而变化的，它可能随 x 增大而增大，也可能随 x 增大而减小．因此有：

定义 2 函数 $f(x)$ 在区间 (a,b) 内的值随 x 增大而增大，即对于 (a,b) 内任意两点 x_1 及 x_2，当 $x_1<x_2$ 时，有 $f(x_1)<f(x_2)$，则称函数 $f(x)$ 在区间 (a,b) 内为**单调增加**的；如果 $f(x)$ 在区间 (a,b) 内的值随 x 增大而减小，即对于 (a,b) 内任意两点 x_1 及 x_2，当 $x_1<x_2$ 时，有 $f(x_1)>f(x_2)$，则称函数 $f(x)$ 在区间 (a,b) 内为**单调减少的**．

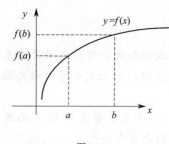 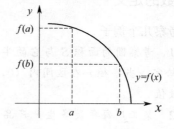

图 1-1　　　　　　　　　　　　图 1-2

这两者的图形一是沿横轴向上升，如图 1-1；一是沿横轴向下降，如图 1-2．在整个区间为单调增加或单调减少的函数叫做单调函数．

2. 函数的奇偶性

定义 3 设有函数 $f(x)$，如果对于定义域内的一切 x 都有
$$f(-x)=f(x)$$
则称 $f(x)$ 是**偶函数**；如果
$$f(-x)=-f(x)$$
则称 $f(x)$ 是**奇函数**．

偶函数的图像关于 y 轴对称，奇函数的图像关于原点对称．

例如 $y=x^2$，$y=\cos x$ 都是偶函数；$y=x^3$，$y=\sin x$ 都是奇函数；$y=\sin x+\cos x$ 既非奇函数，也非偶函数．

3. 函数的周期性

定义 4 设函数 $f(x)$ 对于定义域 D 内的任意 x 都有：
$$f(x+l)=f(x) \quad (l \text{ 为非零常数})$$

则称 $f(x)$ 是**周期函数**，l 叫做**周期**. 通常我们说周期函数的周期是指最小正周期.

例如 $y=\cos x$ 和 $y=\sin x$ 都是以 2π 为周期的周期函数，而 $y=\tan x$ 和 $y=\cot x$ 都是以 π 为周期的周期函数.

4. 函数的有界性、无界性

定义 5 如果存在一个正数 M，对于函数 $f(x)$ 的定义域内一切 x 值，使 $|f(x)| \leqslant M$ 成立，则称函数 $y=f(x)$ 在定义域内**有界**；如果这样的 M 不存在，就称函数 $f(x)$ 在定义域内**无界**.

例如函数 $y=\cos x$ 和 $y=\sin x$ 是有界的，而函数 $y=\dfrac{1}{x}(x\neq 0)$ 是无界的.

三、反函数

定义 6 对于函数 $y=f(x)$，如果把 y 当作自变量，x 当做因变量，则由关系 $y=f(x)$ 所确定的函数 $x=f^{-1}(y)$ 叫做函数 $f(x)$ 的**反函数**. 相对于反函数 $f^{-1}(y)$ 来说，$f(x)$ 叫做直接函数.

这里要注意：

(1) 反函数 $x=\varphi(y)$ 的对应法则是由直接函数 $y=f(x)$ 的对应法则而确定的；

(2) 函数 $f(x)$ 为单调函数，则它的定义域是反函数 $\varphi(y)$ 的值域，$f(x)$ 的值域是 $\varphi(y)$ 的定义域；

(3) 函数 $x=\varphi(y)$ 与 $y=\varphi(x)$ 表示同一个函数；

(4) 反函数 $x=\varphi(y)$ 的图像与直接函数 $y=f(x)$ 的图像关于直线 $y=x$ 对称；

(5) 并不是所有的函数都有反函数，例如 $y=c$（c 是常数）就没有反函数.

四、基本初等函数

定义 7 常数函数、幂函数、指数函数、对数函数、三角函数和反三角函数统称为**基本初等函数**. 这些基本初等函数在中学都已学过，现列表简要复习如下：

名称	解析式	简单性质
常数函数	$y=C$（常量）	
幂函数	$y=x^u$（u 为任何实数）	过点 $(1,1)$；若 $u>0$ 则为增函数；若 $u<0$ 则为减函数，且此时以 x 轴、y 轴为渐近线
指数函数	$y=a^x$（$a>0$ 且 $a\neq 1$）	过点 $(0,1)$；若 $a>1$ 则为增函数，且以 x 轴为渐近线；若 $a<1$ 则为减函数，且以 x 轴为渐近线
对数函数	$y=\log_a x$（$a>0$ 且 $a\neq 1$）	$0<x<+\infty$，过点 $(1,0)$；若 $a>1$ 则为增函数，且以 y 轴为渐近线；若 $a<1$ 则为减函数，且以 y 轴为渐近线
三角函数	$y=\sin x$	$x\in\mathbf{R}$，$-1\leqslant\sin x\leqslant 1$ 图像关于原点对称，以 2π 为周期
	$y=\cos x$	$x\in\mathbf{R}$，$-1\leqslant\cos x\leqslant 1$ 图像关于 y 轴对称，以 2π 为周期

续表

名称	解析式	简单性质
三角函数	$y=\tan x$	$x\neq\dfrac{\pi}{2}+k\pi(k\in\mathbf{Z})$,图像关于原点对称,以 π 为周期
	$y=\cot x$	$x\neq k\pi(k\in\mathbf{Z})$,图像关于原点对称,以 π 为周期
反三角函数	$y=\arcsin x$	$x\in[-1,1]$,$y\in\left[-\dfrac{\pi}{2},\dfrac{\pi}{2}\right]$,增函数
	$y=\arccos x$	$x\in[-1,1]$,$y\in[0,\pi]$,减函数
	$y=\arctan x$	$x\in\mathbf{R}$,$y\in\left(-\dfrac{\pi}{2},\dfrac{\pi}{2}\right)$,增函数
	$y=\operatorname{arccot} x$	$x\in\mathbf{R}$,$y\in(0,\pi)$,减函数

五、复合函数

定义 8 设 y 为变量 u 的函数,即 $y=f(u)$,并设变量 u 为变量 x 的某一函数,即 $u=\varphi(x)$,并且与 x 对应的 u 的值域在 $y=f(u)$ 的定义域内,则 y 为 x 的函数,即
$$y=f[\varphi(x)].$$

我们称 y 为自变量 x 的**复合函数**,u 叫做中间变量,x 叫做独立变量。函数 φ 叫做内函数,函数 f 叫做外函数。

例 3 函数 $y=\log_a(x^2+1)$ 是由两个函数 $y=\log_a u$,$u=x^2+1$ 复合函数而成。

例 4 函数 $y=A\sin(\omega x+\varphi)$ 是由简单函数 $y=A\sin u$,$u=\omega x+\varphi$ 复合而成。

六、初等函数

定义 9 由基本初等函数经有限次的四则运算和复合所构成的且能够用一个解析式表达的函数统称为**初等函数**。

例如:$y=ax^2+\log_a(x+1)+\sin(2x+1)$ 是初等函数。

初等函数是微积分学研究的主要对象。

习题 1-1

1. 求下列函数的定义域:

(1) $y=\dfrac{1}{x-1}$; (2) $y=\sqrt{3x+1}$;

(3) $y=\dfrac{1}{1-x^2}$; (4) $y=\sqrt{x^2-4}$;

(5) $y=\dfrac{1}{1-x^2}+\sqrt{x+2}$; (6) $y=\dfrac{1}{x}-\sqrt{1-x^2}$;

(7) $y=\dfrac{1}{\sqrt{4-x^2}}$; (8) $y=\dfrac{2x}{x^2-3x+2}$.

2. 试证下列函数在指定区间内的单调性.

(1) $y=x^2$, $(-1,0)$； (2) $y=\lg x$, $(0,+\infty)$；

(3) $y=\sin x$, $\left(-\dfrac{\pi}{2},\dfrac{\pi}{2}\right)$.

3. 下列函数中哪些是偶函数？哪些是奇函数？哪些既非奇函数又非偶函数？

(1) $y=x^2(1-x^2)$； (2) $y=3x^2-x^3$；

(3) $y=\dfrac{1-x^2}{1+x^2}$； (4) $y=x(x-1)(x+1)$；

(5) $y=\sin x-\cos x+1$.

4. 下列各函数哪些是周期函数？对于周期函数指出其周期.

(1) $y=\cos(x-2)$； (2) $y=\cos 4x$；

(3) $y=1+\sin\pi x$； (4) $y=\sin^2 x$.

5. 求下列函数值.

(1) $f(x)=x^2+x-1$，求 $f(0)$, $f(-1)$, $f(1)$, $f(a)$；

(2) $f(x)=\sqrt{9-x^2}$，求 $f(0)$, $f\left(\dfrac{1}{2}\right)$, $f(2)$；

(3) $f(x)=\dfrac{x-2}{x+1}$，求 $f(1)$, $f\left(-\dfrac{1}{2}\right)$, $f(x+2)$, $f\left(\dfrac{1}{x}\right)$；

(4) $F(x)=2^{x-2}$，求 $F(2)$, $F(3)$, $F(1)$；

(5) $f(x)=3\cos x$，求 $f(0)$, $f\left(\dfrac{\pi}{3}\right)$, $f\left(\dfrac{\pi}{2}\right)$.

6. 求下列函数的反函数.

(1) $y=x^3$； (2) $y=-10^x$；

(3) $y=\dfrac{x}{x+2}$； (4) $y=\log_x 2$；

(5) $y=2\sin 3x$.

7. 指出下列函数是怎样复合而成的.

(1) $y=(x^2+3x+1)^5$； (2) $y=\sin^3(1+2x)$；

(3) $y=\cos^2\sqrt{x}$； (4) $y=e^{-\frac{x^2}{2}}$.

第二节　极限的概念

极限的概念是微积分学中最基本的概念之一，极限理论是微积分学的基础，极限方法是微积分学中最重要的方法.

一、函数极限

1. $x\to\infty$ 时函数 $f(x)$ 的极限

定义 1　设函数 $f(x)$ 对于绝对值无论怎样大的 x 值是有定义的，如果当 $|x|$ 无限增大时，对应的函数值 $f(x)$ 无限趋近于某一常数 A，则称常数 A 为函数 $f(x)$ 当 x 趋于无

穷大时的极限. 记作

$$\lim_{x\to\infty}f(x)=A \text{ 或 } f(x)\to A \quad (x\to\infty).$$

从几何意义上讲，极限 $\lim\limits_{x\to\infty}f(x)=A$ 表示：随着 $|x|$ 无限增大，曲线 $y=f(x)$ 上对应的点与直线 $y=A$ 的距离无限变小，即 $y=f(x)$ 以 $y=A$ 为渐近线，如图 1-3.

如果在定义 1 中，限制 x 只取正值或只取负值，我们就分别记为

$$\lim_{x\to+\infty}f(x)=A \text{ 或 } \lim_{x\to-\infty}f(x)=A,$$

称为当 x 趋于正无穷大（负无穷大）时，函数 $f(x)$ 以常数 A 为极限.

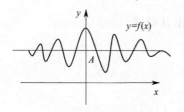
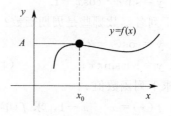

图 1-3　　　　　　　　　　　　图 1-4

2. $x\to x_0$ 时函数 $f(x)$ 的极限

定义 2　设函数 $f(x)$ 在点 x_0 的某一邻域内（x_0 可以除外）有定义，如果当 x 无限趋近于 x_0（但不等于 x_0）时，对应的函数值 $f(x)$ 无限趋近于某一常数 A，则称常数 A 为函数 $f(x)$ 当 x 趋于 x_0 时的极限，记作：

$$\lim_{x\to x_0}f(x)=A \text{ 或 } f(x)\to A(x\to x_0).$$

从几何意义上讲，极限 $\lim\limits_{x\to x_0}f(x)=A$ 表示：当 x 无限地靠近 x_0（但不等于 x_0）时，曲线 $y=f(x)$ 上的点 $(x,f(x))$ 无限地靠近点 (x_0,A)，如图 1-4.

例 1　利用定义证明 $\lim\limits_{x\to x_0}x=x_0$.

证明　设 $f(x)=x$，因为 $|f(x)-A|=|f(x)-x_0|=|x-x_0|$，

所以要使 $|f(x)-x_0|$ 任意小，只要 $|x-x_0|$ 充分小就行，由定义 2 可知，函数 $f(x)=x$ 当 $x\to x_0$ 时以 x_0 为极限，即

$$\lim_{x\to x_0}x=x_0.$$

例 2　研究当 $x\to 0$ 时，函数 $f(x)=\sin\dfrac{1}{x}$ 的极限.

解　因为当 x 越来越接近于零时，对应的函数值 $\sin\dfrac{1}{x}$ 始终在 -1 和 1 之间摆动，而不趋近于任何常数，所以 $\lim\limits_{x\to 0}\sin\dfrac{1}{x}$ 不存在.

3. 单侧极限

定义 3　如果当 x 从 x_0 的左侧趋近于 x_0 时，函数 $f(x)$ 的对应值趋近于常数 A，则称常数 A 为函数 $f(x)$ 当 x 趋近于 x_0 时的**左极限**，记作

$$\lim_{x\to x_0^-}f(x)=A \text{ 或 } f(x_0-0)=A.$$

类似地，可以定义**右极限**为
$$\lim_{x \to x_0^+} f(x) = A \text{ 或 } f(x_0+0) = A.$$

左极限与右极限均称为**单侧极限**，$f(x_0-0)$ 与 $f(x_0+0)$ 分别表示 $f(x)$ 在 x_0 的左、右极限，不要与 $f(x_0)$ 混淆.

定理 1 $\lim\limits_{x \to x_0} f(x) = A$ 的充分必要条件是：
$$\lim_{x \to x_0^-} f(x) = \lim_{x \to x_0^+} f(x) = A.$$

这就是说函数 $f(x)$ 在点 x_0 的极限等于 A 的充分必要条件是 $f(x)$ 在点 x_0 的左、右极限相等且等于 A.

例 3 已知函数
$$f(x) = \begin{cases} x+1, & x > 0, \\ 0, & x = 0, \\ x-1, & x < 0. \end{cases}$$

研究此函数在 $x \to 0$ 的极限.

解 左极限为 $\lim\limits_{x \to 0^-} f(x) = -1$；右极限为 $\lim\limits_{x \to 0^+} f(x) = 1$.

两者不相等，所以当 $x \to 0$ 时，$f(x)$ 没有极限.

4. 关于函数极限的两个定理

定理 2 如果 $\lim\limits_{x \to x_0} f(x) = A$，而且 $A > 0$（或 $A < 0$），则总存在点 x_0 的空心邻域，当 x 在该邻域内时，有
$$f(x) > 0 [\text{或 } f(x) < 0].$$

从图 1-5 可以看出：$\lim\limits_{x \to x_0} f(x) = A > 0$.

在 x_0 的左、右邻近（可以不包括 x_0）的函数值也都是正的.

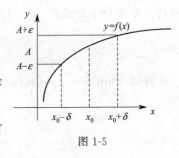

图 1-5

定理 3 如果 $\lim\limits_{x \to x_0} f(x) = A$，而且在 x_0 的某邻域内（可以不包括 x_0）$f(x) \geq 0$ [或 $f(x) \leq 0$]，则 $A \geq 0$ [或 $A \leq 0$].

二、极限的运算法则

函数的极限虽在上面已给出定义，但是遇到具体问题时，只靠概念去处理是很麻烦的，下面给出极限运算的四则运算法则，以备后面应用.

定理 4 如果 $\lim f(x) = A$（常数），$\lim g(x) = B$（常数）（x 在同一变化过程中），则

(1) $\lim[f(x) \pm g(x)] = A \pm B$；

(2) $\lim[f(x)g(x)] = AB$；

(3) $\lim \dfrac{f(x)}{g(x)} = \dfrac{A}{B}$ $(B \neq 0)$.

推论 (1) $\lim[kf(x)] = k\lim f(x) = kA$（其中 k 为常数）；

(2) $\lim[f(x)]^n = [\lim f(x)]^n = A^n$；

(3) $\lim\left[\dfrac{1}{f(x)}\right]^n = \left[\dfrac{1}{\lim f(x)}\right]^n = \dfrac{1}{A^n}$(但 $A\neq 0$).

例4 求 $\lim\limits_{x\to 1}\dfrac{x^3-3x+1}{x-4}$.

解 因为 $\lim\limits_{x\to 1}(x^3-3x+1)=\left(\lim\limits_{x\to 1}x\right)^3-3\lim\limits_{x\to 1}x+\lim\limits_{x\to 1}1=1-3+1=-1$,

$\lim\limits_{x\to 1}(x-4)=\lim\limits_{x\to 1}x-\lim\limits_{x\to 1}4=1-4=-3\neq 0$,

所以 $\lim\limits_{x\to 1}\dfrac{x^3-3x+1}{x-4}=\dfrac{-1}{-3}=\dfrac{1}{3}$.

例5 已知 $f(x)=Ax^n$, 求 $\lim\limits_{x\to a}f(x)$ (a 为正整数).

解 $\lim\limits_{x\to a}f(x)=\lim\limits_{x\to a}Ax^n=A\lim\limits_{x\to a}x^n=A\left[\lim\limits_{x\to a}x\right]^n=Aa^n$.

例6 已知 $f(x)=a_0x^n+a_1x^{n-1}+\cdots+a_{n-1}x+a_n$, 求 $\lim\limits_{x\to a}f(x)$.

解 $\lim\limits_{x\to a}f(x)=\lim\limits_{x\to a}a_0x^n+\lim\limits_{x\to a}a_1x^{n-1}+\cdots+\lim\limits_{x\to a}a_{n-1}x+\lim\limits_{x\to a}a_n$
$=a_0a^n+a_1a^{n-1}+\cdots+a_{n-1}a+a_n$.

这个结果指出: 多项式的极限值等于它的函数值.

例7 设 $f(x)=\dfrac{x^2-1}{x-1}$, 求 $\lim\limits_{x\to 1}f(x)$.

解 因为 $\lim\limits_{x\to 1}(x-1)=0$, 不能用 $\lim\dfrac{f(x)}{g(x)}=\dfrac{\lim f(x)}{\lim g(x)}$ 去求极限, 由于 $x\to 1$, 但 $x\neq 1$, 则约去分母分子公因式 $(x-1)$ 得到

$$\dfrac{x^2-1}{x-1}=x+1$$

所以 $\lim\limits_{x\to 1}\dfrac{x^2-1}{x-1}=\lim\limits_{x\to 1}(x+1)=2$.

习题 1-2

1. 计算下列极限.

(1) $\lim\limits_{x\to 2}(2x-3)$;

(2) $\lim\limits_{x\to 1}(4x^2+3)$;

(3) $\lim\limits_{x\to 2}\dfrac{2x+3}{x-1}$;

(4) $\lim\limits_{x\to -1}\dfrac{x^2+2x+5}{x^2+1}$;

(5) $\lim\limits_{x\to 0}(3-2x^2)(5+x)$;

(6) $\lim\limits_{x\to \sqrt{3}}\dfrac{x^2+3}{x^4+x^2+1}$;

(7) $\lim\limits_{x\to 0}\left(\dfrac{x^2-3x+1}{x-4}+1\right)$;

(8) $\lim\limits_{x\to 0}\dfrac{4x^3+2x^2+x}{3x^2+2x}$;

(9) $\lim\limits_{x\to -2}\dfrac{x^2-4}{x+2}$;

(10) $\lim\limits_{x\to 9}\dfrac{\sqrt{x}-3}{x-9}$;

(11) $\lim\limits_{x\to 5}\dfrac{x^2-6x+5}{x-5}$;

(12) $\lim\limits_{x\to -1}\left(\dfrac{1}{x+1}-\dfrac{3}{x^3+1}\right)$.

2. 求下列各极限.

(1) $\lim\limits_{x\to\infty}\dfrac{2x^2-x}{x^2+1}$;

(2) $\lim\limits_{x\to\infty}\left(\dfrac{5}{x}+\dfrac{1}{2}\right)$;

(3) $\lim\limits_{x\to\infty}\left(\dfrac{x^2-2x+7}{3x^2+x}\right)$;

(4) $\lim\limits_{x\to\infty}\left(\dfrac{3x^2+4x-1}{2x^2-x+3}\right)$;

(5) $\lim\limits_{x\to\infty}\left(\dfrac{x^2-4}{x-2}\right)$;

(6) $\lim\limits_{x\to\infty}\left(\dfrac{a_0x^m+a_1x^{m-1}+\cdots+a_m}{b_0x^n+b_1x^{n-1}+\cdots+b_n}\right)(a_0b_0\neq 0)$.

第三节 无穷小与无穷大

一、无穷小

定义 1 如果函数 $f(x)$ 当 $x\to x_0$（或 $x\to\infty$）时的极限为零，这时函数 $f(x)$ 叫做 $x\to x_0$（或 $x\to\infty$）时的**无穷小**，记作

$$\lim\limits_{x\to x_0}f(x)=0 \ (\text{或} \lim\limits_{x\to\infty}f(x)=0).$$

例如，因为 $\lim\limits_{x\to 1}(x-1)=0$，所以函数 $f(x)=x-1$，当 $x\to 1$ 时为无穷小. 因为 $\lim\limits_{x\to\infty}\dfrac{1}{x}=0$，所以函数 $f(x)=\dfrac{1}{x}$，当 $x\to\infty$ 时为无穷小.

无穷小具有下面的两个性质：

性质 1 有限个无穷小的代数和还是无穷小.

性质 2 有界量与无穷小量的积仍是无穷小.

例 1 求 $\lim\limits_{x\to\infty}\dfrac{\cos x}{x}$.

解 因为 $|\cos x|\leqslant 1$，所以 $\cos x$ 是有界量，又因为 $\lim\limits_{x\to\infty}\dfrac{1}{x}=0$，所以当 $x\to\infty$ 时，$\dfrac{\cos x}{x}$ 是有界变量 $\cos x$ 与无穷小 $\dfrac{1}{x}$ 的乘积，根据性质 2，有 $\lim\limits_{x\to\infty}\dfrac{\cos x}{x}=0.$

因为常数可以看作是有界变量，所以由性质 2 可以得到下面的两个推论：

推论 1 常数与无穷小的乘积是无穷小.

推论 2 有限个无穷小的乘积还是无穷小.

二、无穷大

定义 2 如果当 $x\to x_0$（或 $x\to\infty$）时，对应的函数值的绝对值 $|f(x)|$ 无限增大时，就说函数 $f(x)$ 当 $x\to x_0$（或 $x\to\infty$）时为**无穷大**，记作

$$\lim\limits_{x\to x_0}f(x)=\infty \ (\text{或}\lim\limits_{x\to\infty}f(x)=\infty).$$

例如，因为 $\lim\limits_{x\to 0}\dfrac{1}{x}=\infty$，所以函数 $f(x)=\dfrac{1}{x}$，当 $x\to 0$ 时为无穷大.

因为 $\lim\limits_{x\to\infty}(x-1)=\infty$，所以函数 $f(x)=x-1$，当 $x\to\infty$ 时为无穷大.

注：不要把无穷小和很小的数混为一谈，无穷小是一个极限为零的变量，并不是一个常量，决不能把某个很小的数，如百万分之一说成是无穷小，但零是可以作为无穷小的唯一常数. 同样，无穷大不是数，不可与很大的数混为一谈.

三、无穷小与无穷大的关系

在自变量的同一变化过程（如 $x\to x_0$）中，若 $f(x)$ 为无穷大，则 $\dfrac{1}{f(x)}$ 为无穷小；反之，若 $f(x)$ 为无穷小，且 $f(x)\neq 0$，则 $\dfrac{1}{f(x)}$ 为无穷大.

例如，因为 $\lim\limits_{x\to 0}\dfrac{x^2}{x}=\lim\limits_{x\to 0}x=0$，所以函数 $f(x)=\dfrac{x^2}{x}$ 当 $x\to 0$ 时是无穷小；而 $\dfrac{1}{f(x)}=\dfrac{x}{x^2}$，因为 $\lim\limits_{x\to 0}\dfrac{x}{x^2}=\lim\limits_{x\to 0}\dfrac{1}{x}=\infty$，所以函数 $\dfrac{1}{f(x)}=\dfrac{x}{x^2}$ 当 $x\to 0$ 时是无穷大.

在求极限过程中，经常要用到无穷小与无穷大的这个关系.

四、无穷小的比较

定义 3 设 $\alpha=\alpha(x)$，$\beta=\beta(x)$ 是同一变化过程中的无穷小.

1. 如果 $\lim\dfrac{\beta}{\alpha}=c$（$c$ 是非零常数），则称 β 与 α 是同阶无穷小；

2. 如果 $\lim\dfrac{\beta}{\alpha}=1$，则称 β 与 α 是等价无穷小，记作 $\beta\sim\alpha$；

3. 如果 $\lim\dfrac{\beta}{\alpha}=\infty$，则称 β 是比 α 低阶的无穷小；

4. 如果 $\lim\dfrac{\beta}{\alpha}=0$，则称 β 是比 α 高阶的无穷小，记作 $\beta=o(\alpha)$.

注：这里为了方便起见，在极限符号下并未注明自变量的变化趋向，即是说它们对于 $x\to x_0$，$x\to\infty$ 都适用.

例如，因为 $\lim\limits_{x\to 0}\dfrac{x^2}{x}=\lim\limits_{x\to 0}x=0$，所以，当 $x\to 0$ 时，x^2 是比 x 高阶的无穷小；反之，x 是比 x^2 低阶的无穷小. 因为 $\lim\limits_{x\to 0}\dfrac{2x}{x}=2$，所以当 $x\to 0$ 时，$2x$ 与 x 是同阶无穷小.

两个无穷小的阶的高低，实际上是表示两个无穷小趋于零的快慢程度的. 如果 β 是比 α 高阶的无穷小，则表示 β 与 α 这两个无穷小在变化过程中，β 趋于零的速度比 α 快得多；如果两个无穷小是同阶的，则表示这两个无穷小趋于零的速度快慢差不多；如果两个无穷小是等价的，则表示它们趋于零的速度一样.

习题 1-3

1. 两个无穷小的商是否一定是无穷小？举例说明.

2. 下列函数哪个是无穷小，哪个是无穷大？试说明理由．

(1) $f(x)=\dfrac{x}{x-3}$，$x\to 3$；　　　(2) $f(x)=2x+1$，$x\to\infty$；

(3) $f(x)=\dfrac{x-1}{x+1}$，$x\to 1$；　　　(4) $f(x)=\dfrac{1}{x-9}$，$x\to\infty$；

(5) $f(x)=\dfrac{1}{x-9}$，$x\to 9$．

3. 在 $x\to 1$ 时，$\alpha(x)=1-x$，$\beta(x)=1-\sqrt[3]{x}$ 均为无穷小，哪一个的阶高？

4. 当 $x\to 2$ 时，试比较 $\sqrt{x}-\sqrt{2}$ 与 $x-2$ 的阶．

第四节　两个重要极限

一、$\lim\limits_{x\to 0}\dfrac{\sin x}{x}=1$

为了证明这个重要极限，我们不加证明给出一个引理：

引理（夹挤定理）：如果三个变量 x,y,z 总有关系 $y\leqslant x\leqslant z$ 成立，且在相同变化过程中有 $\lim y=\lim z=A$，则 $\lim x=A$．

证　由于 $\dfrac{\sin x}{x}=\dfrac{\sin(-x)}{-x}$，故不论 x 取正值或负值都是一样的，因此只考虑右极限，根据弧长在弦长与切线的长度之间，因此对 $0<x<\dfrac{\pi}{2}$（图 1-6），有

$$\sin x<x<\tan x$$

或

$$1<\dfrac{x}{\sin x}<\dfrac{1}{\cos x},$$

由此得

$$\cos x<\dfrac{\sin x}{x}<1.$$

由于

$$\lim_{x\to 0}\cos x=1,$$

根据引理有

$$\lim_{x\to 0}\dfrac{\sin x}{x}=1.$$

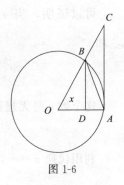

图 1-6

例 1　求 $\lim\limits_{x\to 0}\dfrac{1-\cos x}{x}$．

解　$\lim\limits_{x\to 0}\dfrac{1-\cos x}{x}=\lim\limits_{x\to 0}\dfrac{2\sin^2\dfrac{x}{2}}{x}=\lim\limits_{x\to 0}\left(\dfrac{\sin\dfrac{x}{2}}{\dfrac{x}{2}}\times\sin\dfrac{x}{2}\right)$

$=\lim\limits_{x\to 0}\dfrac{\sin\dfrac{x}{2}}{\dfrac{x}{2}}\times\lim\limits_{x\to 0}\sin\dfrac{x}{2}=1\times 0=0.$

例2 求 $\lim\limits_{x \to 0} \dfrac{\tan x}{x}$.

解 $\lim\limits_{x \to 0} \dfrac{\tan x}{x} = \lim\limits_{x \to 0} \left(\dfrac{\sin x}{x} \times \dfrac{1}{\cos x} \right) = \lim\limits_{x \to 0} \dfrac{\sin x}{x} \times \lim\limits_{x \to 0} \dfrac{1}{\cos x} = \dfrac{\lim\limits_{x \to 0} \dfrac{\sin x}{x}}{\lim\limits_{x \to 0} \cos x} = \dfrac{1}{1} = 1.$

二、$\lim\limits_{x \to \infty} \left(1 + \dfrac{1}{x}\right)^x = \mathrm{e}$

定理 单调有界数列必有极限.

首先我们来研究数列 $y_n = \left(1 + \dfrac{1}{n}\right)^n$ 的情形：

n	1	2	10	100	1000	10000	100000	…
y_n	2	2.25	2.5937	2.70481	2.71692	2.71814	2.71827	…

由此可以看出数列 $y_n = \left(1 + \dfrac{1}{n}\right)^n$ 是单调增加的，而且有界（小于 3）. 所以 $\lim\limits_{x \to \infty} \left(1 + \dfrac{1}{n}\right)^n$ 是存在的，这个极限可以证明是无理数，通常用 e 来表示，即

$$\lim\limits_{n \to \infty} \left(1 + \dfrac{1}{n}\right)^n = \mathrm{e}.$$

可以证明，当 x 连续变化且趋于无穷大时，函数 $\left(1 + \dfrac{1}{x}\right)^x$ 的极限存在并且也等于 e. 即：

$$\lim\limits_{x \to \infty} \left(1 + \dfrac{1}{x}\right)^x = \mathrm{e}.$$

这个数 e 是无理数，它的值是

$$\mathrm{e} = 2.718281828459045\cdots$$

利用代换 $z = \dfrac{1}{x}$，则当 $x \to \infty$ 时，$z \to 0$，上式也可以写成

$$\lim\limits_{z \to 0} (1 + z)^{\frac{1}{z}} = \mathrm{e}.$$

注：以 e 为底的对数叫做自然对数，记作 $\ln x$.

例3 求 $\lim\limits_{x \to \infty} \left(1 + \dfrac{2}{x}\right)^{3x}$.

解 $\lim\limits_{x \to \infty} \left(1 + \dfrac{2}{x}\right)^{3x} = \lim\limits_{x \to \infty} \left[\left(1 + \dfrac{2}{x}\right)^{\frac{x}{2}}\right]^6 = \mathrm{e}^6.$

例4 求 $\lim\limits_{x \to \infty} \left(\dfrac{x^2 + 1}{x^2}\right)^{x^2 + 1}$.

解 $\lim\limits_{x \to \infty} \left(\dfrac{x^2 + 1}{x^2}\right)^{x^2 + 1} = \lim\limits_{x \to \infty} \left[\left(1 + \dfrac{1}{x^2}\right)^{x^2} \times \left(1 + \dfrac{1}{x^2}\right)\right] = \mathrm{e} \times 1 = \mathrm{e}.$

习题 1-4

1. 计算下列极限.

(1) $\lim\limits_{x\to 0}\dfrac{\sin wx}{x}$;

(2) $\lim\limits_{x\to 0}\dfrac{\tan 3x}{x}$;

(3) $\lim\limits_{x\to 0}\dfrac{\sin 2x}{\sin 5x}$;

(4) $\lim\limits_{x\to 0} x\cot x$;

(5) $\lim\limits_{x\to 0}\dfrac{1-\cos 2x}{x\sin x}$;

(6) $\lim\limits_{x\to a}\dfrac{\sin x-\sin a}{x-a}$.

2. 计算下列极限.

(1) $\lim\limits_{x\to 0}(1-x)^{\frac{1}{x}}$;

(2) $\lim\limits_{x\to 0}(1+2x)^{\frac{1}{x}}$;

(3) $\lim\limits_{x\to\infty}\left(1+\dfrac{1}{x}\right)^{\frac{x}{2}}$;

(4) $\lim\limits_{x\to\infty}\left(\dfrac{1+x}{x}\right)^{2x}$;

(5) $\lim\limits_{x\to\infty}\left(\dfrac{2x+3}{2x+1}\right)^{x+1}$;

(6) $\lim\limits_{x\to\infty}\left(1+\dfrac{k}{x}\right)^{x}$.

第五节 函数的连续性

一、函数的连续性定义

自然界中有许多现象，如气温的变化、河水的流动、植物的生长等等，都是连续地变化着的，这种现象在函数关系上的反映，就是函数的连续性. 例如气温的变化，当时间变动很微小时，气温的变化也很微小，这种特点就是所谓连续性. 下面我们先引入增量的概念，然后来描述连续性，并引出函数的连续性的定义.

设变量 x 从它的一个初值 x_1 变到终值 x_2，终值与初值的差 x_2-x_1 就叫做变量 x 的增量，记作 Δx，即

$$\Delta x = x_2 - x_1.$$

增量 Δx 可以是正的，也可以是负的，在 Δx 为正的情形，变量 x 由 x_1 变到 $x_2=x_1+\Delta x$ 时是增大的，当 Δx 为负时，变量 x 是减小的.

应该注意到：记号 Δx 并不表示某个变量 Δ 与变量 x 的乘积，而是一个整体不可分割的记号.

现在假定函数 $y=f(x)$ 在点 x_0 的某一个邻域内具有定义，当自变量 x 在这邻域内从 x_0 变到 $x_0+\Delta x$ 时，函数 y 相应地从 $f(x_0)$ 变到 $f(x_0+\Delta x)$，因此函数 y 对应的增量 $\Delta y=f(x_0+\Delta x)-f(x_0)$. 这个关系式的几何解释如图 1-7.

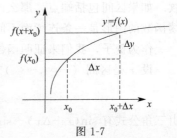

图 1-7

假如保持 x_0 不变，而让自变量的增量 Δx 变动，一般说来，函数 y 的增量 Δy 也要随着变动. 现在我们对连续性的概念可以这样描述：如果 Δx 趋近于零时，函数 y 对应的增量

Δy 也趋近于零. 即
$$\lim_{\Delta x \to 0} \Delta y = 0$$
或
$$\lim_{\Delta x \to 0} [f(x_0 + \Delta x) - f(x_0)] = 0,$$
那么就称函数 $y = f(x)$ 在点 x_0 处是连续的,即有下述定义:

定义 1 设函数 $y = f(x)$ 在点 x_0 的某一邻域内有定义,如果当自变量的增量 $\Delta x = x - x_0$ 趋近于零时,对应的函数的增量 $\Delta y = f(x_0 + \Delta x) - f(x_0)$ 也趋近于零,那么就称函数 $y = f(x)$ **在点 x_0 连续**.

设 $x = x_0 + \Delta x$,则 $\Delta x \to 0$ 就是 $x \to x_0$,又由于
$$\Delta y = f(x_0 + \Delta x) - f(x_0) = f(x) - f(x_0),$$
即
$$f(x) = f(x_0) + \Delta y,$$
可见 $\Delta y \to 0$ 就是 $f(x) \to f(x_0)$.

即函数 $y = f(x)$ 在点 x_0 处连续的定义也可以叙述如下:

定义 2 设函数 $y = f(x)$ 在点 x_0 的某一邻域内有定义,如果函数 $y = f(x)$ 当 $x \to x_0$ 时的极限存在,且等于它在点 x_0 处的函数值 $f(x_0)$,

即
$$\lim_{x \to x_0} f(x) = f(x_0),$$
则称函数 $y = f(x)$ **在点 x_0 处连续**.

上述定义告诉我们,求连续函数在某点的极限,只需求出函数在该点的函数值即可. 下面说明左连续及右连续的概念:

设函数 $f(x)$ 在区间 $(a, b]$ 内有定义,如果左极限 $\lim_{x \to b^-} f(x)$ 存在且等于 $f(b)$,

即
$$\lim_{x \to b^-} f(x) = f(b),$$
我们就说函数 $f(x)$ **在点 b 左连续**.

设函数 $f(x)$ 在区间 $[a, b)$ 内有定义,如果右极限 $\lim_{x \to a^+} f(x)$ 存在且等于 $f(a)$,即
$$\lim_{x \to a^+} f(x) = f(a),$$
我们就说函数 $f(x)$ **在点 a 右连续**.

在区间上每一点都连续的函数,叫做该区间上的连续函数,或者说函数在该区间上连续. 如果区间包括端点,那么函数在右端点连续是指左连续,在左端点连续是指右连续. 连续函数的图形是一条连续而不间断的曲线.

作为例子,我们来证明函数 $y = \sin x$ 在区间 $(-\infty, +\infty)$ 内是连续的.

设 x 是区间 $(-\infty, +\infty)$ 内任意一点,当 x 有增量 Δx 时,对应的函数的增量为
$$\Delta y = \sin(x + \Delta x) - \sin x.$$

由三角公式有 $\sin(x + \Delta x) - \sin x = 2 \sin \dfrac{\Delta x}{2} \cos \dfrac{2x + \Delta x}{2},$

注意到
$$\left| \cos \frac{2x + \Delta x}{2} \right| \leqslant 1,$$

就推得
$$|\Delta y| = |\sin(x + \Delta x) - \sin x| \leqslant \left| 2 \sin \frac{\Delta x}{2} \right|.$$

因为对于任意的角度 α，当 $\alpha \neq 0$ 时，有 $|\sin\alpha| < \alpha$，所以
$$|\Delta y| = |\sin(x+\Delta x) - \sin x| < \Delta x.$$

因此当 $\Delta x \to 0$ 时，$|\Delta y| = |\sin(x+\Delta x) - \sin x| \to 0$，这说明 $y = \sin x$ 对于任何 x 的值是连续的.

类似地可以说明，函数 $y = \cos x$ 在区间 $(-\infty, +\infty)$ 内是连续的.

二、函数的间断点

定义 3 由函数 $f(x)$ 在点 x_0 连续的定义，我们知道，如果函数 $f(x)$ 有下列三种情形之一：

(1) 在 $x = x_0$ 的邻近有定义，但在 $x = x_0$ 没有定义；

(2) 虽在 $x = x_0$ 有定义，但 $\lim\limits_{x \to x_0} f(x)$ 不存在；

(3) 虽在 $x = x_0$ 有定义，且 $\lim\limits_{x \to x_0} f(x)$ 存在，但 $\lim\limits_{x \to x_0} f(x) \neq f(x_0)$.

则函数 $f(x)$ 在点 x_0 为不连续，而点 x_0 称为函数 $f(x)$ 的**不连续点**或**间断点**.

函数 $f(x)$ 在点 x_0 不连续或间断有以下几种可能：

1. 可去间断点

若 $f(x)$ 在点 x_0 有
$$\lim_{x \to x_0} f(x) = A \neq f(x_0),$$

则称点 x_0 为函数 $f(x)$ 的**可去间断点**.

例如，函数 $f(x) = \begin{cases} \dfrac{\sin x}{x}, & x \neq 0 \\ 0, & x = 0 \end{cases}$，

因为 $\lim\limits_{x \to 0} f(x) = 1 \neq f(0) = 0$，所以 $x = 0$ 是 $f(x)$ 的可去间断点.

实质上我们只要改变上述函数在 $x = 0$ 的函数值，即令 $f(0) = 1 = \lim\limits_{x \to 0} f(x)$，这样函数 $f(x)$ 在 $x = 0$ 就连续了，可去间断点的来意也在于此.

2. 跳跃间断点

若 $f(x)$ 在点 x_0 存在左、右极限，但
$$\lim_{x \to x_0^-} f(x) \neq \lim_{x \to x_0^+} f(x),$$

则称点 x_0 为函数 $f(x)$ 的**跳跃间断点**.

例如，函数 $f(x) = \begin{cases} x-1, & x < 0 \\ 0, & x = 0, \\ x+1, & x > 0 \end{cases}$

因为 $\lim\limits_{x \to 0^-} f(x) = -1$，$\lim\limits_{x \to 0^+} f(x) = 1$，所以 $x = 0$ 是 $f(x)$ 的跳跃间断点.

可去间断点和跳跃间断点统称为**第一类间断点**.第一类间断点的特点是 $f(x)$ 在 x_0 的左、右极限都存在.

3. 第二类间断点

若 $f(x_0 + 0)$、$f(x_0 - 0)$ 中至少有一个不存在，则 x_0 称为**第二类间断点**.

例如，函数 $f(x)=\begin{cases}\dfrac{1}{x}, & (-\infty,0) \\ x, & [0,+\infty)\end{cases}$，显然在 $x=0$ 处函数出现间断点．

三、连续函数的运算法则及初等函数的连续性

1. 连续函数的运算法则

如果 $f(x)$、$\varphi(x)$ 都在同一区间连续，那么

(1) $f(x)\pm\varphi(x)$ 在同一区间连续；

(2) $f(x)\varphi(x)$ 在同一区间连续；

(3) $\dfrac{f(x)}{\varphi(x)}$ 在同一区间连续，但 $\varphi(x)\neq 0$．

证明从略．

考察函数 $y=\tan x$ 及 $y=\cot x$ 的连续性：

因为 $\tan x=\dfrac{\sin x}{\cos x}$，$\cot x=\dfrac{\cos x}{\sin x}$，又 $\sin x$、$\cos x$ 都在区间 $(-\infty,+\infty)$ 内连续，由此法则知 $\tan x$、$\cot x$ 在分母不为零时连续．

即 $\tan x$ 在 $x\neq n\pi+\dfrac{\pi}{2}$ 时连续，$\cot x$ 在 $x\neq n\pi$ 时连续（$n=0,\pm 1,\pm 2,\cdots$）．

2. 复合函数的连续性

已知 $u=\varphi(x)$ 在 x_0 点连续，$\varphi(x_0)=u_0$，而 $y=f(u)$ 在 u_0 点连续，那么复合函数 $y=f[\varphi(x)]$ 在 x_0 点连续．

证明从略．

考察函数 $y=\sin\dfrac{1}{x}$ 的连续性：

函数 $y=\sin\dfrac{1}{x}$ 可以看作是由 $y=\sin u$ 及 $u=\dfrac{1}{x}$ 复合而成的复合函数；因为 $y=\sin u$ 在 $(-\infty,+\infty)$ 内是连续的，$u=\dfrac{1}{x}$ 在 $(-\infty,0)$ 及 $(0,+\infty)$ 内是连续的，根据复合函数的连续性知函数 $y=\sin\dfrac{1}{x}$ 在 $(-\infty,0)$ 及 $(0,+\infty)$ 内是连续的．

3. 反函数的连续性

如果函数 $y=f(x)$ 在 $[a,b]$ 为单调连续，则反函数 $x=\varphi(y)$ 在 $[f(a),f(b)]$ 或 $[f(b),f(a)]$ 为单调连续．

证明从略．

4. 初等函数的连续性

我们可以证明基本初等函数在其定义域内都是连续的．而初等函数是由基本初等函数经过有限次四则运算和复合而成的，因此初等函数在它们的定义域内也是连续的．于是，求初等函数的极限时，把自变量 x 的极限代入函数 $f(x)$ 所得值就是函数的极限．

如果 $f(x)$ 是初等函数且 x_0 是其定义域内的一点，则当 $x\to x_0$ 时，函数的极限就是

$x=x_0$ 时的函数值，即：$\lim\limits_{x \to x_0} f(x) = f(x_0)$.

注意到 $\lim\limits_{x \to x_0} x = x_0$，则有

$$\lim_{x \to x_0} f(x) = f(x_0) = f(\lim x).$$

这就是说，对于连续函数，极限符号与函数符号可以交换次序.

考察 $\lim\limits_{x \to \frac{\pi}{2}} \ln(\sin x)$：

因为 $\ln(\sin x)$ 在 $(0, \pi)$ 内有定义而且连续且 $\frac{\pi}{2} \in (0, \pi)$，所以

$$\lim_{x \to \frac{\pi}{2}} \ln(\sin x) = \ln\left(\sin \frac{\pi}{2}\right) = \ln 1 = 0.$$

四、闭区间上连续函数的性质

连续函数在闭区间 $[a, b]$ 上具有下面性质，要严格证明它们比较复杂，我们利用直观的函数图像来说明其真实性，而不作分析证明.

（1）（**最大值与最小值性质**）如果函数 $f(x)$ 在闭区间 $[a, b]$ 上连续，它在该区间上必定取得最小值 m 以及最大值 M 至少各一次. 如图 1-8，一段连续曲线 AB 表达 $y = f(x)$ 在 $[a, b]$ 上连续. 这段曲线在 x 轴上投影长为 $b - a$，表示自变量 x 在 $[a, b]$ 上连续变化，曲线在 y 轴上的投影长为 $M - m$，区间 $[m, M]$ 表示曲线 AB 上点的纵坐标 $f(x)$ 所取得的值，即函数值域，$f(x)$ 的值域的最小值 m 及最大值 M 必定对应着定义域中两个数，即

$$f(\sigma) = m, f(\varepsilon) = M.$$

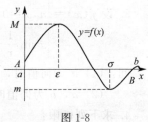

图 1-8

注意，这个性质有两个条件：（1）闭区间；（2）区间上连续函数. 两者缺一不可.

（2）（**根的存在性**）如果函数 $f(x)$ 在 $[a, b]$ 上连续，且 $f(a)$ 与 $f(b)$ 异号，则在 (a, b) 内至少存在一个数 c，使得 $f(c) = 0$. 如图 1-9，一段连续曲线 AB 表示 $y = f(x)$ 在 $[a, b]$ 的图像，且 $f(a)$ 与 $f(b)$ 异号，两端点 $A(a, f(a))$，$B(b, f(b))$ 各分别在 x 轴的

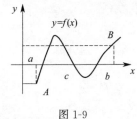

图 1-9

下、上方，又曲线 AB 是连续的，由 x 轴下方变到 x 轴上方，必定与 x 轴至少相交一次，该交点的纵坐标 $f(x)$ 为 0，该交点横坐标为 c，即

$$f(c) = 0, c \in (a, b).$$

（3）（**介值性**）如果函数 $f(x)$ 在 $[a, b]$ 上连续，x 连续由 a 变到 b 时，则 $f(x)$ 必取得 $f(a)$ 与 $f(b)$ 之间的一切值.

分析说明：设 $f(a) = A, f(b) = B (A < B)$ 及 $C \in (A, B)$，作一函数 $F(x)$，使 $F(x) = f(x) - C$.

$F(x)$ 的定义域与 $f(x)$ 的定义域相同，$F(x)$ 在 $[a, b]$ 上连续，以 a, b 代入 $F(x)$，设

$$F(a) = f(a) - C = A - C < 0,$$
$$F(b) = f(b) - C = B - C > 0,$$

即 $F(a)$ 与 $F(b)$ 异号，在 $[a, b]$ 内必有一数 δ，使得

$$F(\delta)=f(\delta)-C=0.$$

则 $f(\delta)=C$. 由 C 的任意性知，性质成立．

习题 1-5

1. 研究下列函数的连续性，并画出函数的图形．

   (1) $f(x)=\begin{cases} x^2, & 0\leqslant x\leqslant 1 \\ 2-x, & 1<x\leqslant 2 \end{cases}$;

   (2) $f(x)=\begin{cases} x, & -1\leqslant x\leqslant 1 \\ 1, & x<-1\ \text{或}\ x>1 \end{cases}$.

2. 求下列函数的间断点．

   (1) $f(x)=\dfrac{1}{(x+2)^2}$; (2) $f(x)=\dfrac{x^2-1}{x^2-3x+2}$;

   (3) $\varphi(x)=\dfrac{\sin x}{x}$; (4) $f(x)=\begin{cases} x-1, & x\leqslant 1 \\ 3-x, & x>1 \end{cases}$.

3. 设 $f(x)=\begin{cases} \dfrac{1}{x}\sin x, & x<0 \\ a, & x=0 \\ x\sin\dfrac{1}{x}+b, & x>0 \end{cases}$,

   问：(1) a 为何值时，才能使 $f(x)$ 在点 $x=0$ 左连续？

   (2) a, b 为何值时，才能使 $f(x)$ 在点 $x=0$ 处连续？

4. 求下列极限：

   (1) $\lim\limits_{a\to\frac{\pi}{6}}(\sin 3a)^3$; (2) $\lim\limits_{t\to-1}\dfrac{e^t+1}{t}$;

   (3) $\lim\limits_{x\to\frac{\pi}{4}}\ln(2\cos 2x)$; (4) $\lim\limits_{x\to 0}\ln\dfrac{\sin x}{x}$.

5. 函数 $f(x)=\dfrac{2+3x}{x^2-1}$ 在何处连续？何处间断？

6. 求函数 $f(x)=\dfrac{1}{x^2-3x+2}$ 的连续区间．

7. 已知函数 $f(x)=\begin{cases} 0, & x<0 \\ x, & 0\leqslant x<1 \\ -x^2+4x-2, & 1\leqslant x<3 \\ 4-x, & x\geqslant 3 \end{cases}$.

   (1) 指出函数定义域，并作出函数的图形．

   (2) 当 $x=0,1,2,3$ 时，函数是否连续？

   (3) $f(x)$ 是否在定义域上连续？

8. 根据连续函数的性质验证：方程 $x^5-3x=1$ 至少有一个根介于 1 和 2 之间．

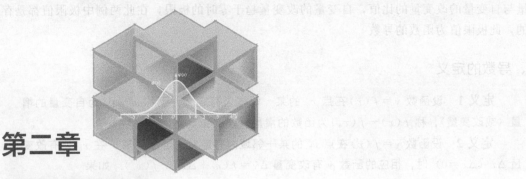

第二章

导数与微分

导数与微分的概念、计算和应用是微分学的主要内容. 本章先介绍导数的概念与计算方法，然后介绍微分的概念、计算以及它在近似计算中的应用.

第一节 导数的概念

一、两个实例

1. 瞬时速度

设物体作变速直线运动，其运动方程为 $s=s(t)$，当时间由 t_0 变到 $t_0+\Delta t$ 时，物体经过的路程为 $\Delta s=s(t_0+\Delta t)-s(t_0)$. 物体在 t_0 到 $t_0+\Delta t$ 这段时间内的平均速度为

$$\bar{v}=\frac{\Delta s}{\Delta t}=\frac{s(t_0+\Delta t)-s(t_0)}{\Delta t}.$$

当 Δt 很小时，可以认为在 t_0 到 $t_0+\Delta t$ 这段时间内速度的变化很小，可以近似地看成匀速运动. Δt 越小，这个平均速度就越接近于时刻 t_0 的速度. 当 $\Delta t \to 0$ 时，平均速度 $\bar{v}$ 的极限值就是物体在时刻 t_0 的瞬时速度，即

$$v(t_0)=\lim_{\Delta t \to 0}\frac{\Delta s}{\Delta t}=\lim_{\Delta t \to 0}\frac{s(t_0+\Delta t)-s(t_0)}{\Delta t}.$$

2. 瞬时功率

设一台设备在时段内 $[0,t]$ 所做的功是 $w=w(t)$，当时间由 t_0 变到 t（$t>t_0>0$）时，设备所做的功为 $w(t)-w(t_0)$，则该设备在 $[t_0,t]$ 上的平均功率为

$$\frac{\Delta w}{\Delta t}=\frac{w(t)-w(t_0)}{t-t_0}.$$

当 $\Delta t \to 0$ 时，平均功率的极限值为

$$\lim_{\Delta t \to 0}\frac{w(t)-w(t_0)}{t-t_0}$$

就是该设备在时刻 t_0 的瞬时功率.

以上两例，虽然实际含意不同，但从抽象的数量关系来看，都可以归结为计算函数的改

变量与自变量的改变量的比值，自变量的改变量趋于零时的极限，在此两例中极限值都是存在的，此极限值为函数的导数．

二、导数的定义

定义 1 设函数 $y=f(x)$ 在点 x_0 的某一邻域内有定义，则称 $x-x_0$ 为自变量的增量（或改变量），称 $f(x)-f(x_0)$ 为函数的增量（或改变量）．

定义 2 设函数 $y=f(x)$ 在点 x_0 的某一邻域内有定义，当自变量 x 在 x_0 处有改变量 Δx（$\Delta x \neq 0$）时，相应的函数 y 有改变量 $\Delta y = f(x_0+\Delta x)-f(x_0)$．如果

$$\lim_{\Delta x \to 0} \frac{\Delta y}{\Delta x} = \lim_{\Delta x \to 0} \frac{f(x_0+\Delta x)-f(x_0)}{\Delta x} \tag{2-1}$$

存在，则称此极限值为函数 $f(x)$ **在点 x_0 的导数**，记为

$$f'(x_0), y'\big|_{x=x_0}, \frac{\mathrm{d}y}{\mathrm{d}x}\bigg|_{x=x_0} \text{或} \frac{\mathrm{d}f}{\mathrm{d}x}\bigg|_{x=x_0},$$

并称 $f(x)$ 在点 x_0 可导或具有导数．

其中 $\dfrac{\Delta y}{\Delta x} = \dfrac{f(x_0+\Delta x)-f(x_0)}{\Delta x}$ 称为函数的平均变化率．

$f'(x_0) = \lim\limits_{\Delta x \to 0} \dfrac{f(x_0+\Delta x)-f(x_0)}{\Delta x}$ 称为函数在点 x_0 的瞬时变化率（简称变化率），如果极限 (2-1) 不存在，就说函数在点 x_0 不可导．

定义 3 设函数 $y=f(x)$ 在点 x_0 的某一邻域内有定义．如果极限

$$\lim_{x \to x_0} \frac{f(x)-f(x_0)}{x-x_0}$$

存在，则称该极限为函数 $f(x)$ 在点 x_0 的导数．

根据导数定义可知，瞬时速度 $v(t_0)=s'(t_0)$，瞬时功率为 $w'(t_0)$．

若函数 $y=f(x)$ 在区间 (a,b) 每一点都可导，就称函数 $f(x)$ 在区间 (a,b) 内可导．这时，函数 $y=f(x)$ 对于 (a,b) 内的每一个确定的值 x，都对应着一个确定的导数，这就构成了一个新的函数，这个函数叫做原来函数 $y=f(x)$ 的导函数（简称导数）．记为

$$f'(x), y', \frac{\mathrm{d}y}{\mathrm{d}x} \text{或} \frac{\mathrm{d}f}{\mathrm{d}x},$$

即 $f'(x) = \lim\limits_{\Delta x \to 0} \dfrac{\Delta y}{\Delta x} = \lim\limits_{\Delta x \to 0} \dfrac{f(x+\Delta x)-f(x)}{\Delta x} \quad x \in (a,b)$

因此，求函数 $y=f(x)$ 的导数可按如下步骤进行：

(1) 求增量：$\Delta y = f(x+\Delta x)-f(x)$；

(2) 算比值：$\dfrac{\Delta y}{\Delta x} = \dfrac{f(x+\Delta x)-f(x)}{\Delta x}$；

(3) 取极限：$y' = \lim\limits_{\Delta x \to 0} \dfrac{\Delta y}{\Delta x}$．

例 1 设函数 $y=f(x)=x^2$，求 $f'(x)$，$f'(1)$．

解 (1) $\Delta y = (x+\Delta x)^2 - x^2 = 2x\Delta x + \Delta x^2$；

(2) $\dfrac{\Delta y}{\Delta x} = \dfrac{2x\Delta x + \Delta x^2}{\Delta x} = 2x + \Delta x$；

(3) $f'(x) = \lim\limits_{\Delta x \to 0} \dfrac{\Delta y}{\Delta x} = \lim\limits_{\Delta x \to 0}(2x+\Delta x) = 2x.$

即 $f'(x) = 2x.$

从而 $f'(1) = 2x\big|_{x=1} = 2.$

例 2 设函数 $y = f(x) = \dfrac{1}{x}$，求 $f'(x)$.

解 (1) $\Delta y = \dfrac{1}{x+\Delta x} - \dfrac{1}{x} = \dfrac{-\Delta x}{x(x+\Delta x)};$

(2) $\dfrac{\Delta y}{\Delta x} = -\dfrac{1}{x(x+\Delta x)};$

(3) $f'(x) = \lim\limits_{\Delta x \to 0} \dfrac{\Delta y}{\Delta x} = \lim\limits_{\Delta x \to 0}\left(-\dfrac{1}{x(x+\Delta x)}\right) = -\dfrac{1}{x^2}.$

即 $f'(x) = -\dfrac{1}{x^2}.$

三、导数的几何意义

在函数 $y=f(x)$ 的图形上，导数有什么特殊的含义呢？首先我们来看平均变化率 $\dfrac{f(x_0+\Delta x)-f(x_0)}{\Delta x}$ 的几何意义.

过定点 $A(x_0, f(x_0))$ 及点 $M(x_0+\Delta x, f(x_0+\Delta x))$ 引割线 AM（如图 2-1），则 AM 的斜率为

$$\tan\theta = \dfrac{f(x_0+\Delta x)-f(x_0)}{\Delta x},$$

即平均变化率是割线 AM 的斜率.

在 $\Delta x \to 0$ 过程中，动点 $M(x_0+\Delta x, f(x_0+\Delta x))$ 沿曲线 $y=f(x)$ 趋向定点 $A(x_0, f(x_0))$，从而割线 AM 绕点 A 旋转而趋向极限位置 AT，而直线 AT 就是曲线过点 A 的切线. 于是

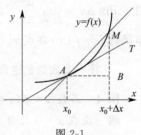

图 2-1

割线 AM 的斜率 $= \dfrac{f(x_0+\Delta x)-f(x_0)}{\Delta x} \xrightarrow{\Delta x \to 0} f'(x_0) =$ 切线 AT 的斜率，

即导数 $f'(x_0)$ 的几何意义是：曲线 $y=f(x)$ 在 $A(x_0, f(x_0))$ 处的切线 AT 的斜率为

$$k = \tan\alpha = f'(x_0) = y'\big|_{x=x_0}.$$

根据导数的几何意义可以得出曲线 $y=f(x)$ 过点 $(x_0, f(x_0))$ 的切线方程：

$$y - f(x_0) = f'(x_0)(x-x_0).$$

过点 $(x_0, f(x_0))$ 与切线垂直的直线叫做曲线 $y=f(x)$ 的**法线**. 当 $f'(x_0) \neq 0$ 时，过点 $(x_0, f(x_0))$ 的法线方程为：

$$y - f(x_0) = -\dfrac{1}{f'(x_0)}(x-x_0).$$

注：若 $f'(x_0) = 0$，则曲线 $y=f(x)$ 在 $x=x_0$ 处的切线斜率为 0，即该曲线在这点有水平切线；若 $f'(x_0) = \infty$，则表明在 $x=x_0$ 处的切线垂直于 x 轴.

例3 求曲线 $y=\sqrt{x}$ 在 $x=4$ 处的切线方程及法线方程.

解 (1) $\Delta y=\sqrt{x+\Delta x}-\sqrt{x}$;

(2) $\dfrac{\Delta y}{\Delta x}=\dfrac{\sqrt{x+\Delta x}-\sqrt{x}}{\Delta x}$;

(3) $f'(x)=\lim\limits_{\Delta x\to 0}\dfrac{\Delta y}{\Delta x}=\lim\limits_{\Delta x\to 0}\dfrac{\sqrt{x+\Delta x}-\sqrt{x}}{\Delta x}=\lim\limits_{\Delta x\to 0}\dfrac{1}{\sqrt{x+\Delta x}+\sqrt{x}}=\dfrac{1}{2\sqrt{x}}$.

即 $f'(x)=\dfrac{1}{2\sqrt{x}}$.

则 $k=f'(4)=\dfrac{1}{2\sqrt{4}}=\dfrac{1}{4}$,又当 $x=4$ 时,$y=2$.

于是曲线 $y=\sqrt{x}$ 在点 $x=4$ 处的切线方程为 $y-2=\dfrac{1}{4}(x-4)$,即 $y=\dfrac{1}{4}x+1$.

法线方程为 $y-2=-4(x-4)$,即 $y=-4x+18$.

四、可导性与连续性的关系

定理 1 若函数 $y=f(x)$ 在点 x_0 处可导,则函数 $y=f(x)$ 在点 x_0 处连续.

证明 设在 x_0 点自变量的改变量为 Δx,相应有函数的改变量

$$\Delta y=f(x_0+\Delta x)-f(x_0).$$

则 $\lim\limits_{\Delta x\to 0}\Delta y=\lim\limits_{\Delta x\to 0}\dfrac{\Delta y}{\Delta x}\times \Delta x=\lim\limits_{\Delta x\to 0}\dfrac{\Delta y}{\Delta x}\times \lim\limits_{\Delta x\to 0}\Delta x=f'(x_0)\times 0=0.$

即函数 $y=f(x)$ 在点 x_0 处连续.

注:此定理的逆命题不成立,即函数在一点连续,函数在该点不一定可导.

例4 函数 $y=f(x)=|x|$ 在 $x=0$ 处连续,但它在 $x=0$ 处不可导.

解 设在 $x=0$ 处自变量 x 的改变量是 Δx,则相应的函数的改变量

$$\Delta y=|0+\Delta x|-|0|=|\Delta x|$$

于是 $\lim\limits_{\Delta x\to 0^+}\dfrac{\Delta y}{\Delta x}=\lim\limits_{\Delta x\to 0^+}\dfrac{|\Delta x|}{\Delta x}=\lim\limits_{\Delta x\to 0^+}\dfrac{\Delta x}{\Delta x}=1$;

$\lim\limits_{\Delta x\to 0^-}\dfrac{\Delta y}{\Delta x}=\lim\limits_{\Delta x\to 0^-}\dfrac{|\Delta x|}{\Delta x}=\lim\limits_{\Delta x\to 0^-}-\dfrac{\Delta x}{\Delta x}=-1$;

即 $f'_+(0)\ne f'_-(0)$,则函数 $f(x)=|x|$ 在 $x=0$ 处不可导.

$f(x)=|x|$ 的图像是一条折线,是一个连续函数,函数 $f(x)=|x|$ 在 $x=0$ 处不可导的几何意义是此折线在 $(0,0)$ 不存在切线.

习题 2-1

1. 设导数 $f'(x_0)$ 存在,请指出下列极限式表示什么?

(1) $\lim\limits_{x\to x_0}\dfrac{f(x_0-h)-f(x_0)}{h}$;   (2) $\lim\limits_{\Delta x\to 0}\dfrac{f(x_0+2\Delta x)-f(x_0)}{\Delta x}$;

(3) $\lim\limits_{h \to 0} \dfrac{f(x_0+h)-f(x_0-h)}{h}$.

2. 根据导数的定义求下列函数的导数:

(1) $f(x)=x^3$,求 $f'(5)$; (2) $f(x)=\cos x$,求 $f'(x_0)$.

3. 用定义求 $y=\sin x$ 在 $x=\dfrac{\pi}{4}$ 处的导数值,并求出相应点处曲线的切线方程与法线方程.

4. 函数 $y=ax^2+bx+c$,其中 a,b,c 是常数,求 $f'(x)$,$f'\left(\dfrac{1}{2}\right)$.

第二节　导数的运算

求导运算是微积分学的基本运算之一. 要求读者能够迅速、准确地求出已知函数的导数.

如果按导数定义求函数的导数,费时费力,为了简化求导的计算,我们要介绍导数的一些基本公式与运算法则.

一、基本初等函数的导数

1. 常数函数 $y=c$ 的导数是 $y'=0$

证明　$\Delta y=f(x+\Delta x)-f(x)=c-c=0$,

$$\dfrac{\Delta y}{\Delta x}=\dfrac{0}{\Delta x}=0,$$

则

$$y'=\lim\limits_{\Delta x \to 0}\dfrac{\Delta y}{\Delta x}=0.$$

即常数函数的导数为 0.

2. 幂函数 $y=x^n$（n 为正整数）的导数是 $y'=nx^{n-1}$

证明　$\Delta y=(x+\Delta x)^n-x^n=nx^{n-1}\times\Delta x+\dfrac{n(n-1)}{2!}x^{n-2}\times\Delta x^2+\cdots+(\Delta x)^n$,

$$\dfrac{\Delta y}{\Delta x}=nx^{n-1}+\dfrac{n(n-1)}{2!}x^{n-2}\times\Delta x+\cdots+(\Delta x)^{n-1},$$

则　$y'=\lim\limits_{\Delta x \to 0}\dfrac{\Delta y}{\Delta x}=\lim\limits_{\Delta x \to 0}\left(nx^{n-1}+\dfrac{n(n-1)}{2!}x^{n-2}\times\Delta x+\cdots+(\Delta x)^{n-1}\right)=nx^{n-1}$.

即　$(x^n)'=nx^{n-1}$.

注：对一般的幂函数 $y=x^\alpha$（α 为实数）,也同样有公式

$$y'=(x^\alpha)'=\alpha x^{\alpha-1}.$$

例1　求 $y=\dfrac{1}{\sqrt[3]{x^2}}$ 的导数.

解　$y=\dfrac{1}{\sqrt[3]{x^2}}=x^{-\frac{2}{3}}$,则 $y'=(x^{-\frac{2}{3}})'=-\dfrac{2}{3}x^{-\frac{5}{3}}$.

3. 正弦函数 $y=\sin x$ 的导数是 $y'=\cos x$

证明 $\Delta y=\sin(x+\Delta x)-\sin x$,

则 $\dfrac{\Delta y}{\Delta x}=\dfrac{\sin(x+\Delta x)-\sin x}{\Delta x}=\dfrac{2\cos\left(x+\dfrac{\Delta x}{2}\right)\sin\dfrac{\Delta x}{2}}{\Delta x}=\cos\left(x+\dfrac{\Delta x}{2}\right)\times\dfrac{\sin\dfrac{\Delta x}{2}}{\dfrac{\Delta x}{2}},$

从而 $\lim\limits_{\Delta x\to 0}\dfrac{\Delta y}{\Delta x}=\lim\limits_{\Delta x\to 0}\cos\left(x+\dfrac{\Delta x}{2}\right)\times\dfrac{\sin\dfrac{\Delta x}{2}}{\dfrac{\Delta x}{2}}=\lim\limits_{\Delta x\to 0}\cos\left(x+\dfrac{\Delta x}{2}\right)\times\lim\limits_{\Delta x\to 0}\dfrac{\sin\dfrac{\Delta x}{2}}{\dfrac{\Delta x}{2}}=\cos x.$

即 $y'=(\sin x)'=\cos x$.

同理可证 $(\cos x)'=-\sin x$.

4. 对数函数 $y=\log_a x$ $(a>0$ 且 $a\neq 1,\ x>0)$ 的导数是 $y'=\dfrac{1}{x\ln a}$

证明 $\Delta y=\log_a(x+\Delta x)-\log_a x=\log_a\left(1+\dfrac{\Delta x}{x}\right),$

$\dfrac{\Delta y}{\Delta x}=\dfrac{1}{\Delta x}\times\log_a\left(1+\dfrac{\Delta x}{x}\right)=\dfrac{1}{x}\times\dfrac{x}{\Delta x}\log_a\left(1+\dfrac{\Delta x}{x}\right)=\dfrac{1}{x}\times\log_a\left(1+\dfrac{\Delta x}{x}\right)^{\frac{x}{\Delta x}}.$

则 $\lim\limits_{\Delta x\to 0}\dfrac{\Delta y}{\Delta x}=\lim\limits_{\Delta x\to 0}\dfrac{1}{x}\times\log_a\left(1+\dfrac{\Delta x}{x}\right)^{\frac{x}{\Delta x}}.$

因为对数函数是连续的,则

$$\lim\limits_{\Delta x\to 0}\dfrac{1}{x}\times\log_a\left(1+\dfrac{\Delta x}{x}\right)^{\frac{x}{\Delta x}}=\dfrac{1}{x}\times\log_a\left[\lim\limits_{\Delta x\to 0}\left(1+\dfrac{\Delta x}{x}\right)^{\frac{x}{\Delta x}}\right]=\dfrac{1}{x}\times\log_a e=\dfrac{1}{x\ln a}.$$

即 $y'=(\log_a x)'=\dfrac{1}{x\ln a}.$

特别地,对自然对数 $a=e$ 有 $(\ln x)'=\dfrac{1}{x}.$

二、导数的四则运算法则

我们主要介绍函数的和、差、积、商的求导法则.

定理 1 若函数 $u(x)$ 与 $v(x)$ 在 x 处可导,则函数 $u(x)\pm v(x)$ 在 x 也可导,且
$$[u(x)\pm v(x)]'=u'(x)\pm v'(x).$$

证明 设 $y=u(x)\pm v(x)$,则

$$\Delta y=[u(x+\Delta x)\pm v(x+\Delta x)]-[u(x)\pm v(x)]$$
$$=[u(x+\Delta x)-u(x)]\pm[v(x+\Delta x)-v(x)]=\Delta u\pm\Delta v,$$

则 $\dfrac{\Delta y}{\Delta x}=\dfrac{\Delta u}{\Delta x}\pm\dfrac{\Delta v}{\Delta x}.$

已知函数 $u(x)$ 与 $v(x)$ 在 x 处可导,则

$$\lim\limits_{\Delta x\to 0}\dfrac{\Delta u}{\Delta x}=u'(x),\ \lim\limits_{\Delta x\to 0}\dfrac{\Delta v}{\Delta x}=v'(x).$$

于是 $\lim\limits_{\Delta x\to 0}\dfrac{\Delta y}{\Delta x}=\lim\limits_{\Delta x\to 0}\dfrac{\Delta u}{\Delta x}\pm\lim\limits_{\Delta x\to 0}\dfrac{\Delta v}{\Delta x}=u'(x)\pm v'(x).$

即函数 $u(x)\pm v(x)$ 在 x 处可导，且 $[u(x)\pm v(x)]'=u'(x)\pm v'(x)$.

应用归纳法，可将此定理推广到任意有限个函数的代数和的导数，即若 $u_1(x)$, $u_2(x),\cdots,u_n(x)$ 都在 x 处可导，则函数 $u_1(x)\pm u_2(x)\pm\cdots\pm u_n(x)$ 在 x 处也可导，且
$$[u_1(x)\pm u_2(x)\pm\cdots\pm u_n(x)]'=u_1'(x)\pm u_2'(x)\pm\cdots\pm u_n'(x).$$

例2 求函数 $y=\ln x-\cos x+5$ 的导数.

解 $y'=(\ln x-\cos x+5)'=(\ln x)'-(\cos x)'+(5)'=\dfrac{1}{x}+\sin x.$

定理2 若函数 $u(x)$ 与 $v(x)$ 在 x 处可导，则函数 $u(x)v(x)$ 在 x 也可导，且
$$[u(x)v(x)]'=u'(x)v(x)+u(x)v'(x).$$

证明 设 $y=u(x)v(x)$，则
$$\begin{aligned}\Delta y&=u(x+\Delta x)v(x+\Delta x)-u(x)v(x)\\&=u(x+\Delta x)v(x+\Delta x)-u(x+\Delta x)v(x)+u(x+\Delta x)v(x)-u(x)v(x)\\&=u(x+\Delta x)\Delta v+v(x)\Delta u,\end{aligned}$$

则
$$\frac{\Delta y}{\Delta x}=u(x+\Delta x)\frac{\Delta v}{\Delta x}+v(x)\frac{\Delta u}{\Delta x}.$$

已知 $u(x)$ 与 $v(x)$ 在 x 处可导，则
$$\lim_{\Delta x\to 0}\frac{\Delta u}{\Delta x}=u'(x),\lim_{\Delta x\to 0}\frac{\Delta v}{\Delta x}=v'(x).$$

又 $u(x)$ 在 x 处可导，则其在 x 处连续，即 $\lim\limits_{\Delta x\to 0}u(x+\Delta x)=u(x).$

于是
$$\begin{aligned}\lim_{\Delta x\to 0}\frac{\Delta y}{\Delta x}&=\lim_{\Delta x\to 0}u(x+\Delta x)\times\lim_{\Delta x\to 0}\frac{\Delta v}{\Delta x}+v(x)\times\lim_{\Delta x\to 0}\frac{\Delta u}{\Delta x}\\&=u'(x)v(x)+u(x)v'(x).\end{aligned}$$

即 $u(x)v(x)$ 在 x 也可导，且 $[u(x)v(x)]'=u'(x)v(x)+u(x)v'(x).$

应用归纳法，可将此定理推广到计算有限个函数乘积的情形.

推论 若函数 $u(x)$ 在 x 处可导，C 是常数，则 $Cu(x)$ 在 x 处可导，且
$$[Cu(x)]'=Cu'(x).$$

例3 求函数 $y=2\sqrt{x}\sin x$ 的导数.

解 $y'=(2\sqrt{x}\sin x)'=2(\sqrt{x}\sin x)'=2\sqrt{x}(\sin x)'+2\sin x(\sqrt{x})'$
$=2\sqrt{x}\cos x+\dfrac{\sin x}{\sqrt{x}}.$

定理3 若函数 $u(x)$ 与 $v(x)$ 在 x 处可导，且 $v(x)\neq 0$，则函数 $\dfrac{u(x)}{v(x)}$ 在 x 也可导，且
$$\left[\frac{u(x)}{v(x)}\right]'=\frac{u'(x)v(x)-u(x)v'(x)}{[v(x)]^2}.$$

证明 设 $y=\dfrac{u(x)}{v(x)}$，则

$$\Delta y = \frac{u(x+\Delta x)}{v(x+\Delta x)} - \frac{u(x)}{v(x)} = \frac{u(x+\Delta x)v(x) - v(x+\Delta x)u(x)}{v(x+\Delta x)v(x)}$$

$$= \frac{[u(x+\Delta x) - u(x)]v(x) - u(x)[v(x+\Delta x) - v(x)]}{v(x+\Delta x)v(x)}$$

$$= \frac{v(x)\Delta u - u(x)\Delta v}{v(x+\Delta x)v(x)},$$

则
$$\frac{\Delta y}{\Delta x} = \frac{v(x)\dfrac{\Delta u}{\Delta x} - u(x)\dfrac{\Delta v}{\Delta x}}{v(x+\Delta x)v(x)}.$$

已知函数 $u(x)$ 与 $v(x)$ 在 x 处可导,则

$$\lim_{\Delta x \to 0} \frac{\Delta u}{\Delta x} = u'(x), \lim_{\Delta x \to 0} \frac{\Delta v}{\Delta x} = v'(x).$$

又 $v(x)$ 在 x 处可导,则其在 x 处连续,即 $\lim\limits_{\Delta x \to 0} v(x+\Delta x) = v(x)$.

于是
$$\lim_{\Delta x \to 0} \frac{\Delta y}{\Delta x} = \lim_{\Delta x \to 0} \frac{v(x)\dfrac{\Delta u}{\Delta x} - u(x)\dfrac{\Delta v}{\Delta x}}{v(x+\Delta x)v(x)}$$

$$= \frac{v(x)\lim\limits_{\Delta x \to 0}\dfrac{\Delta u}{\Delta x} - u(x)\lim\limits_{\Delta x \to 0}\dfrac{\Delta v}{\Delta x}}{v(x)\lim\limits_{\Delta x \to 0} v(x+\Delta x)}$$

$$= \frac{u'(x)v(x) - u(x)v'(x)}{[v(x)]^2}.$$

即函数 $\dfrac{u(x)}{v(x)}$ 在 x 可导,且 $\left[\dfrac{u(x)}{v(x)}\right]' = \dfrac{u'(x)v(x) - u(x)v'(x)}{[v(x)]^2}$.

推论 若函数 $v(x)$ 在 x 处可导,且 $v(x) \neq 0$,则函数 $\dfrac{1}{v(x)}$ 在 x 处也可导,且

$$\left[\frac{1}{v(x)}\right]' = -\frac{v'(x)}{[v(x)]^2}.$$

例4 求函数 $y = \tan x$ 的导数.

解 $y' = (\tan x)' = \left(\dfrac{\sin x}{\cos x}\right)' = \dfrac{(\sin x)'\cos x - (\cos x)'\sin x}{\cos^2 x} = \dfrac{1}{\cos^2 x} = \sec^2 x.$

同理可求 $(\cot x)' = -\dfrac{1}{\sin^2 x} = -\csc^2 x.$

三、反函数求导法则

定理 4 若函数 $y = f(x)$ 在点 x 的某邻域内连续,并严格单调,函数 $y = f(x)$ 在点 x 可导,且 $f'(x) \neq 0$,则它的反函数 $x = \varphi(y)$ 在 y 可导,且

$$\varphi'(y) = \frac{1}{f'(x)}.$$

证明 因为函数 $y = f(x)$ 在点 x 的某邻域内单调连续,所以其反函数 $x = \varphi(y)$ 存在且相应的点 y 的邻域内也是单调连续的.

当 $\Delta y \to 0$ 时,有 $\Delta x \to 0$;当 $\Delta y \neq 0$ 时,有 $\Delta x \neq 0$,于是

$$\frac{\Delta x}{\Delta y} = \frac{1}{\frac{\Delta y}{\Delta x}},$$

有 $\displaystyle\lim_{\Delta x \to 0} \frac{\Delta x}{\Delta y} = \lim_{\Delta x \to 0} \frac{1}{\frac{\Delta y}{\Delta x}} = \frac{1}{\displaystyle\lim_{\Delta x \to 0} \frac{\Delta y}{\Delta x}} = \frac{1}{f'(x)}.$

即反函数 $x = \varphi(y)$ 在 y 可导，且 $\varphi'(y) = \dfrac{1}{f'(x)}$.

例 5 求反正弦函数 $y = \arcsin x \left(-1 < x < 1, -\dfrac{\pi}{2} < y < \dfrac{\pi}{2}\right)$ 的导数.

解 $y = \arcsin x (-1 < x < 1)$ 的反函数是 $x = \sin y \left(-\dfrac{\pi}{2} < y < \dfrac{\pi}{2}\right)$.

故 $y' = (\arcsin x)' = \dfrac{1}{(\sin y)'} = \dfrac{1}{\cos y} = \dfrac{1}{\sqrt{1-\sin^2 y}} = \dfrac{1}{\sqrt{1-x^2}}(-1 < x < 1).$

即 $y' = (\arcsin x)' = \dfrac{1}{\sqrt{1-x^2}}.$

同理可得反余弦函数 $y = \arccos x (-1 < x < 1, 0 < y < \pi)$ 的导数为

$$(\arccos x)' = -\frac{1}{\sqrt{1-x^2}}(-1 < x < 1).$$

四、复合函数的求导法则

我们经常遇到的函数多是由几个基本初等函数构成的复合函数. 因此复合函数求导法则在初等函数的求导运算中尤为重要.

定理 5 设函数 $y = f(u)$ 与 $u = \varphi(x)$ 可以复合成函数 $y = f[\varphi(x)]$. 若 $u = \varphi(x)$ 在点 x 处有导数 $\dfrac{du}{dx} = \varphi'(x)$，$y = f(u)$ 在对应点 u 处有导数 $\dfrac{dy}{du} = f'(u)$，则复合函数 $y = f[\varphi(x)]$ 在点 x 处的导数也存在，而且

$$\frac{dy}{dx} = \frac{dy}{du} \times \frac{du}{dx} \text{ 或 } y'_x = y'_u u'_x.$$

证明 设 x 有改变量 Δx，则 u 有相应的改变量 Δu，从而 y 有改变量 Δy，当 $\Delta u \neq 0$ 时有

$$\frac{\Delta y}{\Delta x} = \frac{\Delta y}{\Delta u} \times \frac{\Delta u}{\Delta x}.$$

因为 $u = \varphi(x)$ 可导，则必连续，所以当 $\Delta x \to 0$ 时，$\Delta u \to 0$. 故

$$\lim_{\Delta x \to 0}\frac{\Delta y}{\Delta x} = \lim_{\Delta x \to 0}\left(\frac{\Delta y}{\Delta u} \times \frac{\Delta u}{\Delta x}\right) = \lim_{\Delta x \to 0}\frac{\Delta y}{\Delta u} \times \lim_{\Delta x \to 0}\frac{\Delta u}{\Delta x} = \lim_{\Delta u \to 0}\frac{\Delta y}{\Delta u} \times \lim_{\Delta x \to 0}\frac{\Delta u}{\Delta x} = \frac{dy}{du} \times \frac{du}{dx},$$

即 $\dfrac{dy}{dx} = \dfrac{dy}{du} \times \dfrac{du}{dx}$ 或 $y'_x = y'_u u'_x.$

当 $\Delta u = 0$ 时，可以证明上式仍然成立.

应用归纳法，可将此定理推广到任意有限个函数构成的复合函数. 例若 $y = f(u)$,

$u=\varphi(v), v=\omega(x)$ 都可导，则
$$(f\{\varphi[\omega(x)]\})' = f'(u)\varphi'(v)\omega'(x).$$

例 6 求函数 $y = \sin 3x$ 的导数．

解 设 $y = \sin u, u = 3x$，则
$$y' = \frac{dy}{du} \times \frac{du}{dx} = \cos u \times 3 = 3\cos 3x.$$

例 7 求函数 $y = (x^2+1)^{100}$ 的导数．

解 设 $y = u^{100}$，$u = x^2+1$，则
$$y' = \frac{dy}{du} \times \frac{du}{dx} = 100u^{99} \times 2x = 200x(x^2+1)^{99}.$$

计算熟练之后，解题时可不必写出中间变量．

为了便于查阅，我们把基本初等函数的导数公式依次列出，称为基本导数公式：

(1) $c' = 0$，其中 c 是常数．

(2) $(x^\alpha)' = \alpha x^{\alpha-1}$，其中 α 是实数．

$(x)' = 1$，$\left(\dfrac{1}{x}\right)' = -\dfrac{1}{x^2}$，$(\sqrt{x})' = \dfrac{1}{2\sqrt{x}}$．

(3) $(a^x)' = a^x \ln a$．

$(e^x)' = e^x$．

(4) $(\log_a x)' = \dfrac{1}{x \ln a}$．

$(\ln x)' = \dfrac{1}{x}$．

(5) $(\sin x)' = \cos x$．

$(\cos x)' = -\sin x$．

$(\tan x)' = \dfrac{1}{\cos^2 x} = \sec^2 x$．

$(\cot x)' = -\dfrac{1}{\sin^2 x} = -\csc^2 x$．

(6) $(\arcsin x)' = \dfrac{1}{\sqrt{1-x^2}}$．

$(\arccos x)' = -\dfrac{1}{\sqrt{1-x^2}}$．

$(\arctan x)' = \dfrac{1}{1+x^2}$．

$(\text{arccot}\, x)' = -\dfrac{1}{1+x^2}$．

根据求导法则和导数公式表，能求出任意初等函数的导数，由导数公式表知，基本初等函数的导数还是初等函数．于是，初等函数的导数仍是初等函数．

五、隐函数求导法

表示函数的方法有多种，若自变量 x 与因变量 y 之间的函数是由方程 $F(x,y)=0$ 所确

定的,称这种形式表示的函数为隐函数,如方程 $e^{x+y}=xy$ 确定一个隐函数.

若函数的因变量 y 可用自变量 x 的一个表达式 $y=f(x)$ 直接表示出来,称这种函数为显函数. 前面我们接触的函数如 $y=x^3$,$y=\sin x$ 等都是显函数,显函数的求导方法在前面已经讨论过,下面举例说明隐函数的求导法则. 我们约定,这里所指的隐函数都是存在的,并且可导.

例 8 求由方程 $e^y=xy$ 所确定的函数 $y=f(x)$ 的导数.

解 将方程两边同时对 x 求导,得
$$y'e^y=xy'+y,$$
故
$$y'=\frac{y}{e^y-x}=\frac{y}{x(y-1)}.$$

例 9 设 $e^y+y\ln x-x=0$,求 $y',y'(1)$.

解 将方程两边同时对 x 求导,得
$$y'e^y+y'\ln x+\frac{y}{x}-1=0,$$
故
$$y'=\frac{1-\dfrac{y}{x}}{x(e^y+\ln x)}.$$

又当 $x=1$ 时,$e^y+y\ln 1-1=0$,得 $y=0$,于是
$$y'(1)=\frac{1-0}{1\times(e^0+\ln 1)}=1.$$

从以上两个例子可以看出,对隐函数进行求导的方法是首先对方程两端同时求导,然后从中解出 y'.

对于某些函数,可对其两边取对数,使之成为隐函数,然后按隐函数求导法对其求导数,这种方法叫作**取对数求导法**.

例 10 求幂指函数 $y=x^x$ 的导数.

解 两边取对数得 $\ln y=x\ln x$,
在等式两边同时对 x 求导,有
$$\frac{1}{y}\times y'=\ln x+x\times\frac{1}{x}=\ln x+1,$$
解得 $y'=y(\ln x+1)$.
即 $y'=x^x(\ln x+1)$.

注:对形如 $y=f(x)^{g(x)}$ 的幂指函数,可以用对数求导法求其导数. 但去对数求导法也可适用与多次进行乘、除、乘方、开方运算的这一类复杂的函数.

例 11 求 $y=\sqrt{\dfrac{(x-1)^3(x-2)}{(x-3)(x-4)}}$ 的导数.

解 方程两边取对数得
$$\ln y=\frac{1}{2}[\ln|x-1|^3+\ln|x-2|-\ln|x-3|-\ln|x-4|]$$
$$=\frac{1}{2}[3\ln|x-1|+\ln|x-2|-\ln|x-3|-\ln|x-4|].$$

两端同时对 x 求导得

$$\frac{1}{y}y' = \frac{1}{2}\left[\frac{3}{x-1}+\frac{1}{x-2}-\frac{1}{x-3}-\frac{1}{x-4}\right].$$

即 $y' = \frac{1}{2}\sqrt{\frac{(x-1)^3(x-2)}{(x-3)(x-4)}}\left[\frac{3}{x-1}+\frac{1}{x-2}-\frac{1}{x-3}-\frac{1}{x-4}\right].$

六、高阶导数

如果函数 $f(x)$ 的导数仍然是 x 的函数，那么我们可继续讨论 $f'(x)$ 的导数．在物理学中，若物体的运动方程为时间的函数，则物体的速度仍是时间的函数，我们把速度对时间的变化率（导数）称为加速度．即：

定义 1 函数 $y=f(x)$ 的（一阶）导数 $f'(x)$ 在 x 的导数，称为函数 $f(x)$ 在 x 的二阶导数，记作 $f''(x), y'', \frac{d^2 y}{dx^2}$ 或 $\frac{d^2 f}{dx^2}$．

$$f''(x) = \lim_{\Delta x \to 0}\frac{f'(x+\Delta x)-f'(x)}{\Delta x}.$$

函数 $f(x)$ 的二阶导数 $f''(x)$ 在 x 的导数，称为函数 $f(x)$ 的三阶导数，记作 $f'''(x)$．一般地，$f'(x)$ 的 $n-1$ 阶导数的导数称为 $f(x)$ 的 n 阶导数，记作 $f^{(n)}(x), y^{(n)}, \frac{d^n y}{dx^n}$ 或 $\frac{d^n f}{dx^n}$．

例 12 求 $y=\sin x$ 的 n 阶导数．

解 $y' = \cos x = \sin\left(x+\frac{\pi}{2}\right)$,

$y'' = \left[\sin\left(x+\frac{\pi}{2}\right)\right]' = \cos\left(x+\frac{\pi}{2}\right) = \sin\left(x+2\times\frac{\pi}{2}\right)$,

$y''' = \left[\sin\left(x+2\times\frac{\pi}{2}\right)\right]' = \cos\left(x+2\times\frac{\pi}{2}\right) = \sin\left(x+3\times\frac{\pi}{2}\right)$,

...

$y^{(n)} = \sin\left(x+n\times\frac{\pi}{2}\right)$.

同理可得 $(\cos x)^{(n)} = \cos\left(x+n\times\frac{\pi}{2}\right)$.

例 13 求 $f(x) = e^{ax}$（a 是常数）的 n 阶导数．

解 $f'(x) = a e^{ax}$,

$f''(x) = a^2 e^{ax}$,

...

$f^{(n)}(x) = a^n e^{ax}$.

习题 2-2

1. 求下列函数的导数．

(1) $y = x^4 + 3x^2 - 6$;

(2) $y = \sqrt{3x} + \sqrt[3]{x} + \frac{1}{x}$;

(3) $y=(1+4x^3)(1+2x^2)$; (4) $y=6x^{\frac{7}{2}}+4x^{\frac{5}{2}}+2x$;

(5) $y=\dfrac{\sin x}{1+\cos x}$; (6) $y=\dfrac{x^2+2}{e^x}$;

(7) $y=\dfrac{1+e^x}{1-e^x}$; (8) $y=\dfrac{\arctan x}{x}$.

2. 求下列复合函数的导数.

(1) $y=\cos 3x$; (2) $y=e^{\sin x}$;

(3) $y=\ln(2x-1)$; (4) $y=\sqrt{x^2+a^2}$;

(5) $y=e^{\frac{1}{x}}$; (6) $y=\arcsin\sqrt{x}$;

(7) $y=\sin 2x+\sin x^2$; (8) $y=\ln\cos x$;

(9) $y=\sin^3 x\cos x$; (10) $y=\ln^3 x$;

(11) $y=\ln(x+\sqrt{1+x^2})$; (12) $y=e^{-x^2}$;

(13) $y=\arctan(x^2+1)$; (14) $y=\log_a(1+x^2)$.

3. 求下列隐函数的导数.

(1) $\sin x+\cos y+2xy=0$; (2) $xy^2=e^{2x+y}$;

(3) $y=1+xe^y$; (4) $y=x+\sin y$.

4. 求下列隐函数在指定点的导数.

$x^2+3xy+y^2+1=0$,点 $(2,1)$.

5. 利用对数求导法,求下列函数的导数.

(1) $y=x^{\ln x}$; (2) $y=\sqrt[3]{\dfrac{(x+1)(x+2)}{x+3}}$.

6. 求下列函数的二阶导数.

(1) $y=\ln(1-x^2)$; (2) $y=e^{-x}$.

第三节　函数的微分

一、微分的概念

如果我们已知函数 $y=f(x)$ 在点 x_0 的函数值 $f(x_0)$,欲求函数 $f(x)$ 在点 x_0 的附近一点 $x_0+\Delta x$ 的函数值 $f(x_0+\Delta x)$,常常很难求得 $f(x_0+\Delta x)$ 的精确值. 但是,在实际应用中,只要求出 $f(x_0+\Delta x)$ 的近似值也就够用了. 因为已知 $\Delta y=f(x_0+\Delta x)-f(x_0)$,即 $f(x_0+\Delta x)=f(x_0)+\Delta y$,所以只要能近似计算出 Δy 即可.

回顾函数 $y=f(x)$ 在点 x_0 处的导数的定义:

$$f'(x_0)=\lim_{\Delta x\to 0}\dfrac{\Delta y}{\Delta x}=\lim_{\Delta x\to 0}\dfrac{f(x)-f(x_0)}{x-x_0},$$

根据极限与无穷小量的关系,又有

$$\dfrac{\Delta y}{\Delta x}=f'(x_0)+\alpha,$$

即 $\Delta y = f'(x_0)\Delta x + \alpha \Delta x$.

其中,当 $\Delta x \to 0$ 时, $\alpha \to 0$. 上式右端第一部分是 Δx 的线性函数,第二部分 $\alpha \Delta x$,当 $\Delta x \to 0$ 时,它是比 Δx 高阶的无穷小量. 因此,当 $|\Delta x|$ 很小时,我们可以用第一部分 $f'(x_0)\Delta x$ 近似地表示 Δy,而将第二部分忽略掉. 那么一次函数 $f'(x_0)\Delta x$ 就有特殊的意义.

定义 1 如果函数 $y=f(x)$ 在 x_0 的改变量 Δy 与自变量 x 的改变量 Δx 有下列关系 $\Delta y = f'(x_0)\Delta x + o(\Delta x)$,称函数 $f(x)$ 在点 x_0 可微. $f'(x_0)\Delta x$ 称为函数 $f(x)$ 在 x_0 的**微分**,记作

$$\mathrm{d}y\big|_{x=x_0} = f'(x_0)\Delta x.$$

其中字母 d 是英文"微分"的首字母. 根据上述定义,$\Delta y \approx f'(x_0)\Delta x$ 或 $\Delta y \approx \mathrm{d}y$,其误差是 $o(\Delta x)$.

定理 1 函数 $y=f(x)$ 在 x_0 可微的充分必要条件是函数 $y=f(x)$ 在 x_0 可导.

定义 2 设函数 $y=f(x)$ 在点 x 处可导,则称 $f'(x)\Delta x$ 为函数 $f(x)$ 在点 x 的微分,记为 $\mathrm{d}y$ 或 $\mathrm{d}f(x)$. 即

$$\mathrm{d}y = f'(x)\Delta x$$

由微分定义,自变量 x 本身的微分是 $\mathrm{d}x = (x)'\Delta x = \Delta x$,即自变量 x 的微分 $\mathrm{d}x$ 等于自变量 x 的改变量 Δx. 于是,当 x 是自变量时,可用 $\mathrm{d}x$ 代替 Δx. 函数 $y=f(x)$ 在 x 的微分 $\mathrm{d}y$ 又可写为

$$\mathrm{d}y = f'(x)\mathrm{d}x \text{ 或 } f'(x) = \frac{\mathrm{d}y}{\mathrm{d}x}.$$

即函数 $f(x)$ 的导数 $f'(x)$ 等于函数的微分 $\mathrm{d}y$ 与自变量的微分 $\mathrm{d}x$ 的商,所以导数也称**微商**. 在没有引入微分概念之前,曾用 $\dfrac{\mathrm{d}y}{\mathrm{d}x}$ 表示导数,但是,那时 $\dfrac{\mathrm{d}y}{\mathrm{d}x}$ 是一个整体符号,并不具有商的意义,当引入微分概念后,符号 $\dfrac{\mathrm{d}y}{\mathrm{d}x}$ 才具有商的意义.

二、微分的几何意义

如图 2-2,在曲线 $y=f(x)$ 上取一点 $P(x_0, f(x_0))$,在点 x_0 给自变量一个改变量 Δx,相应地有函数的改变量 $\Delta y = f(x_0 + \Delta x) - f(x_0) = |NQ|$,点 P 处的切线也有一改变量 $|MN|$,设切线 PM 的倾斜角为 φ,则 $|MN| = |PN|\tan\varphi = f'(x_0)\Delta x = \mathrm{d}y$. 由此可见,$\mathrm{d}y = |MN|$ 是曲线 $y=f(x)$ 在点 $P(x_0, f(x_0))$ 的切线 PM 的纵坐标的改变量. 因此,用 $\mathrm{d}y$ 近似代替 Δy,就是用在点 $P(x_0, f(x_0))$ 处的切线的纵坐标的改变量 $|MN|$ 近似地代替函数 $f(x)$ 的改变量 $|NQ|$. $|QM| = |QN| - |MN| = \Delta y - \mathrm{d}y = o(\Delta x)$.

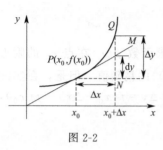

图 2-2

三、基本初等函数的微分公式

根据微分的定义 $\mathrm{d}y = f'(x)\mathrm{d}x$,计算函数的微分,只要计算函数的导数即可.

例1 求函数 $y=\sin x$ 的微分.

解 $dy=(\sin x)'dx=\cos x\,dx$.

在导数公式表中，将每个公式都乘上自变量的微分 dx，就相应的得到微分公式表：

(1) $y=c$，其中 c 是常数，$dy=0$.

(2) $y=x^{\alpha}$，其中 α 是实数，$dy=\alpha x^{\alpha-1}dx$.

(3) $y=\log_a|x|$，$dy=\dfrac{1}{x\ln a}dx$.

$y=\ln|x|$，$dy=\dfrac{1}{x}dx$.

(4) $y=a^x$，$dy=a^x\ln a\,dx$.

$y=e^x$，$dy=e^x dx$.

(5) $y=\sin x$，$dy=\cos x\,dx$.

$y=\cos x$，$dy=-\sin x\,dx$.

$y=\tan x$，$dy=\dfrac{1}{\cos^2 x}dx=\sec^2 x\,dx$.

$y=\cot x$，$dy=-\dfrac{1}{\sin^2 x}dx=-\csc^2 x\,dx$.

(6) $y=\arcsin x$，$dy=\dfrac{1}{\sqrt{1-x^2}}dx$.

$y=\arccos x$，$dy=-\dfrac{1}{\sqrt{1-x^2}}dx$.

$y=\arctan x$，$dy=\dfrac{1}{1+x^2}dx$.

$y=\text{arccot}\,x$，$dy=-\dfrac{1}{1+x^2}dx$.

四、微分的运算法则

从四则运算的求导法则出发，可直接推出相应的微分法则.

设函数 $u(x)$ 与 $v(x)$ 可微，则

$d[cu(x)]=c\,du(x)$，其中 c 是常数.

$d[u(x)\pm v(x)]=du(x)\pm dv(x)$.

$d[u(x)v(x)]=u(x)dv(x)+v(x)du(x)$.

$d\left[\dfrac{u(x)}{v(x)}\right]=\dfrac{v(x)du(x)-u(x)dv(x)}{[v(x)]^2}$.

我们只证明乘积的微分法则：

$$d[u(x)v(x)]=[u(x)v(x)]'dx=[u(x)v'(x)+u'(x)v(x)]dx$$
$$=u(x)v'(x)dx+u'(x)v(x)dx=u(x)dv(x)+v(x)du(x).$$

例2 求函数 $y=\dfrac{x^9}{9}-\cos x+5^x$ 的微分.

解 $dy=d\left(\dfrac{x^9}{9}-\cos x+5^x\right)=d\left(\dfrac{x^9}{9}\right)-d(\cos x)+d(5^x)$

$$= x^8 dx + \sin x\, dx + 5^x \ln 5\, dx.$$

例 3 求函数 $y = \dfrac{\sin x}{x}$ 的微分.

解 $dy = d\left(\dfrac{\sin x}{x}\right) = \dfrac{x\, d(\sin x) - \sin x\, dx}{x^2} = \dfrac{(x\cos x - \sin x)\, dx}{x^2}.$

注 设函数 $y = f(u)$ 有导数 $f'(u)$.

(1) 若 u 是自变量，由微分定义得 $dy = df(u) = f'(u) du$；

(2) 若 u 不是自变量，设 $u = \varphi(x)$，则 $y = f[\varphi(x)]$ 是 x 的复合函数.

根据复合函数的求导法则，得
$$dy = df[\varphi(x)] = f'(u)\varphi'(x) dx.$$

即不论 u 是自变量还是中间变量，等式
$$df(u) = f'(u) du$$
恒成立，这一性质称为**一阶微分形式的不变性**.

例 4 设 $y = \ln \sin x$，求 dy.

解 **方法一** 由复合函数求导法则得：
$$dy = d(\ln \sin x) = (\ln \sin x)' dx = \dfrac{(\sin x)'}{\sin x} dx = \cot x\, dx.$$

方法二 用微分形式的不变性得：
$$dy = d(\ln \sin x) = \dfrac{1}{\sin x} d(\sin x) = \dfrac{1}{\sin x} \times \cos x\, dx = \cot x\, dx.$$

五、微分在近似计算中的应用

设函数 $y = f(x)$ 在点 x_0 处有导数 $f'(x_0)$. 当 $|\Delta x|$ 很小时有
$$\Delta y \approx dy = f'(x_0)\Delta x.$$

即
$$f(x_0 + \Delta x) - f(x_0) \approx f'(x_0)\Delta x$$

或
$$f(x_0 + \Delta x) \approx f(x_0) + f'(x_0)\Delta x.$$

设 $x = x_0 + \Delta x$，即 $\Delta x = x - x_0$，则上式又可写为
$$f(x) \approx f(x_0) + f'(x_0)(x - x_0).$$

特别地，当 $x_0 = 0$ 且 $|x|$ 很小时，有
$$f(x) \approx f(0) + f'(0)x.$$

根据上式可以推得几个常用的近似公式（当 $|x|$ 充分小时）：

(1) $\sin x \approx x.$ (2) $\tan x \approx x.$

(3) $e^x \approx 1 + x.$ (4) $\ln(1 + x) \approx x.$

(5) $\dfrac{1}{1+x} \approx 1 - x.$ (6) $\sqrt[n]{1+x} \approx 1 + \dfrac{x}{n}.$

例 5 计算的近似值 $\sqrt[3]{1.02}$.

解 **方法一** 函数 $f(x) = \sqrt[3]{x}$，设 $x_0 = 1, x = 1.02, x - x_0 = 0.02$，
$$f'(x) = \dfrac{1}{3}\dfrac{1}{\sqrt[3]{x^2}},\ f'(1) = \dfrac{1}{3}.$$

则 $\sqrt[3]{1.02} \approx \sqrt[3]{1} + f'(1) \times 0.02 = 1 + \frac{1}{3} \times 0.02 \approx 1.0067$.

方法二 根据公式 $\sqrt[n]{1+x} \approx 1 + \frac{x}{n}$ 有

$$\sqrt[3]{1.02} = \sqrt[3]{1+0.02} \approx 1 + \frac{1}{3} \times 0.02 \approx 1.0067.$$

习题 2-3

1. 求下列函数在指定点的 Δy 与 dy：

(1) $y = x^2 - x$，在 $x = 1$； (2) $y = x^3 - 2x - 1$，在 $x = 2$.

2. 求下列函数的微分：

(1) $y = x - \frac{1}{2}x^2 + \frac{1}{3}x^3 - \frac{1}{4}x^4$； (2) $y = x^2 \sin x$；

(3) $y = x \ln x - x$； (4) $y = \frac{x}{1+x^2}$；

(5) $y = (1-x^2)^5$； (6) $y = \sqrt{x} + \ln x - \frac{1}{\sqrt{x}}$.

3. 计算下列各数的近似值：

(1) $\sin 29°$； (2) $\sqrt[3]{996}$.

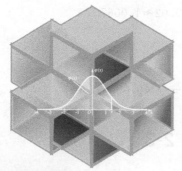

第三章

导数的应用

上一章我们讨论了导数的概念与导数的计算方法,本章将介绍拉格朗日中值定理和它的两个重要推论,在此基础上运用导数研究函数及函数曲线的某些重要性质.

第一节　微分中值定理

一、拉格朗日中值定理

定理 1　如果函数 $f(x)$ 满足条件:
(1) 在闭区间 $[a,b]$ 上连续;
(2) 在开区间 (a,b) 内可导.
则在开区间 (a,b) 内至少有一点 ε,使得

$$f'(\varepsilon)=\frac{f(b)-f(a)}{b-a} \text{ 或 } f(b)-f(a)=f'(\varepsilon)(b-a). \tag{3-1}$$

式(3-1)称为**拉格朗日中值定理**.

定理证明从略.

下面从几何意义的角度来剖析定理所表述的事实.

结合函数的连续性、导数的几何意义,再由定理的两个条件不难得出这样的结论:函数 $y=f(x)$ 在区间 $[a,b]$ 上的图形是一条连续不断的曲线弧,且除了端点外处处具有不垂直于 x 轴的切线,假设画出的曲线弧如图 3-1.

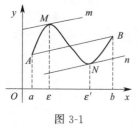

图 3-1

图中 AB 是连接曲线弧端点的弦,将直线 AB 上下平行移动可得到一组与它平行的直线,在这些直线中有两条直线 m 与 n(当然随着曲线形状的不同可能会有更多条,但至少有一条)分别与曲线弧 $\overset{\frown}{AB}$ 相切于 $M(\varepsilon,f(\varepsilon))$,$N(\varepsilon',f(\varepsilon'))$.

由于直线 m 与 n 同直线 AB 平行,因此它们的斜率都相等,所以有

$$k_m=f'(\varepsilon)=k_n=f'(\varepsilon')=\frac{f(b)-f(a)}{b-a}. \tag{3-2}$$

其中，$a<\varepsilon<b$，$a<\varepsilon'<b$.

这就是说，如果连续曲线 $y=f(x)$ 的弧 $\overset{\frown}{AB}$ 上除了端点外处处具有不垂直于 x 轴的切线，那么这条弧上至少有一点 M（或 N），使曲线在 M 处的切线平行于弦 AB，这就是拉格朗日中值定理的几何意义.

如果抛开几何意义，由式(3-2)便可得出如下结论：当函数 $f(x)$ 满足定理的两个条件时，在区间 (a,b) 内就至少有一点 ε（或 ε'），使得

$$f'(\varepsilon)=\frac{f(b)-f(a)}{b-a} \text{ 或 } f(b)-f(a)=f'(\varepsilon)(b-a).$$

注：上式对 $a<b$ 或 $a>b$ 均成立.

例 1 对于函数 $f(x)=\ln x$ 在 $[1,e]$ 上验证拉格朗日中值定理的正确性.

解 函数 $f(x)=\ln x$ 在 $[1,e]$ 上连续，在 $(1,e)$ 内可导，所以满足拉格朗日中值定理的条件.

由于 $f'(x)=\frac{1}{x}$，所以 $f'(\varepsilon)=\frac{1}{\varepsilon}$，而 $\frac{f(e)-f(1)}{e-1}=\frac{\ln e-\ln 1}{e-1}=\frac{1}{e-1}$，且 $1<e-1<e$. 取 $\varepsilon=e-1$，则有

$$f'(\varepsilon)=\frac{f(e)-f(1)}{e-1}.$$ 这就验证了拉格朗日中值定理的正确性.

应用拉格朗日中值定理还可以证明某些不等式.

例 2 设 $a>b>0$，证明：$\frac{a-b}{a}<\ln\frac{a}{b}<\frac{a-b}{b}$.

证 设 $f(x)=\ln x$，则 $f(x)$ 在 $[b,a]$ 上连续，在 (b,a) 内可导，由拉格朗日中值定理得

$$f(a)-f(b)=\ln a-\ln b=\ln\frac{a}{b},\, f'(\varepsilon)=\frac{1}{\varepsilon},$$

所以上式即为

$$\ln\frac{a}{b}=\frac{a-b}{\varepsilon}.$$

又由 $0<b<\varepsilon<a$，可得 $\frac{a-b}{a}<\frac{a-b}{\varepsilon}<\frac{a-b}{b}$，所以有 $\frac{a-b}{a}<\ln\frac{a}{b}<\frac{a-b}{b}$.

由此例可见，应用拉格朗日中值定理证明不等式，关键是依据不等式的特点，恰当地选取函数以及确定使函数满足定理条件的区间.

二、拉格朗日中值定理的推论

推论 1 如果函数 $f(x)$ 在区间 (a,b) 内的导数 $f'(x)$ 值为零，则 $f(x)$ 在区间 (a,b) 内是一个常数.

证明 设 x_1，x_2 是 (a,b) 内任意两点，且 $x_1<x_2$.

因为 $f(x)$ 在 (a,b) 内可导，所以函数 $f(x)$ 在区间 $[x_1,x_2]$ 上连续，在 (x_1,x_2) 内可导，由拉格朗日中值定理知，至少存在一点 $\varepsilon\in(a,b)$，使得

$$f(x_2)-f(x_1)=f'(\varepsilon)(x_2-x_1)$$

又因为在 (a,b) 内恒有 $f'(x)=0$，所以 $f'(\varepsilon)=0$，因而 $f(x_2)-f(x_1)=0$，即

$f(x_2)=f(x_1)$，这说明在区间 (a,b) 内任意两点的函数值都相等，所以在区间 (a,b) 内 $f(x)$ 是一个常数．

推论 2 如果函数 $f(x)$ 与 $g(x)$ 在区间 (a,b) 内每一个点的导数值都有 $f'(x)=g'(x)$，则在区间 (a,b) 内 $f(x)$ 与 $g(x)$ 至多相差一个常数，即 $f(x)=g(x)+C$（C 是常数）．

证明从略，读者可仿照推论 1 证明．

习题 3-1

1. 下列函数在给定区间上是否满足拉格朗日中值定理的条件，如果满足求出定理中的 ε 值．

   (1) $f(x)=x^2-2x-3$，$[-1,3]$；

   (2) $f(x)=\ln\sin x$，$\left[\dfrac{\pi}{6},\dfrac{5\pi}{6}\right]$；

   (3) $f(x)=4x^3-5x^2+x-2$，$[0,1]$；

   (4) $f(x)=\arctan x$，$[0,1]$；

   (5) $f(x)=\dfrac{1}{x}$，$[-1,1]$．

2. （罗尔定理）已知函数 $y=f(x)$ 在区间 $[a,b]$ 上连续，在开区间 (a,b) 内可导，且 $f(a)=f(b)$．求证：在 (a,b) 内至少存在一点 ε，使 $f'(\varepsilon)=0$，并说明它的几何意义．

3. 证明不等式 $|\sin x_2-\sin x_1|\leqslant|x_2-x_1|$．

第二节　洛必达法则

在求两个无穷小的比或两个无穷大的比的极限时，由于不能使用商的运算法则，因此处理这类极限问题时常感到困难．本节将介绍解决这类问题的一种简单有效方法．

一、未定式

在某一给定变化过程中，两个无穷小或两个无穷大之比可以有不同变化的趋势，例如：当 $x\to 0$ 时，x、$2x$ 与 x^2 都是无穷小，但下述无穷小之比的变化趋势却各不相同：

$$\dfrac{x^2}{x}=x\to 0(x\to 0),\quad \dfrac{2x}{x}=2(x\to 0),\quad \dfrac{x}{x^2}=\dfrac{1}{x}\to\infty(x\to 0).$$

又如当 $x\to\infty$ 时，x、$2x$ 与 x^2 都是无穷大，但下述无穷大之比的变化趋势也各不相同：

$$\dfrac{x}{x^2}=\dfrac{1}{x}\to 0(x\to\infty),\quad \dfrac{2x}{x}=2(x\to\infty),\quad \dfrac{x^2}{x}=x\to\infty(x\to\infty).$$

由此可见，在某一变化过程中的两个无穷小（或无穷大）之比的极限可能存在，也可能不存在，对这样的情况给出如下定义：

定义 1 如果函数 $f(x)$ 和 $g(x)$ 在 $x\to a$（或 $x\to\infty$）时都趋向于零，或都趋向于无穷大，这时极限

$$\lim_{\substack{x \to a \\ (x \to \infty)}} \frac{f(x)}{g(x)}$$

可能存在，也可能不存在．通常把这类极限叫做**未定式**，分别记为 $\frac{0}{0}$ 型或 $\frac{\infty}{\infty}$ 型．

下面给出计算这两类极限的计算方法．

二、洛必达法则相关内容

1. $\frac{0}{0}$ 型

洛必达法则 1　如果函数 $f(x)$ 和 $g(x)$ 满足以下三个条件：

(1) $\lim\limits_{\substack{x \to a \\ (x \to \infty)}} f(x) = 0$，$\lim\limits_{\substack{x \to a \\ (x \to \infty)}} g(x) = 0$；

(2) 在点 a 的某邻域内（点 a 可除外或当 $|x|$ 充分大时）$f'(x)$ 与 $g'(x)$ 都存在，且 $g'(x) \neq 0$；

(3) $\lim\limits_{\substack{x \to a \\ (x \to \infty)}} \frac{f'(x)}{g'(x)}$ 存在（或为 ∞），则

$$\lim_{\substack{x \to a \\ (x \to \infty)}} \frac{f(x)}{g(x)} = \lim_{\substack{x \to a \\ (x \to \infty)}} \frac{f'(x)}{g'(x)}.$$

例 1　求 $\lim\limits_{x \to 0} \frac{\sin 2x}{3x}$.

解　此极限为当 $x \to a$ 时的 $\frac{0}{0}$ 型，由法则 1，得

$$\lim_{x \to 0} \frac{\sin 2x}{3x} = \lim_{x \to 0} \frac{(\sin 2x)'}{(3x)'} = \lim_{x \to 0} \frac{2\cos 2x}{3} = \frac{2}{3} \lim_{x \to 0} \cos 2x = \frac{2}{3}.$$

例 2　求 $\lim\limits_{x \to 0} \frac{\ln(1+x)}{2x}$.

解　此极限也是当 $x \to a$ 时的 $\frac{0}{0}$ 型，所以有

$$\lim_{x \to 0} \frac{\ln(1+x)}{2x} = \lim_{x \to 0} \frac{\frac{1}{1+x}}{2} = \frac{1}{2} \lim_{x \to 0} \frac{1}{1+x} = \frac{1}{2}.$$

例 3　求 $\lim\limits_{x \to +\infty} \frac{x}{\pi - 2\arctan x}$.

解　此极限为当 $x \to \infty$ 时的 $\frac{0}{0}$ 型未定式，由法则 1 得

$$\lim_{x \to +\infty} \frac{x}{\pi - 2\arctan x} = \lim_{x \to +\infty} \frac{-\frac{2}{x^2}}{-\frac{2}{1+x^2}} = \lim_{x \to +\infty} \frac{1+x^2}{x^2} = 1.$$

例 4　求 $\lim\limits_{x \to 1} \frac{x^3 - 3x + 2}{x^3 - x^2 - x + 1}$.

解 此极限仍属于 $x \to a$ 时的 $\dfrac{0}{0}$ 型,所以有

$$\lim_{x \to 1} \frac{x^3-3x+2}{x^3-x^2-x+1} = \lim_{x \to 1} \frac{3x^2-3}{3x^2-2x-1} = \lim_{x \to 1} \frac{6x}{6x-2} = \frac{3}{2}.$$

由此例我们应注意到两点:

(1) 使用洛必达法则前必须检验是否属于 $\dfrac{0}{0}$ 型未定式,如果不是,就不能使用法则 1. 例 4 中的 $\lim\limits_{x \to 1} \dfrac{6x}{6x-2}$ 已不是 $\dfrac{0}{0}$ 型未定式,所以不能再用法则 1,否则要导致错误.

(2) 在法则 1 中,如果 $\dfrac{f'(x)}{g'(x)}$ 当 $x \to a$(或 $x \to \infty$)仍属于 $\dfrac{0}{0}$ 型,且此时 $f'(x), g'(x)$ 仍满足定理中 $f(x), g(x)$ 需要满足的条件,那么可以继续应用洛必达法则 1,先确定 $\lim\limits_{\substack{x \to a \\ (x \to \infty)}} \dfrac{f'(x)}{g'(x)}$,再确定 $\lim\limits_{\substack{x \to a \\ (x \to \infty)}} \dfrac{f(x)}{g(x)}$,即

$$\lim_{\substack{x \to a \\ (x \to \infty)}} \frac{f(x)}{g(x)} = \lim_{\substack{x \to a \\ (x \to \infty)}} \frac{f'(x)}{g'(x)} = \lim_{\substack{x \to a \\ (x \to \infty)}} \frac{f''(x)}{g''(x)},$$

且可依此类推. 以上两点对下面的法则也适用.

2. $\dfrac{\infty}{\infty}$ 型

洛必达法则 2 如果函数 $f(x)$ 与 $g(x)$ 满足以下三个条件:

(1) $\lim\limits_{\substack{x \to a \\ (x \to \infty)}} f(x) = \infty$, $\lim\limits_{\substack{x \to a \\ (x \to \infty)}} g(x) = \infty$;

(2) 在点 a 的某邻域内(点 a 可除外或当 $|x|$ 充分大) $f'(x), g'(x)$ 都存在,且 $g'(x) \neq 0$;

(3) $\lim\limits_{\substack{x \to a \\ (x \to \infty)}} \dfrac{f'(x)}{g'(x)}$ 存在(或为 ∞),则

$$\lim_{\substack{x \to a \\ (x \to \infty)}} \frac{f(x)}{g(x)} = \lim_{\substack{x \to a \\ (x \to \infty)}} \frac{f'(x)}{g'(x)}.$$

例 5 求极限 $\lim\limits_{x \to 0^+} \dfrac{\ln x}{\dfrac{1}{x}}$.

解 此极限属于当 $x \to a$ 时的 $\dfrac{\infty}{\infty}$ 型,因此有

$$\lim_{x \to 0^+} \frac{\ln x}{\dfrac{1}{x}} = \lim_{x \to 0^+} \frac{\dfrac{1}{x}}{-\dfrac{1}{x^2}} = -\lim_{x \to 0^+} x = 0.$$

例 6 求 $\lim\limits_{x \to +\infty} \dfrac{\ln x}{x^p} (p > 0)$.

解 此极限属于当 $x \to \infty$ 时的 $\dfrac{\infty}{\infty}$ 型,所以有

$$\lim_{x\to+\infty}\frac{\ln x}{x^p}=\lim_{x\to+\infty}\frac{\frac{1}{x}}{px^{p-1}}=\frac{1}{p}\lim_{x\to+\infty}\frac{1}{x^p}=0.$$

应注意的是洛必达法则不是万能的，有时也会失效，见下面的例子.

例 7 求极限 $\lim\limits_{x\to\infty}\dfrac{x+\sin x}{x}$.

解 此极限属于当 $x\to\infty$ 时的 $\dfrac{\infty}{\infty}$ 型.

若用洛必达法则有

$$\lim_{x\to\infty}\frac{(x+\sin x)'}{(x)'}=\lim_{x\to\infty}\frac{1+\cos x}{1}=\lim_{x\to\infty}(1+\cos x).$$

此极限不存在，但不能就此断言原极限也不存在. 事实上，经过适当变形后仍能求得它的极限，即

$$\lim_{x\to\infty}\frac{x+\sin x}{x}=\lim_{x\to\infty}\left(1+\frac{1}{x}\sin x\right)=1+\lim_{x\to\infty}\frac{1}{x}\sin x=1+0=1.$$

所以求极限 $\lim\limits_{x\to\infty}\dfrac{x+\sin x}{x}$ 时，不能使用洛必达法则.

这个例子提示我们，如遇到 $\lim\limits_{\substack{x\to a\\(x\to\infty)}}\dfrac{f'(x)}{g'(x)}$ 不存在（也不为 ∞），即不满足洛必达法则条件 (3) 时，不能断定 $\lim\limits_{\substack{x\to a\\(x\to\infty)}}\dfrac{f(x)}{g(x)}$ 也不存在. 这种情况下不能使用洛必达法则，而应根据已学过的极限理论，另找其他途径加以讨论.

三、其他类型未定式的极限

除上面已讨论的 $\dfrac{0}{0}$ 型及 $\dfrac{\infty}{\infty}$ 型未定式外，还有下面五种类型的未定式：$0\cdot\infty$、$\infty-\infty$、0^0、1^∞、∞^0.

对于 $0\cdot\infty$ 和 $\infty-\infty$ 型未定式可以通过适当代数变换转化为 $\dfrac{0}{0}$ 型和 $\dfrac{\infty}{\infty}$ 型，再使用洛必达法则计算.

例 8 求 $\lim\limits_{x\to 0^+}x^2\ln x$.

解 此极限属于 $0\cdot\infty$ 型，可化为 $\dfrac{\infty}{\infty}$ 型，即

$$\lim_{x\to 0^+}x^2\ln x=\lim_{x\to 0^+}\frac{\ln x}{\frac{1}{x^2}}=\lim_{x\to 0^+}\frac{\frac{1}{x}}{-\frac{2}{x^3}}=-\lim_{x\to 0^+}\frac{1}{2}x^2=0.$$

注：若化为 $\dfrac{0}{0}$ 型不易计算，读者不妨试试.

例 9 求 $\lim\limits_{x\to 1}\left(\dfrac{1}{x-1}-\dfrac{1}{\ln x}\right)$.

解 此极限属于 $\infty - \infty$ 型，可化为 $\dfrac{0}{0}$ 型，即

$$\lim_{x \to 1}\left(\dfrac{1}{x-1} - \dfrac{1}{\ln x}\right) = \lim_{x \to 1}\dfrac{\ln x - (x-1)}{(x-1)\ln x} = \lim_{x \to 1}\dfrac{\dfrac{1}{x} - 1}{\ln x + (x-1)\times\dfrac{1}{x}}$$

$$= \lim_{x \to 1}\dfrac{1-x}{\ln x + x - x} = \lim_{x \to 1}\dfrac{-1}{\ln x + 1 + 1} = -\dfrac{1}{2}.$$

对于 0^0 型、1^∞ 型、∞^0 型未定式一般采用取对数作变换的方法来求解．

例 10 求 $\lim\limits_{x \to 0^+} x^{\sin x}$．

解 此极限属于 0^0 型，令 $y = x^{\sin x}$，两边取自然对数，得

$$\ln y = \sin x \ln x.$$

则

$$\lim_{x \to 0^+} \ln y = \lim_{x \to 0^+} \sin x \times \ln x = \lim_{x \to 0^+}\dfrac{\ln x}{\csc x} = \lim_{x \to 0^+}\dfrac{\dfrac{1}{x}}{-\csc x \times \cot x}$$

$$= -\lim_{x \to 0^+}\left(\dfrac{\sin x}{x} \times \tan x\right) = -\lim_{x \to 0^+}\dfrac{\sin x}{x}\times \lim_{x \to 0^+}\tan x = -(1\times 0) = 0.$$

所以

$$\lim_{x \to 0^+} x^{\sin x} = \lim_{x \to 0^+} y = \lim_{x \to 0^+} e^{\ln y} = e^0 = 1.$$

例 11 求 $\lim\limits_{x \to +\infty}\left(\dfrac{2}{\pi}\arctan x\right)^x$ （1^∞ 型）．

解 令 $y = \left(\dfrac{2}{\pi}\arctan x\right)^x$，两边取自然对数得

$\ln y = x\dfrac{2}{\pi}\arctan x$，则

$$\lim_{x \to +\infty}\ln y = \lim_{x \to +\infty} x\left(\ln\dfrac{2}{\pi}\arctan x\right) = \lim_{x \to +\infty}\dfrac{\ln\left(\dfrac{2}{\pi}\arctan x\right)}{\dfrac{1}{x}}$$

$$= \lim_{x \to +\infty}\dfrac{\dfrac{1}{\arctan x}\times\dfrac{1}{1+x^2}}{-\dfrac{1}{x^2}} = -\left(\lim_{x \to +\infty}\dfrac{x^2}{1+x^2}\right)\times\left(\lim_{x \to +\infty}\dfrac{1}{\arctan x}\right) = -\dfrac{\pi}{2}.$$

所以

$$\lim_{x \to +\infty}\left(\dfrac{2}{\pi}\arctan x\right)^x = \lim_{x \to +\infty} y = \lim_{x \to +\infty} e^{\ln y} = e^{-\frac{2}{\pi}}.$$

例 12 求 $\lim\limits_{x \to 0}(\cot x)^{\sin x}$ （∞^0 型）．

解 令 $y = (\cot x)^{\sin x}$，两边取自然对数得

$$\ln y = \sin x \ln\cot x,$$

则

$$\lim_{x\to 0}\ln y=\lim_{x\to 0}(\sin x\ln\cot x)=\lim_{x\to 0}\frac{\ln\cot x}{\csc x}=\lim_{x\to 0}\frac{\frac{1}{\cot x}\times\frac{-1}{\sin^2 x}}{-\frac{1}{\sin^2 x}\times\cos x}$$

$$=\lim_{x\to 0}(\tan x\times\sec x)=(\lim_{x\to 0}\tan x)\times(\lim_{x\to 0}\sec x)=0\times 1=0.$$

所以

$$\lim_{x\to 0}(\cot x)^{\sin x}=\lim_{x\to 0}y=\lim_{x\to 0}e^{\ln y}=e^0=1.$$

习题 3-2

用洛必达法则求下列极限.

(1) $\lim\limits_{x\to 0}\dfrac{\sin 5x}{x}$;

(2) $\lim\limits_{x\to +\infty}\dfrac{\dfrac{\pi}{2}-\arctan x}{\dfrac{1}{x}}$;

(3) $\lim\limits_{x\to +\infty}x\sin\dfrac{3}{x}$;

(4) $\lim\limits_{x\to\frac{\pi}{2}}(\sec x-\tan x)$;

(5) $\lim\limits_{x\to +\infty}\dfrac{\ln x}{x^2}$;

(6) $\lim\limits_{x\to\infty}\left(1+\dfrac{1}{x^2}\right)^x$.

第三节 函数的单调性与极值

本节首先利用导数研究函数的单调性,然后讨论函数的极值、最大值和最小值问题.

一、函数的单调性

我们知道,如果函数 $y=f(x)$ 在区间 $[a,b]$ 上单调增加,则它的图形是一条沿 x 轴的正向上升的曲线.由图 3-2 可知,这时曲线上各点处的切线的倾角均为锐角,因而切线的斜率 $\tan\alpha=f'(x)>0$;如果函数 $y=f(x)$ 在区间 $[a,b]$ 上单调减少,则它的图形是一条沿 x 轴正向下降的曲线.由图 3-3 可知,这时曲线上各点处的切线的倾角均为钝角,因而切线的斜率 $\tan\alpha=f'(x)<0$.

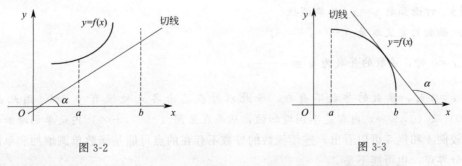

图 3-2   图 3-3

反之,依据导数的符号,可以判定函数 $y=f(x)$ 在某一区间的单调性.

定理 1 设函数 $y=f(x)$ 在区间 $[a,b]$ 上连续，在区间 (a,b) 内可导，则

(1) 如果在 (a,b) 内恒有 $f'(x)>0$，则 $f(x)$ 在区间 $[a,b]$ 上单调增加；

(2) 如果在 (a,b) 内恒有 $f'(x)<0$，则 $f(x)$ 在区间 $[a,b]$ 上单调减少．

定理证明从略．

例 1 讨论函数 $y=\sin x$ 在 $\left[-\dfrac{\pi}{2},\dfrac{\pi}{2}\right]$ 上的单调性．

解 因为 $y=\sin x$ 在 $\left[-\dfrac{\pi}{2},\dfrac{\pi}{2}\right]$ 上连续，且在 $\left(-\dfrac{\pi}{2},\dfrac{\pi}{2}\right)$ 内 $y'=\cos x>0$，所以函数 $y=\sin x$ 在 $\left[-\dfrac{\pi}{2},\dfrac{\pi}{2}\right]$ 上单调增加．

注：定理 1 也适用于其他各种区间．

例 2 讨论函数在 $y=-x^2+2x+1$ 的单调性．

解 函数在定义域 $(-\infty,+\infty)$ 内不是单调函数．但 $y'=-2(x-1)$，在 $(-\infty,1)$ 内 $y'>0$，所以函数在 $(-\infty,1)$ 内单调增加．在 $(1,+\infty)$ 内 $y'<0$，所以函数在 $(1,+\infty)$ 内单调减少．

我们注意到，当 $x=1$ 时，函数的导数 $y'=0$，且 $x=1$ 是函数单调增加区间及单调减少区间的分界点．

例 3 讨论函数 $y=x^3$ 的单调性．

解 这个函数的定义域为 $(-\infty,+\infty)$，又 $y'=3x^2$，当 $x=0$ 时，$y'=0$. 除此之外在其余各点处恒有 $y'>0$. 因此函数 $y=x^3$ 在区间 $(-\infty,0)$ 及 $(0,+\infty)$ 内都是单调增加的，从而这整个定义域 $(-\infty,+\infty)$ 内是单调增加的．

一般地，如果 $f'(x)$ 在某区间内的有限个点处为零，在其余各点均为正（或负）时，那么函数在该区间上仍旧是单调增加（或减少）的．

比较例 2 和例 3 可以看出，定义域（或其他区间）具有连续导数的函数，使导数等于零的点可能是该函数单调增加和单调减少区间的分界点，也可能不是．

例 4 讨论函数 $y=|x|$ 的单调性．

解 上面的函数就是 $y=\begin{cases} x, & x\geq 0 \\ -x, & x<0 \end{cases}$，它的定义域是 $(-\infty,+\infty)$，当 $x=0$ 时导数不存在．但在 $(-\infty,0)$ 内 $y'=-1<0$，所以函数在 $(-\infty,0)$ 内是单调减少的．在 $(0,+\infty)$ 内 $y'=1>0$，所以函数在 $(0,+\infty)$ 是单调增加的．

例 5 讨论函数 $y=x^{\frac{1}{3}}$ 的单调性．

解 函数的定义域是 $(-\infty,+\infty)$.

当 $x\neq 0$ 时，函数的导数为 $y'=\dfrac{1}{3\sqrt[3]{x^2}}$.

当 $x=0$ 时，函数的导数不存在，除此以外在其余各点处恒有 $y'>0$. 因此函数在 $(-\infty,0)$ 及 $(0,+\infty)$ 内都是单调增加的，从而在区间 $(-\infty,+\infty)$ 内是单调增加的．

比较例 4 和例 5 可以看出，连续函数的导数不存在的点可能是函数单调增加和单调减少区间的分界点，也可能不是．

综上所述，对于连续函数只有导数等于零的点和导数不存在的点才可能是函数单调增加

和单调减少区间的分界点.

根据上面的讨论,我们得出确定函数 $y=f(x)$ 单调性的一般步骤如下:
(1) 求出函数的定义域;
(2) 求导数 $f'(x)$,找出使 $f'(x)=0$ 的点及 $f'(x)$ 不存在的点;
(3) 用这些点将函数的定义域分成若干个部分区间;
(4) 判定 $f'(x)$ 在每个部分区间是的符号,从而确定函数在这些区间上的单调性.

例 6 讨论函数 $y=\dfrac{x}{3}-\sqrt[3]{x}$ 的单调性.

解 函数的定义域为 $(-\infty,+\infty)$,且 $y'=\dfrac{\sqrt[3]{x^2}-1}{3\sqrt[3]{x^2}}$,当 $x=0$ 时,y' 不存在;当 $x\neq 0$ 时,令 $y'=0$ 解得:$x_1=-1$,$x_2=1$. 用 -1,0,1 把函数的定义域 $(-\infty,+\infty)$ 分为四个部分区间 $(-\infty,-1)$,$(-1,0)$,$(0,1)$,$(1,+\infty)$. 列表考察 y' 的符号.

x	$(-\infty,-1)$	-1	$(-1,0)$	0	$(0,1)$	1	$(1,+\infty)$
y'	$+$	0	$-$	不存在	$-$	0	$+$
y	↑		↓		↓		↑

由表知,函数在 $(-\infty,-1)$ 及 $(1,+\infty)$ 内单调增加,在 $(-1,0)$ 及 $(0,1)$ 内单调减少.

利用函数的单调性,还可以证明某些不等式.

例 7 证明:当 $x>0$ 时,$\ln(1+x)>x-\dfrac{x^2}{2}$.

证 设 $f(x)=\ln(1+x)-\left(x-\dfrac{x^2}{2}\right)$,则 $f(0)=0$. 当 $x>0$ 时,
$$f'(x)=\dfrac{1}{1+x}-1+x=\dfrac{x^2}{1+x}>0.$$
所以函数 $f(x)$ 在 $(0,+\infty)$ 内是单调增加的,由于 $f(x)$ 在 $(0,+\infty)$ 上连续,所以
$$\ln(1+x)-\left(x-\dfrac{x^2}{2}\right)>f(0)=0.$$
即 $x>0$ 时,$\ln(1+x)>x-\dfrac{x^2}{2}$.

二、函数的极值

图 3-4 是某函数 $y=f(x)$ 在区间 $[a,b]$ 上的图形.

由图可知,$f(x)$ 在点 x_1 处的函数值 $f(x_1)$ 大于它两侧近旁各点的函数值,在点 x_4 处的函数值 $f(x_4)$ 小于它近旁各点的函数值.

对于具有这种性质的点和函数值,有下面的定义:

定义 1 设函数 $f(x)$ 在点 x_0 的某邻域内有定义,如果对于该邻域内任一异于 x_0 的点 x,总有
(1) $f(x_0)>f(x)$ 成立,则称 $f(x_0)$ 为函数

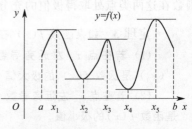

图 3-4

$f(x)$ 的极大值,而称 x_0 为极大值点.

(2) $f(x_0) < f(x)$ 成立,则称 $f(x_0)$ 为函数 $f(x)$ 的极小值,而称 x_0 为极小值点.

极大值和极小值统称为**极值**,极大值点和极小值点统称为**极值点**.

注:极值是函数的局部性质,它只是由一点附近的函数值比较而得到的;而最大值和最小值是反映函数在整个区间上的整体性质,是由整个区间上的函数值比较大小而得到的;一个函数在给定的区间上可能有许多极小值,并且某处的极大值还可能小于另一处的极小值;闭区间上的连续函数只能有一个最大值或最小值;函数定义区间的端点一定不是极值点.

由图 3-4 可知,函数 $y=f(x)$ 在 x_1, x_3, x_5 处均取得极大值,在点 x_2, x_4 处均取得极小值.在整个给定区间上函数只有一个最大值 $f(x_5)$ 和一个最小值 $f(x_4)$.

下面重点讨论怎样确定函数的极值点,怎样求函数的极值.基于使函数的导数等于零的点在讨论函数单调性时的重要性,我们给出如下定义:

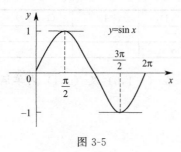

图 3-5

定义 2 设函数 $f(x)$ 在点 x_0 处可导,如果 $f'(x_0) = 0$,则称 x_0 为函数 $f(x)$ 的**驻点**.

图 3-5 是函数 $f(x) = \sin x$ 在 $[0, 2\pi]$ 上的图形.因为 $f'\left(\dfrac{\pi}{2}\right) = f'\left(\dfrac{3\pi}{2}\right) = 0$,所以 $x = \dfrac{\pi}{2}, x = \dfrac{3\pi}{2}$ 是 $f(x) = \sin x$ 的驻点.

由图可知函数在这两个驻点处分别取得极大值和极小值.这启示我们:函数的极值和驻点有密切的关系.为弄清它们的关系,先介绍下面的定理.

定理 2 (极值存在的必要条件)

如果函数 $y = f(x)$ 在点 x_0 处可导且取得极值 $f(x_0)$,则必有 $f'(x_0) = 0$.

定理 2 告诉我们,可导函数的极值点必是驻点.

反之,驻点不一定是极值点,如例 3 中的函数 $y = x^3$,点 $x = 0$ 是它的驻点,但不是极值点.

此外定理 2 是对在点 x_0 处可导的函数而言的.事实上,导数不存在的点,函数也能取得极值.如例 4 中的函数 $y = |x|$,在点 $x = 0$ 不可导,但 $y(0) = 0$ 为极小值.不过在导数不存在的点函数也可能没有极值,如例 5 中的函数 $y = x^{\frac{1}{3}}$ 在点 $x = 0$ 处不可导,而 $y(0) = 0$ 也不是极值.

综上,对连续函数来说,只有驻点和导数不存在的点才可能是函数的极值点,下面给出函数在这两类点处取得极值的充分条件.

定理 3 如果函数 $f(x)$ 在点 x_0 附近可导,且 $f'(x_0) = 0$ [或 $f'(x_0)$ 不存在],

(1) 若在点 x_0 左近旁导数 $f'(x) > 0$,而在点 x_0 的右近旁导数 $f'(x) < 0$,则 $f'(x_0)$ 是函数 $f(x)$ 的极大值.

(2) 若在点 x_0 左近旁导数 $f'(x) < 0$,而在点 x_0 的右近旁导数 $f'(x) > 0$,则 $f(x_0)$ 是函数 $f(x)$ 的极小值.

(3) 若在点 x_0 左右近旁 $f'(x)$ 的符号不变,则 $f(x_0)$ 不是函数 $f(x)$ 的极值.

定理证明从略.

下面我们借助几何图形对定理加以证明.

由（1）的条件可知，从 x_0 左近旁到右近旁曲线先上升后下降，而点 $(x_0,f(x_0))$ 是函数图形上升到下降的转折点，故函数在点 x_0 有极大值 $f(x_0)$.

由（2）的条件可知，从 x_0 的左近旁到右近旁曲线先下降后上升，因此点 $(x_0,f(x_0))$ 是函数图形下降至上升的转折点，故函数在 x_0 处有极小值 $f(x_0)$.

由（3）的条件知，从 x_0 左近旁到右近旁曲线一直在上升或下降，所以 $f(x_0)$ 不是极值点.

根据以上讨论，将求函数的极值步骤归纳如下：

(1) 确定函数的定义域；

(2) 求出导数 $f'(x)$；

(3) 求出 $f(x)$ 的全部驻点及 $f'(x)$ 不存在的点；

(4) 在上述每个点左右近旁，讨论 $f'(x)$ 的正、负情况，根据定理 3 判定它是否是极大（小）值点；

(5) 求出极大（小）值点处的函数值就是 $f(x)$ 的极大（小）值.

例 8 求函数 $y=\dfrac{1}{3}x^3-4x+4$ 的极值.

解 函数的定义域为 $(-\infty,+\infty)$，$y'=x^2-4$.

令 $y'=0$，解得驻点为 $x_1=-2, x_2=2$，没有不可导的点. 列表如下：

x	$(-\infty,-2)$	-2	$(-2,2)$	2	$(2,+\infty)$
y'	$+$	0	$-$	0	$+$
y	↗	极大值	↘	极小值	↗

由表知，$x=-2$ 为极大值点，$f(-2)=\dfrac{28}{3}$ 为极大值；$x=2$ 为极小值点，$f(2)=-\dfrac{4}{3}$ 为极小值.

例 9 求函数 $f(x)=(x-1)\sqrt[3]{x^2}$ 的极值.

解 函数的定义域为 $(-\infty,+\infty)$.

$f'(x)=\dfrac{5x-2}{3\sqrt[3]{x}}$，令 $f'(x)=0$，解得驻点为 $x=\dfrac{2}{5}$，此外在 $x=0$ 处导数不存在. 列表如下：

x	$(-\infty,0)$	0	$\left(0,\dfrac{2}{5}\right)$	$\dfrac{2}{5}$	$\left(\dfrac{2}{5},+\infty\right)$
y'	$+$	不存在	$-$	0	$+$
y	↗	极大值	↘	极小值	↗

由表知，$x=0$ 为极大值点，$f(0)=0$ 是极大值. $x=\dfrac{2}{5}$ 为极小值点，$f\left(\dfrac{2}{5}\right)=-\dfrac{3}{5}\sqrt[3]{\dfrac{4}{25}}$ 是极小值.

判断驻点是否是极值点，是极大值点还是极小值点，还可用在驻点 $x=x_0$ 处的二阶导数值 $f''(x_0)$ 的正负性进行判断.

定理 4 如果函数 $f(x)$ 在点 $x=x_0$ 及其近旁存在一阶及二阶导数，且 $f'(x_0)=0$，$f''(x_0)\neq 0$，则

(1) 当 $f''(x_0)<0$ 时，那么函数 $f(x)$ 在点 $x=x_0$ 处取得极大值 $f(x_0)$；

(2) 当 $f''(x_0)>0$ 时，那么函数 $f(x)$ 在点 $x=x_0$ 处取得极小值 $f(x_0)$.

注：$f''(x_0)=0$ 时，$f(x_0)$ 也可能是极值，也可能不是，应用定理 4 无法判断，而只能用定理 3 来判断.

例如，函数 $f(x)=x^3$ 和 $g(x)=x^4$，在 $x=0$ 处的一阶和二阶导数都等于零，即 $f'(x)=g'(x)=0, f''(x)=g''(x)=0$. 但由定理 3 可知 $f(x)=x^3$，在 $x=0$ 处无极值；而 $g(x)=x^4$ 在 $x=0$ 处取得极小值 $g(0)=0$.

例 10 求函数 $f'(x)=3x-x^3$ 的极值.

解 $f'(x)=3-3x^2$. 令 $f'(x)=0$，即 $3-3x^2=0$，解之，得两个驻点 $x=-1$ 及 $x=1$.

根据
$$f''(x)=-6x$$
则有
$$f''(-1)=6>0.$$

由定理 4 知，此时有极小值 $f(-1)=-2$.
$$f''(1)=-6<0.$$

由定理 4 知，此时有极大值 $f'(1)=2$.

三、函数的最大值和最小值

在生产、生活和科学技术研究中，常遇到一类"最大""最小""最省"的问题，这类问题在数学上叫做最大值、最小值问题.

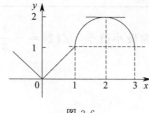

图 3-6

1. 闭区间上连续函数的最大值和最小值

我们知道，函数的最大（小）值是对整个区间上的函数值大小比较而言的. 如果函数 $f(x)$ 在闭区间 $[a,b]$ 上连续，则在 $[a,b]$ 上必有最大值和最小值.

图 3-6 是函数 $f(x)=\begin{cases} |x|, & -1\leqslant x\leqslant 1 \\ -x^2+4x-2, & 1<x\leqslant 3 \end{cases}$ 的图形.

$f(x)$ 在闭区间 $[-1,3]$ 上连续，由图 3-6 可知，$f(x)$ 在驻点 $x=2$ 处取得最大值，在 $f'(x)$ 不存在的点 $x=0$ 处取得最小值，在导数不存在的点 $x=1$ 处没有取得极值.

图 3-7 是函数 $g(x)=\begin{cases} x^2+x, & -1\leqslant x\leqslant 0 \\ 2x, & 0<x\leqslant 1 \end{cases}$ 的图形. $g(x)$ 在闭区间 $[-1,1]$ 上也连续.

由图可知，$g(x)$ 在驻点 $x=-\dfrac{1}{2}$ 处取得最小值，在区间的右端点 $x=1$ 处取得最大值，而在导数不存在的点 $x=0$ 处没有取得极值.

一般地，如果函数 $f(x)$ 在闭区间 $[a,b]$ 上连续，则最大值和最小值只可能在驻点或导数不存在的点或闭区间的端点处取得. 当在开区间 (a,b) 内有有限个驻点或导数不存在的点

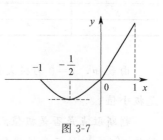

图 3-7

时,逐一把它们求出来,并设它们是 $x_1, x_2, \cdots, x_n$,则比较

$$f(x_1), f(x_2), f(x_3), \cdots, f(x_n), f(a), f(b)$$

的大小,其中最大的便是 $f(x)$ 在 $[a,b]$ 上的最大值,最小的便是 $f(x)$ 在 $[a,b]$ 上的最小值.

例 11 求 $f(x) = \frac{1}{2} x^{\frac{2}{3}} - \frac{1}{5} x^{\frac{5}{3}}$ 在 $[-1,2]$ 上的最大值和最小值.

解 $f(x)$ 在 $[-1,2]$ 上连续.

当 $x \neq 0$ 时,$f'(x) = \frac{1-x}{3\sqrt[3]{x}}$. 解方程 $f'(x) = 0$ 得到驻点 $x = 1$;当 $x = 0$ 时,导数 $f'(x)$ 不存在.

由于

$$f(-1) = \frac{1}{2} \times (-1)^{\frac{2}{3}} - \frac{1}{5} \times (-1)^{\frac{5}{3}} = \frac{7}{10},$$

$$f(0) = 0,$$

$$f(1) = \frac{1}{2} - \frac{1}{5} = \frac{3}{10},$$

$$f(2) = \frac{1}{2}\sqrt[3]{4} - \frac{2}{5}\sqrt[3]{4} = \frac{3\sqrt[3]{4}}{10},$$

比较这些数值可知,$f(x)$ 在 $[-1,2]$ 上的最小值是 $f(0) = 0$,最大值 $f(-1) = \frac{7}{10}$.

当然特殊情况应特殊处理. 如函数 $f(x) = c$ 在闭区间 $[a,b]$ 上连续,在开区间 (a,b) 内有无穷多个驻点,求它的最大(小)值时就不能再用上面的方法. 事实上此问题只需根据函数的特性,很容易求得最大值和最小值都是 c.

2. 开区间内连续函数的最大值和最小值

如果函数 $f(x)$ 在某开区间内可导且只有一个驻点 x_0,并且驻点 x_0 是函数 $f(x)$ 的极值点,那么,当 $f(x_0)$ 是极大值时,$f(x_0)$ 就是 $f(x)$ 在该区间的最大值;当 $f(x_0)$ 是极小值时,$f(x_0)$ 就是 $f(x)$ 在该区间的最小值.

如果 $f(x)$ 在某开区间内连续,除了在该区间内一点 x_0 处 $f'(x)$ 不存在,其他各点处 $f'(x)$ 均存在. 又 $f'(x) \neq 0$,并且这个 x_0 是函数的极值点,那么当 $f(x_0)$ 是极大值时,$f(x_0)$ 就是 $f(x)$ 在该区间的最大值;当 $f(x_0)$ 是 $f(x)$ 的极小值时,$f(x_0)$ 就是 $f(x)$ 在该区间的最小值.

注:结论也适用于其他各种区间上的连续函数.

求函数 $f(x) = x^2 - 2x + 1$ 的最值. 可以验证 $f(x)$ 在 $(-\infty, +\infty)$ 内可导且只有一个驻点 $x = 1$,并且 $f(1) = 0$ 是 $f(x)$ 的极小值,所以 $f(x)$ 在 $(-\infty, +\infty)$ 内仅有最小值,是 $f(1) = 0$.

求函数 $f(x) = 1 - (x-2)^{\frac{2}{3}}$ 的最值,可以验证该函数在 $(-\infty, +\infty)$ 内连续,除了在 $x = 2$ 处 $f'(x)$ 不存在外,其他各点处均可导,且 $f'(x) \neq 0$,又 $f(2) = 1$ 是 $f(x)$ 的极大值,所以 $f(x)$ 在 $(-\infty, +\infty)$ 内仅有最大值 $f(2) = 1$.

在实际问题中,如果由问题的实际情况知道函数在该区间内存在最大值或最小值,而函数在这个区间内连续,且只有一个驻点时,就可以断定这个驻点处的函数值就是最大值或最小值,因而不必讨论 $f(x_0)$ 是否是极值.

例 12 用一个边长为 a 的正方形铁皮,在四角上各剪去一块面积相等的小正方形,做成无盖方盒,问剪去的小正方形边长为多少时,做出无盖方盒容积最大?

解 设剪去的小正方形的边长为 x(即铁盒的高),则铁盒底边长为 $a-2x$,它的容积为 V,则

$$V=V(x)=x(a-2x)^2,$$

它的定义域是 $\left(0,\dfrac{a}{2}\right)$,$V'(x)=a^2-8ax+12x^2$,解方程 $V'(x)=0$,得驻点 $x=\dfrac{a}{6}$,没有导数不存在的点.由于最大值必定存在,且在 $\left(0,\dfrac{a}{2}\right)$ 内仅有一个驻点,因此 $x=\dfrac{a}{6}$,即截去的小正方形边长为 $\dfrac{a}{6}$ 时,折成的盒子容积最大,且最大容积为 $\dfrac{2}{27}a^3$.

习题 3-3

1. 判断下列函数在指定区间内的单调性.

   (1) $f(x)=x+\cos x,[0,2\pi]$;

   (2) $f(x)=2x+\dfrac{8}{x},(0,+\infty)$.

2. 确定下列函数的单调区间.

   (1) $y=2+x-x^2$;   (2) $y=2x^2-\ln x$;

   (3) $y=\dfrac{x^2}{1+x}$.

3. 证明下列不等式.

   (1) 当 $x>0$ 时,$1+\dfrac{1}{2}x>\sqrt{1+x}$;

   (2) 当 $x>1$ 时,$2\sqrt{x}>3-\dfrac{1}{x}$.

4. 求下列函数的极值.

   (1) $f(x)=2x^3-3x^2+1$;

   (2) $f(x)=(x-3)^2(x-2)$;

   (3) $f(x)=x+\arctan x$;

   (4) $f(x)=x^2 e^{-x^2}$.

5. 求下列函数在给定区间上的最大值和最小值.

   (1) $f(x)=2x^3+3x^2-12x+14,[-3,4]$;

   (2) $f(x)=x-2\sqrt{x},[0,4]$.

6. 求函数 $f(x)=-x^4+1$ 在定义域内的最大值和最小值.

7. 将 8 分成两个数,使这两个数的平方和最小,求这两个数.

第四节　函数图形的描绘

一般地，定义域为 $(-\infty, +\infty)$ 的一次函数、二次函数图形分别是直线和抛物线，对于其他比较复杂的函数图形，怎样才能比较准确地描绘出来呢？要做好这件事，必须弄清楚下面几个重要的基本问题．

一、曲线的水平渐近线与垂直渐近线

图 3-8 是函数 $f(x) = \dfrac{1}{x^2} - 1$ 的图形．由图可知，当 $x \to 0$ 时，$f(x) \to \infty$．这意味着 $x \to 0$ 时，曲线 $y = f(x) = \dfrac{1}{x^2} - 1$ 无限靠近直线 $x = 0$，即 y 轴；当 $x \to \infty$ 时，$f(x) \to -1$，这意味着 $x \to \infty$ 时，曲线无限靠近直线 $y = -1$，分别把直线 $x = 0$ 和 $y = -1$ 叫做该曲线的垂直渐近线与水平渐近线．

定义 1　如果 $x \to \infty$ 时，$\lim\limits_{x \to \infty} f(x) = c$，则直线 $y = c$ 叫做曲线 $y = f(x)$ 的水平渐近线．如果 $x \to x_0$ 时，$\lim\limits_{x \to x_0} f(x) = \infty$，则直线 $x = x_0$ 叫做曲线 $y = f(x)$ 的垂直渐近线．

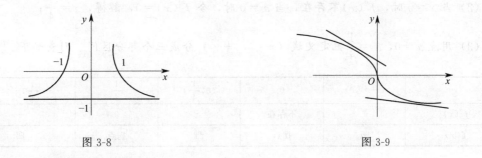

图 3-8　　　　　　　　　　图 3-9

二、曲线的凹凸性与拐点

图 3-9 是函数 $f(x) = -\sqrt[3]{x}$ 的图形．

由图可知，曲线 $f(x) = -\sqrt[3]{x}$ 在 $(-\infty, 0)$ 内的部分曲线弧上各点处的切线都在该部分的上方，而曲线在 $(0, +\infty)$ 内的部分曲线弧上各点处的切线都在该部分的下方．点 $(0, 0)$ 恰好是这两个不同部分的分界点．

对于形状如上的两类部分曲线弧及 $(0, 0)$ 点，我们给出如下定义：

定义 2　如果一条曲线弧上各点处的切线都位于该曲线的上方，就称这条曲线弧是凸的．如果一条曲线弧上各点处的切线都位于该曲线的下方，就称这条曲线弧是凹的．如果一条曲线弧凹凸部分都有，则凹凸部分的分界点称为曲线弧的**拐点**．

例如，曲线 $f(x) = -\sqrt[3]{x}$ 在 $(-\infty, 0)$ 内的部分是凸的，在 $(0, +\infty)$ 内的部分是凹的，点 $(0, 0)$ 是拐点．

前面我们利用一阶导数的符号讨论了函数的单调性．研究函数凹凸性则要利用二阶导数

的符号.

定理 如果函数 $y=f(x)$ 在开区间 (a,b) 内存在二阶导数 $f''(x)$，那么

(1) 若 $f''(x)>0$，则曲线在 (a,b) 内是凹的.

(2) 若 $f''(x)<0$，则曲线在 (a,b) 内是凸的.

定理证明从略.

例1 讨论曲线 $f(x)=x^3$ 在 $(-\infty,0)$ 和 $(0,+\infty)$ 内的凹凸性.

解 $f''(x)=6x$. 在 $(-\infty,0)$ 内 $f''(x)<0$，所以曲线在 $(-\infty,0)$ 内的部分弧是凸的；在 $(0,+\infty)$ 内 $f''(x)>0$，所以曲线在 $(0,+\infty)$ 内的部分弧是凹的.

在讨论曲线弧的凹凸性及绘制函数曲线时，确定拐点至关重要.

对于定义域在某区间上单连续函数 $f(x)$ 而言，如果函数曲线凹凸部分都有，那么拐点只可能是使 $f''(x)$ 不存在和 $f''(x)=0$ 的点对应的曲线上的点. 因此，求拐点的方法是：找出使函数 $f(x)$ 二阶导数等于零和二阶导数不存在的点，讨论每个点的左右近旁 $f''(x)$ 的符号. 如果异号，则该点对应的曲线上的点是拐点；如果同号，则不是.

例2 求曲线 $f(x)=(x-1)^3\sqrt{x^5}$ 的凹凸区间及拐点.

解 (1) $f'(x)=\dfrac{8}{3}x^{\frac{5}{3}}-\dfrac{5}{3}x^{\frac{2}{3}}$，$f''(x)=\dfrac{10}{9}\times\dfrac{4x-1}{\sqrt[3]{x}}$；

(2) 当 $x=0$ 时，$f''(x)$ 不存在，当 $x\neq 0$ 时，令 $f''(x)=0$，解得，$x=\dfrac{1}{4}$；

(3) 用点 $x=0$，$x=\dfrac{1}{4}$ 把定义域 $(-\infty,+\infty)$ 分成三个部分区间，列表如下.

x	$(-\infty,0)$	0	$(0,\dfrac{1}{4})$	$\dfrac{1}{4}$	$(\dfrac{1}{4},+\infty)$
$f''(x)$	+	不存在	−	0	+
$f(x)$	凹	拐点	凸	拐点	凹

计算 $f(0)=0, f(\dfrac{1}{4})=-\dfrac{3}{16\sqrt[3]{16}}$. 由表可知曲线 $f(x)$ 在 $(-\infty,0)$ 内是凹的，在 $(0,\dfrac{1}{4})$ 内是凸的，在 $(\dfrac{1}{4},+\infty)$ 是凹的，拐点为 $(0,0,)$ 和 $(\dfrac{1}{4},-\dfrac{3}{16\sqrt[3]{16}})$.

三、函数图形的描绘方法

从第三节讨论到现在，绘制函数图形所需的基本理论知识已经具备了，下面就介绍如何绘制函数图形.

一般地，做函数图形应遵循以下步骤：

(1) 确定函数定义域；

(2) 确定函数奇偶性、周期性；

(3) 确定函数的单调区间、极值、曲线的凹凸区间和拐点；

(4) 确定曲线的渐近线；

(5) 求出一些有利于作图的特殊点；

(6) 描出图形.

例 3 做函数 $f(x)=\dfrac{x}{1+x^2}$ 的图形.

解 (1) 定义域为 $(-\infty, +\infty)$;

(2) 该函数是奇函数,图形关于原点对称,不是周期函数;

(3) $f'(x)=\dfrac{1-x^2}{(1+x^2)^2}, f''(x)=\dfrac{2x(x^2-3)}{(1+x^2)^3}$;

令 $f'(x)=0$,解得 $x=\pm 1$;令 $f''(x)=0$,解得 $x=0, \pm\sqrt{3}$. 把 $(0, +\infty)$ 分成部分区间,列表讨论如下:

x	0	(0,1)	1	$(1,\sqrt{3})$	$\sqrt{3}$	$(\sqrt{3},+\infty)$
$f'(x)$	+	+	0	−	−	−
$f''(x)$	0	−	−	−	0	+
$f(x)$	0、拐点	↑凸	1/2、极大值	↓凸	$\sqrt{3}/4$、拐点	↓凹

(4) 渐近线。由于 $\lim\limits_{x\to\infty}f(x)=\lim\limits_{x\to\infty}\dfrac{x}{1+x^2}=0$,故直线 $y=0$ 是水平渐近线,无垂直渐近线.

(5) 描出一些辅助点,先作出 $[0, +\infty)$ 内的图形,再利用关于原点的对称性作出区间 $(-\infty, 0)$ 内的图形. 于是便作出了 $f(x)$ 在定义域 $(-\infty, +\infty)$ 内的图形 (图 3-10).

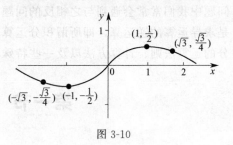

图 3-10

习题 3-4

1. 求出下列曲线的凹凸区间与拐点.
   (1) $y=-3x^2+2x^3$;
   (2) $y=\ln(1+x^2)$.

2. 求曲线 $y=xe^{-x}$ 的渐近线.

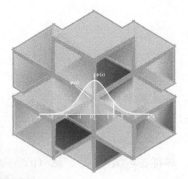

第四章
不定积分

在前面章节中,我们学习了已知函数求其导数,这是微分学的一个基本问题.但是实际问题中我们常常会遇到与之相反的问题,就是要由一个函数的导数来求这个函数,这种运算是求导运算的逆运算,即所谓积分运算.本章将介绍原函数与不定积分的概念,讨论不定积分的运算法则、计算方法以及一些特殊类型的函数的积分.

第一节 不定积分的概念

定义 1 设函数 $f(x)$ 在某区间上有定义,如果存在函数 $F(x)$,使得在该区间上的任何一点 x 都满足 $F'(x)=f(x)$ 或 $\mathrm{d}F(x)=f(x)\mathrm{d}x$,则称函数 $F(x)$ 为函数 $f(x)$ 在该区间上的一个原函数.

例如 $F(x)=\sin x, f(x)=\cos x$,由于 $F'(x)=f(x)$,故 $F(x)$ 是 $f(x)$ 的一个原函数.同理,$[F(x)+5]'=f(x)$,故 $F(x)+5$ 也是 $f(x)$ 的一个原函数.

又如,$(x^2)'=2x$,故 x^2 是 $2x$ 的一个原函数.由于 $(x^2-\sqrt{3})'=2x$,故 $x^2-\sqrt{3}$ 也是 $2x$ 的一个原函数.

从以上两个例子可以看出,一个函数如果存在原函数,那么原函数不止一个.实际上,一个已知函数的原函数如果存在,那么原函数一定有无穷多个.至于在什么情况下函数 $f(x)$ 才存在原函数,在下一章将再讨论,这里先给出一个结论:如果函数 $f(x)$ 在某区间上连续,则在该区间上它的原函数一定存在.

定理 1 如果函数 $F(x)$ 是函数 $f(x)$ 的一个原函数,则函数 $F(x)+C$ 是函数 $f(x)$ 的全体原函数,其中 C 为任意常数.

证明 假设函数 $G(x)$ 是函数 $f(x)$ 的另一个原函数,即 $G'(x)=f(x)$,又 $F'(x)=f(x)$,故 $[G(x)-F(x)]'=G'(x)-F'(x)=f(x)-f(x)=0.$

由一元微积分中值定理知,若函数的导数等于零,则这个函数必等于常数,因此
$$G(x)-F(x)=C, \text{即} G(x)=F(x)+C.$$

这就证明了 $f(x)$ 的全部原函数一定是 $F(x)+C$ 的形式.

定理 1 表明:如果一个函数存在原函数,则必有无穷多个,它们之间只相差一个常数.

因此在求已知函数 $f(x)$ 的所有原函数时，只要求出其中一个原函数 $F(x)$，再加上任意常数 C 即可，即 $f(x)$ 的所有原函数为 $F(x)+C$。

定义 2 函数 $f(x)$ 的全体原函数，称为 $f(x)$ 的不定积分，记作

$$\int f(x)\,\mathrm{d}x.$$

其中，记号 $\int$ 称为积分号，x 称为积分变量，$f(x)$ 称为被积函数，$f(x)\mathrm{d}x$ 称为被积表达式，C 称为积分常数。

如果 $F(x)$ 是 $f(x)$ 的一个原函数，则有

$$\int f(x)\,\mathrm{d}x = F(x)+C.$$

因此，求已知函数的不定积分，就可归结为求它的一个原函数，再加上任意常数 C。

例 1 求函数 $f(x)=x^3$ 的不定积分。

解 因为 $(\dfrac{x^4}{4})'=x^3$，所以 $\int x^3\mathrm{d}x = \dfrac{x^4}{4}+C$。

例 2 求函数 $f(x)=\sin x$ 的不定积分。

解 因为 $(-\cos x)'=\sin x$，所以 $\int \sin x\,\mathrm{d}x = -\cos x + C$。

不定积分的几何意义：函数 $f(x)$ 的一个原函数 $F(x)$ 的图形叫做函数 $f(x)$ 的积分曲线。由于 $F'(x)=f(x)$，所以积分曲线在点 x 处的切线的斜率就等于 $f(x)$。由于 $f(x)$ 的不定积分是 $F(x)+C$，C 为任意常数，对于每一个确定的 C，积分曲线 $F(x)+C$ 可由积分曲线 $y=F(x)$ 沿着 y 轴作平移常数 C 得到。因此函数 $f(x)$ 的不定积分在几何上是积分曲线沿着 y 轴作平行移动所得到的积分曲线族。而积分曲线族中每一条曲线在点 x 处的切线是平行的。

例 3 求通过点 $(1,3)$ 而切线的斜率为 x^2 的曲线方程。

解 因为 $\int x^2\mathrm{d}x = \dfrac{x^3}{3}+C$，因此，切线斜率为 x^2 的积分曲线族方程是 $y=\dfrac{x^3}{3}+C$，其中过点 $(1,3)$ 的积分曲线满足

$$3=\dfrac{1}{3}+C,\ 得\ C=\dfrac{8}{3}.$$

故所求的曲线方程为 $y=\dfrac{x^3}{3}+\dfrac{8}{3}$。

习题 4-1

已知函数 $y=f(x)$ 的导数等于 $x+3$，且 $x=2$ 时 $y=3$，求这个函数。

第二节　不定积分的性质与基本积分公式

一、不定积分的性质

性质 1 求不定积分与求导数或求微分互为逆运算。

(1) $\left[\int f(x)\,\mathrm{d}x\right]' = f(x)$ 或 $\mathrm{d}\int f(x)\,\mathrm{d}x = f(x)\,\mathrm{d}x$；

(2) $\int F'(x)\,\mathrm{d}x = F(x) + C$ 或 $\int \mathrm{d}F(x) = F(x) + C$．

性质 2 被积函数中的非零的常数因子，可以提到积分号前作因子，即
$\int kf(x)\,\mathrm{d}x = k\int f(x)\,\mathrm{d}x$ （k 为非零常数）．

性质 3 两个函数代数和的积分等于每个函数积分的代数和，即
$\int [f(x) \pm g(x)]\,\mathrm{d}x = \int f(x)\,\mathrm{d}x \pm \int g(x)\,\mathrm{d}x$．

二、基本积分公式

因为求不定积分是求导数的逆运算，容易从导数的基本公式得到不定积分的基本公式：

(1) $\int 0\,\mathrm{d}x = C$；

(2) $\int a\,\mathrm{d}x = ax + C$；

(3) $\int x^{\alpha}\,\mathrm{d}x = \dfrac{1}{\alpha+1}x^{\alpha+1} + C\ (\alpha \neq -1)$；

(4) $\int \dfrac{1}{x}\,\mathrm{d}x = \ln|x| + C$；

(5) $\int \mathrm{e}^x\,\mathrm{d}x = \mathrm{e}^x + C$；

(6) $\int a^x\,\mathrm{d}x = \dfrac{a^x}{\ln a} + C\ (a > 0,\ a \neq -1)$；

(7) $\int \sin x\,\mathrm{d}x = -\cos x + C$；

(8) $\int \cos x\,\mathrm{d}x = \sin x + C$；

(9) $\int \dfrac{1}{\cos^2 x}\,\mathrm{d}x = \int \sec^2 x\,\mathrm{d}x = \tan x + C$；

(10) $\int \dfrac{1}{\sin^2 x}\,\mathrm{d}x = \int \csc^2 x\,\mathrm{d}x = -\cot x + C$；

(11) $\int \dfrac{1}{\sqrt{1-x^2}}\,\mathrm{d}x = \arcsin x + C$；

(12) $\int \dfrac{1}{1+x^2}\,\mathrm{d}x = \arctan x + C$．

另外，以下几个积分我们也可以作基本为公式使用，它们的由来我们在后面会陆续给出．

(13) $\int \tan x\,\mathrm{d}x = -\ln|\cos x| + C$；

(14) $\int \cot x\,\mathrm{d}x = \ln|\sin x| + C$；

(15) $\int \sec x\,\mathrm{d}x = \ln|\sec x + \tan x| + C$；

(16) $\int \csc x \, dx = \ln|\csc x - \cot x| + C$.

习题 4-2

看下面两个积分，思考结果的正确性．

(1) $\int (-\dfrac{1}{1+x^2}) dx = \int (\text{arccot} x)' dx = \text{arccot} x + C$；

(2) $\int (-\dfrac{1}{1+x^2}) dx = -\int \dfrac{1}{1+x^2} dx = -\arctan x + C$．

第三节　不定积分的计算

一、直接积分法

直接积分法就是利用不定积分的性质和基本公式对被积函数做简单的代数或三角变形，进而求积分的方法．

例1　求不定积分 $\int (3x^2 + \cos x - 5) dx$．

解
$$\int (3x^2 + \cos x - 5) dx = \int 3x^2 dx + \int \cos x \, dx - \int 5 dx$$
$$= x^3 + C_1 + \sin x + C_2 - 5x + C_3,$$

C_1, C_2, C_3 可以合并为一个任意常数，故

$$\int (3x^2 + \cos x - 5) dx = x^3 + \sin x - 5x + C.$$

为了简便，今后在计算各项积分时，不必分别加任意常数，只需到最后加一个任意常数即可．

例2　求不定积分 $\int (2-x)(2+x) dx$．

解　$\int (2-x)(2+x) dx = \int (4-x^2) dx = \int 4 dx - \int x^2 dx = 4x - \dfrac{x^3}{3} + C$．

例3　求不定积分 $\int \dfrac{1}{\sqrt{t}} dt$．

解　$\int \dfrac{1}{\sqrt{t}} dt = \int t^{-\frac{1}{2}} dt = \dfrac{1}{-1+\frac{1}{2}} t^{-\frac{1}{2}+1} + C = 2t^{\frac{1}{2}} + C = 2\sqrt{t} + C$．

例4　求不定积分 $\int \dfrac{x^4}{1+x^2} dx$．

解　$\int \dfrac{x^4}{1+x^2} dx = \int \dfrac{x^4 - 1 + 1}{1+x^2} dx = \int \dfrac{x^4 - 1}{1+x^2} dx + \int \dfrac{1}{1+x^2} dx$

$$= \int (x^2 - 1) dx + \int \dfrac{1}{1+x^2} dx = \dfrac{x^3}{3} - x + \arctan x + C.$$

例 5 求不定积分 $\int(\dfrac{3}{\sqrt{1-x^2}}+\dfrac{7}{1+x^2})dx$.

解 $\int(\dfrac{3}{\sqrt{1-x^2}}+\dfrac{7}{1+x^2})dx = 3\int\dfrac{1}{\sqrt{1-x^2}}dx + 7\int\dfrac{1}{1+x^2}dx$
$$= 3\arcsin x + 7\arctan x + C.$$

例 6 求不定积分 $\int\cos^2\dfrac{x}{2}dx$.

解 $\int\cos^2\dfrac{x}{2}dx = \int\dfrac{1+\cos x}{2}dx = \dfrac{1}{2}\int(1+\cos x)dx$
$$= \dfrac{1}{2}\int dx + \dfrac{1}{2}\int\cos x\,dx = \dfrac{1}{2}x + \dfrac{1}{2}\sin x + C.$$

例 7 求不定积分 $\int a^x e^x dx$.

解 $\int a^x e^x dx = \int(ae)^x dx = \dfrac{1}{\ln(ae)}(ae)^x + C = \dfrac{1}{1+\ln a}a^x e^x + C.$

例 8 求不定积分 $\int\tan^2 x\,dx$.

解 $\int\tan^2 x\,dx = \int(\sec^2 x - 1)dx = \int\sec^2 x\,dx - \int dx = \tan x - x + C.$

二、凑微分法

凑微分法在有的书上叫简单的变量置换法或第一类换元积分法，但这些名称都不能准确反映这种方法的特点．事实上它的特点在"凑微分"上，所以我们更倾向于把它叫做凑微分法．

定理 1 设 $\int f(u)du = F(u) + C$ 或 $dF(u) = f(u)du$，$u = \varphi(x)$ 是 x 的可微函数，那么
$$\int f(\varphi(x))\varphi'(x)dx = \int f(u)du = F(u) + C = F(\varphi(x)) + C.$$

证明 利用微的分运算法则，有
$$f[\varphi(x)]\varphi'(x)dx = f[\varphi(x)]d\varphi(x) \xrightarrow{\text{令}\,u=\varphi(x)} f(u)du = dF(u) \xrightarrow{u=\varphi(x)} dF[\varphi(x)]$$
后一个等式子利用了一阶微分形式的不变性，从而有
$$\int f[\varphi(x)]\varphi'(x)dx = \int f(u)du = F(u) + C = F[\varphi(x)] + C.$$

例 9 求不定积分 $\int\sin 2x\,dx$.

解 $\int\sin 2x\,dx = \int\sin 2x \times \dfrac{1}{2}d(2x) = \dfrac{1}{2}\int\sin 2x\,d(2x) = -\dfrac{1}{2}\cos 2x + C.$

从上例可以看出，解决这类问题的思路在于：与基本公式相比，将不同部分利用凑微分变为相同，问题的关键在于怎样凑微分．运用凑微分法必须熟悉基本积分公式，在被积函数中正确找出 $\varphi(x)$ 或 $\varphi'(x)$，常用的凑微分公式，如

$$dx = \frac{1}{a}d(ax+b); xdx = \frac{1}{2}d(x^2) = \frac{1}{2a}d(ax^2+b); x^2dx = \frac{1}{3}d(x^3) = \frac{1}{3a}d(ax^3+b);$$

$$\frac{1}{x}dx = d(\ln x + C); e^x dx = d(e^x + C); \cos x dx = d(\sin x); \sin x dx = -d(\cos x) 等等.$$

凑微分法常要用到一些变换技巧, 必须多做练习, 在凑微分时, 不要怕失败, 要在练习的过程中不断总结归纳, 以提高自己的分析问题、解决问题的能力.

例 10 求不定积分 $\int (2x+1)^3 dx$.

解 $\int (2x+1)^3 dx = \int (2x+1)^3 \times \frac{1}{2}d(2x+1) = \frac{1}{2}\int (2x+1)^3 d(2x+1)$

$$= \frac{1}{2} \times \frac{1}{4}(2x+1)^4 + C = \frac{1}{8}(2x+1)^4 + C.$$

例 11 求不定积分 $\int \frac{1}{1-x^2}dx$.

解 $\int \frac{1}{1-x^2}dx = \int \frac{1}{2}(\frac{1}{1-x} + \frac{1}{1+x})dx = \frac{1}{2}\int \frac{1}{1-x}dx + \frac{1}{2}\int \frac{1}{1+x}dx$

$$= -\frac{1}{2}\ln|1-x| + \frac{1}{2}\ln|1+x| + C = \frac{1}{2}\ln\left|\frac{1+x}{1-x}\right| + C.$$

例 12 求不定积分 $\int \frac{1}{x^2-a^2}dx (a \neq 0)$.

解 $\int \frac{1}{x^2-a^2}dx = \frac{1}{2a}\int (\frac{1}{x-a} - \frac{1}{x+a})dx = \frac{1}{2a}(\int \frac{1}{x-a}dx + \int \frac{1}{x+a}dx)$

$$= \frac{1}{2a}(\ln|x-a| - \ln|x+a|) + C$$

$$= \frac{1}{2a}\ln\left|\frac{x-a}{x+a}\right| + C.$$

例 13 求不定积分 $\int x e^{x^2} dx$.

解 $\int xe^{x^2}dx = \int e^{x^2}xdx = \int e^{x^2} \times \frac{1}{2}d(x^2) = \frac{1}{2}\int e^{x^2}d(x^2)$

$$= \frac{1}{2}e^{x^2} + C.$$

例 14 求不定积分 $\int \frac{1}{x^2}\cos\frac{1}{x}dx$.

解 $\int \frac{1}{x^2}\cos\frac{1}{x}dx = \int x\cos\frac{1}{x} \times \frac{1}{x^2}dx = \int \cos\frac{1}{x}[-d(\frac{1}{x})]$

$$= -\int \cos\frac{1}{x}d(\frac{1}{x}) = -\sin\frac{1}{x} + C.$$

例 15 求不定积分 $\int \frac{\ln^2 x}{x}dx$.

解 $\int \frac{\ln^2 x}{x}dx = \int \ln^2 x \times \frac{1}{x}dx = \int \ln^2 x d(\ln x) = \frac{1}{3}\ln^3 x + C.$

例 16 求不定积分 $\int \dfrac{1}{x\ln x}\mathrm{d}x$.

解 $\int \dfrac{1}{x\ln x}\mathrm{d}x = \int \dfrac{1}{\ln x} \times \dfrac{1}{x}\mathrm{d}x = \int \dfrac{1}{\ln x}\mathrm{d}(\ln x) = \ln|\ln x| + C$.

例 17 求不定积分 $\int \tan x\,\mathrm{d}x$.

解 $\int \tan x\,\mathrm{d}x = \int \dfrac{\sin x}{\cos x}\mathrm{d}x = \int \dfrac{1}{\cos x} \times \sin x\,\mathrm{d}x = -\int \dfrac{1}{\cos x}\mathrm{d}(\cos x)$
$= -\ln|\cos x| + C$.

类似地可得 $\int \cot x\,\mathrm{d}x = \ln|\cos x| + C$.

例 18 求不定积分 $\int \sec x\,\mathrm{d}x$.

解 $\int \sec x\,\mathrm{d}x = \int \dfrac{1}{\cos x}\mathrm{d}x = \int \dfrac{\cos x}{\cos^2 x}\mathrm{d}x = \int \dfrac{1}{1-\sin^2 x}\mathrm{d}(\sin x)$
$= \dfrac{1}{2}\int \dfrac{1}{1+\sin x}\mathrm{d}(\sin x) + \dfrac{1}{2}\int \dfrac{1}{1-\sin x}\mathrm{d}(\sin x)$
$= \dfrac{1}{2}\ln\left|\dfrac{1+\sin x}{1-\sin x}\right| + C = \ln|\tan x + \sec x| + C$.

类似地可得 $\int \csc x\,\mathrm{d}x = \ln|\csc x - \cot x| + C$.

例 19 求不定积分 $\int \dfrac{\mathrm{d}x}{\sqrt{a^2-x^2}}\,(a>0)$.

解 $\int \dfrac{\mathrm{d}x}{\sqrt{a^2-x^2}} = \int \dfrac{1}{a} \times \dfrac{\mathrm{d}x}{\sqrt{1-(\dfrac{x}{a})^2}} = \int \dfrac{\mathrm{d}(\dfrac{x}{a})}{\sqrt{1-(\dfrac{x}{a})^2}} = \arcsin \dfrac{x}{a} + C$.

例 20 求不定积分 $\int \dfrac{\mathrm{d}x}{\sqrt{a^2+x^2}}\,(a\neq 0)$.

解 $\int \dfrac{\mathrm{d}x}{\sqrt{a^2+x^2}} = \int \dfrac{\mathrm{d}x}{a^2[1+(\dfrac{x}{a})^2]} = \dfrac{1}{a}\int \dfrac{1}{1+(\dfrac{x}{a})^2}\mathrm{d}(\dfrac{x}{a})$
$= \dfrac{1}{a}\arctan \dfrac{x}{a} + C$.

例 21 求不定积分 $\int \cos^3 x\,\mathrm{d}x$.

解 $\int \cos^3 x\,\mathrm{d}x = \int \cos^2 x \cos x\,\mathrm{d}x = \int (1-\sin^2 x)\mathrm{d}(\sin x)$
$= \int \mathrm{d}(\sin x) - \int \sin^2 x\,\mathrm{d}(\sin x) = \sin x - \dfrac{1}{3}\sin^3 x + C$.

例 22 求不定积分 $\int \sin 5x \cos 3x\,\mathrm{d}x$.

解 $\int \sin 5x \cos 3x\,\mathrm{d}x = \dfrac{1}{2}\int (\sin 8x + \sin 2x)\mathrm{d}x = \dfrac{1}{2}\int \sin 8x\,\mathrm{d}x + \dfrac{1}{2}\int \sin 2x\,\mathrm{d}x$

$$= -\frac{1}{16}\cos 8x - \frac{1}{4}\cos 2x + C.$$

例 23 求不定积分 $\int \sin^2 x \, dx$.

解 $\int \sin^2 x \, dx = \int \frac{1-\cos 2x}{2} dx = \frac{1}{2}\int dx - \frac{1}{2}\int \cos 2x \, dx$

$$= \frac{x}{2} - \frac{1}{4}\sin 2x + C.$$

这里用到了降幂法.

例 24 求不定积分 $\int \frac{1}{\sin x \cos x} dx$.

解 $\int \frac{1}{\sin x \cos x} dx = \int \frac{1}{\tan x \cos^2 x} dx = \int \frac{1}{\tan x} \times \sec^2 x \, dx$

$$= \int \frac{1}{\tan x} d(\tan x) = \ln |\tan x| + C.$$

例 25 求不定积分 $\int \frac{1-\cos x}{1+\cos x} dx$.

解 $\int \frac{1-\cos x}{1+\cos x} dx = \int \frac{(1-\cos x)^2}{\sin^2 x} dx = \int \frac{1-2\cos x + \cos^2 x}{\sin^2 x} dx$

$$= \int \csc^2 x \, dx - 2\int \frac{\cos x}{\sin^2 x} dx + \int \cot^2 x \, dx$$

$$= -\cot x - 2\int \frac{1}{\sin^2 x} d(\sin x) + \int (\csc^2 x - 1) dx$$

$$= -\cot x + \frac{2}{\sin x} - \cot x - x + C$$

$$= -2\cot x + \frac{2}{\sin x} + C.$$

三、换元积分法

求不定积分除了直接积分法外，其他的方法主要思路是变化被积表达式，使其转化为容易积分的形式. 前面刚介绍的凑微分法就如此，下面再介绍一种方法——换元积分法.

譬如 $\int f(x) dx$ 不易求，但可做变量代换 $x = \varphi(t)$，而函数 $x = \varphi(t)$ 关于 t 可导，从而可将原来的积分化为

$$\int f[\varphi(t)] \varphi'(t) dt.$$

如果这个积分比原来的容易求解，我们的目的就达到了，这种方法叫换元积分法. 它可表达为

$$\int f(x) dx \xrightarrow{\diamondsuit x = \varphi(t)} \int f[\varphi(t)] \varphi'(t) dt.$$

换元积分法主要是恰当选择函数 $x = \varphi(t)$，下面通过一些例子来说明.

例 26 求不定积分 $\int \sqrt{a^2 - x^2} \, dx \, (a > 0)$.

解 令 $x=a\sin t$ ($-\frac{\pi}{2}\leqslant t\leqslant \frac{\pi}{2}$)，则 $\mathrm{d}x=a\cos t\,\mathrm{d}t$.

$$\int \sqrt{a^2-x^2}\,\mathrm{d}x=\int a\cos t\times a\cos t\,\mathrm{d}t=a^2\int\cos^2 t\,\mathrm{d}t=a^2\int\frac{1+\cos 2t}{2}\mathrm{d}t$$
$$=a^2\left(\frac{1}{2}t+\frac{1}{4}\sin 2t\right)+C.$$

由于 $x=a\sin t$，故

$$t=\arcsin\frac{x}{a},\quad \sin 2t=2\sin t\cos t=2\times\frac{x}{a}\times\sqrt{1-\frac{x^2}{a^2}}=\frac{2x}{a^2}\sqrt{a^2-x^2},$$

所以 $\quad\int\sqrt{a^2-x^2}\,\mathrm{d}x=\frac{a^2}{2}\arcsin\frac{x}{a}+\frac{x}{2}\sqrt{a^2-x^2}+C.$

例 27 求不定积分 $\int\frac{1}{\sqrt{x^2-a^2}}\mathrm{d}x\,(a>0)$.

解 $\int\frac{1}{\sqrt{x^2-a^2}}\mathrm{d}x\xrightarrow{\text{令}\,x=a\sec t}\int\frac{1}{a\tan t}\mathrm{d}(a\sec t)=\int\frac{a\sec t\tan t}{a\tan t}\mathrm{d}t=\int\sec t\,\mathrm{d}t$
$$=\ln|\tan t+\sec t|+C_1=\ln|x+\sqrt{x^2-a^2}|+C.$$

例 28 求不定积分 $\int\frac{1}{\sqrt{a^2+x^2}}\mathrm{d}x\,(a>0)$.

解 $\int\frac{1}{\sqrt{a^2+x^2}}\mathrm{d}x\xrightarrow{\text{令}\,x=a\tan t}\int\frac{1}{a\sec t}\mathrm{d}(a\tan t)=\int\frac{a\sec^2 t}{a\sec t}\mathrm{d}t=\int\sec t\,\mathrm{d}t$
$$=\ln|\tan t+\sec t|+C_1=\ln\left|\frac{x}{a}+\frac{\sqrt{a^2+x^2}}{a}\right|+C_1$$
$$=\ln(x+\sqrt{a^2+x^2})+C.$$

例 29 求不定积分 $\int\frac{1}{1+\sqrt{x}}\mathrm{d}x$.

解 $\int\frac{1}{1+\sqrt{x}}\mathrm{d}x\xrightarrow{\text{令}\,x=t^2}\int\frac{2t}{1+t}\mathrm{d}t\,(\text{取}\,t\geqslant 0)=2\int\frac{t+1-1}{1+t}\mathrm{d}t$
$$=2\int\mathrm{d}t-2\int\frac{1}{1+t}\mathrm{d}t=2t-2\ln|1+t|+C$$
$$=2\sqrt{x}-2\ln(1+\sqrt{x})+C.$$

例 30 求不定积分 $\int\frac{x\,\mathrm{d}x}{\sqrt{x-3}}$.

解 $\int\frac{x\,\mathrm{d}x}{\sqrt{x-3}}\xrightarrow{\text{令}\,x=t^2+3}\int\frac{t^2+3}{t}\times 2t\,\mathrm{d}t\,(t>0)=2\int(t^2+3)\,\mathrm{d}t$
$$=2\left(\frac{t^3}{3}+3t\right)+C=2\left(\frac{(\sqrt{x-3})^3}{3}+3\sqrt{x-3}\right)+C$$
$$=\frac{2}{3}(x+6)\sqrt{x-3}+C.$$

例 31 求不定积分 $\int\frac{\sqrt{x}}{1+\sqrt[3]{x}}\mathrm{d}x$.

解 $\int \dfrac{\sqrt{x}}{1+\sqrt[3]{x}}\mathrm{d}x \xrightarrow{\text{令}\,x=t^6} \int \dfrac{t^3}{1+t^2}\times 6t^5\mathrm{d}t\,(t\geqslant 0)=6\int \dfrac{t^8}{1+t^2}\mathrm{d}t$

$=6\int \dfrac{t^8-1+1}{1+t^2}\mathrm{d}t=6\int \dfrac{(t^4+1)(t^2+1)(t^2-1)}{1+t^2}\mathrm{d}t+6\int \dfrac{1}{1+t^2}\mathrm{d}t$

$=6\int (t^6-t^4+t^2-1)\mathrm{d}t+6\int \dfrac{1}{1+t^2}\mathrm{d}t=\dfrac{6}{7}t^7-\dfrac{6}{5}t^5+2t^3-6t+6\arctan t+C$

$=\dfrac{6}{7}x^{\frac{7}{6}}-\dfrac{6}{5}x^{\frac{5}{6}}+x^{\frac{1}{2}}-6x^{\frac{1}{6}}+6\arctan x^{\frac{1}{6}}+C.$

四、分部积分法

分部积分法是积分中另一种重要的计算不定积分的方法,它是由两个函数的乘积的微分公式得到的.

设 $u=u(x),v=v(x)$ 可微,于是

$$\mathrm{d}(uv)=u\mathrm{d}v+v\mathrm{d}u.$$

移项,有

$$u\mathrm{d}v=\mathrm{d}(uv)-v\mathrm{d}u.$$

两边积分,则有

$$\int u\mathrm{d}v=\int \mathrm{d}(uv)-\int v\mathrm{d}u.$$

所以有分部积分公式

$$\int u\mathrm{d}v=uv-\int v\mathrm{d}u$$

或

$$\int uv'\mathrm{d}x=uv-\int vu'\mathrm{d}x,$$

上面两个公式称为分部积分公式.

使用分部积分公式关键是合理确定 u,v 或 u,v',下面举例说明.

例 32 求不定积分 $\int x\mathrm{e}^x\mathrm{d}x$.

解 设 $u=x,\mathrm{d}v=\mathrm{e}^x\mathrm{d}x=\mathrm{d}(\mathrm{e}^x)$,则 $\mathrm{d}u=\mathrm{d}x$,$v=\mathrm{e}^x$,于是

$\int x\mathrm{e}^x\mathrm{d}x=\int x\mathrm{d}(\mathrm{e}^x)=x\mathrm{e}^x-\int \mathrm{e}^x\mathrm{d}x=x\mathrm{e}^x-\mathrm{e}^x+C=(x-1)\mathrm{e}^x+C.$

例 33 求不定积分 $\int x\cos x\mathrm{d}x$.

解 $\int x\cos x\mathrm{d}x=\int x\mathrm{d}(\sin x)=x\sin x-\int \sin x\mathrm{d}x=x\sin x+\cos x+C.$

例 34 求不定积分 $\int x^2\sin x\mathrm{d}x$.

解 $\int x^2\sin x\mathrm{d}x=-\int x^2\mathrm{d}(\cos x)=-x^2\cos x+\int \cos x\mathrm{d}(x^2)$

$=-x^2\cos x+2\int x\cos x\mathrm{d}x=-x^2\cos x+2\int x\mathrm{d}(\sin x)$

$=-x^2\cos x+2x\sin x-2\int \sin x\mathrm{d}x$

$$= -x^2\cos x + 2x\sin x + 2\cos x + C.$$

例 35 求不定积分 $\int x\ln x\,\mathrm{d}x$.

解 $\int x\ln x\,\mathrm{d}x = \int \ln x\,\mathrm{d}(\dfrac{x^2}{2}) = \dfrac{x^2}{2}\ln x - \int \dfrac{x^2}{2}\mathrm{d}(\ln x)$

$$= \dfrac{1}{2}x^2\ln x - \dfrac{1}{2}\int x^2 \times \dfrac{1}{x}\mathrm{d}x = \dfrac{1}{2}x^2\ln x - \dfrac{1}{2}\times\dfrac{x^2}{2}+C$$

$$= \dfrac{1}{2}x^2\ln x - \dfrac{1}{4}x^2 + C.$$

例 36 求不定积分 $\int \arctan x\,\mathrm{d}x$.

解 $\int \arctan x\,\mathrm{d}x = x\arctan x - \int x\,\mathrm{d}\arctan x = x\arctan x - \int x\times\dfrac{1}{1+x^2}\mathrm{d}x$

$$= x\arctan x - \dfrac{1}{2}\int \dfrac{1}{1+x^2}\mathrm{d}(1+x^2) = x\arctan x - \dfrac{1}{2}\ln(1+x^2) + C.$$

例 37 求不定积分 $\int \mathrm{e}^x \cos x\,\mathrm{d}x$.

解 $\int \mathrm{e}^x\cos x\,\mathrm{d}x = \int \cos x\,\mathrm{d}(\mathrm{e}^x) = \mathrm{e}^x\cos x - \int \mathrm{e}^x\mathrm{d}(\cos x)$

$$= \mathrm{e}^x\cos x + \int \mathrm{e}^x\sin x\,\mathrm{d}x = \mathrm{e}^x\cos x + \int \sin x\,\mathrm{d}(\mathrm{e}^x)$$

$$= \mathrm{e}^x\cos x + \mathrm{e}^x\sin x - \int \mathrm{e}^x\mathrm{d}(\sin x)$$

$$= \mathrm{e}^x\cos x + \mathrm{e}^x\sin x - \int \mathrm{e}^x\cos x\,\mathrm{d}x.$$

注意，等号后面又出现了与所求积分完全相同的项，移项得

$$2\int \mathrm{e}^x\cos x\,\mathrm{d}x = \mathrm{e}^x(\sin x + \cos x) + C_1,$$

所以

$$\int \mathrm{e}^x\cos x\,\mathrm{d}x = \dfrac{1}{2}\mathrm{e}^x(\sin x + \cos x) + C.$$

例 38 求 $\int \mathrm{e}^{\sqrt{x}}\,\mathrm{d}x$.

解 $\int \mathrm{e}^{\sqrt{x}}\,\mathrm{d}x \xrightarrow{\text{令}\,x=t^2} \int \mathrm{e}^t\mathrm{d}(t^2)\,(t\geqslant 0) = 2\int t\mathrm{e}^t\,\mathrm{d}t = 2\int t\,\mathrm{d}(\mathrm{e}^t)$

$$= 2(t\mathrm{e}^t - \int \mathrm{e}^t\mathrm{d}t) = 2(t\mathrm{e}^t - \mathrm{e}^t) + C = 2\mathrm{e}^t(t-1) + C$$

$$= 2\mathrm{e}^{\sqrt{x}}(\sqrt{x}-1) + C.$$

*五、简单的有理函数的积分

设 $P(x)$ 和 $Q(x)$ 都是实系数多项式，则形如 $\dfrac{P(x)}{Q(x)}$ 的函数称为 x 的有理函数. 当 $P(x)$ 的次数不低于 $Q(x)$ 的次数时，称 $\dfrac{P(x)}{Q(x)}$ 为假分式，否则就称为真分式. 对假分式可以用多

项式除法变成一个多项式与一个真分式和的形式. 由于多项式积分容易求出, 故这里只讨论真分式的积分.

设 $Q(x)$ 为 n 次多项式:
$$Q(x)=x^n+a_1x^{n-1}+\cdots+a_{n-1}x+a_n,$$
总可以分解为一些实系数的一次因子与二次因子的乘积, 即总有
$$Q(x)=(x-a)^k\cdots(x-b)^t(x^2+px+q)^l\cdots(x^2+rx+s)^h,$$
其中, $a,\cdots b,p,q,\cdots r,s$ 为常数; 且 $p^2-4q<0,\cdots,r^2-4s<0;k,\cdots,t,l,h$ 为正整数.

则 $\dfrac{P(x)}{Q(x)}$ 可唯一分解成如下形式的部分分式, 即有

$$\frac{P(x)}{Q(x)}=\frac{A_1}{x-a}+\frac{A_2}{(x-a)^2}+\cdots+\frac{A_k}{(x-a)^k}+\frac{B_1}{(x-b)}+\frac{B_2}{(x-b)^2}+\cdots+\frac{B_t}{(x-b)^t}$$
$$+\frac{C_1x+D_1}{x^2+px+q}+\frac{C_2x+D_2}{(x^2+px+q)^2}+\cdots+\frac{C_lx+D_l}{(x^2+px+q)^l}+\cdots$$
$$+\frac{E_1x+F_1}{x^2+rx+s}+\frac{E_2x+F_2}{(x^2+rx+s)^2}+\cdots+\frac{E_hx+F_h}{(x^2+rx+s)^h},$$

其中, $A_1,A_2,\cdots,A_k,B_1,B_2,\cdots,B_t,C_1,C_2,\cdots,C_l,D_1,D_2,\cdots,D_l,\cdots,E_1,E_2,\cdots,E_h,F_1,F_2,\cdots,F_h$ 都是常数.

例如
$$\frac{3x}{x^2-5x+6}=\frac{3x}{(x-2)(x-3)}=\frac{A}{x-2}+\frac{B}{x-3};$$
$$\frac{4x-5}{(x-1)^2(x^2-x+1)}=\frac{A}{x-1}+\frac{B}{(x-1)^2}+\frac{Cx+D}{x^2-x+1}.$$

例 39 将分式 $\dfrac{4}{x^3+4x}$ 分解成部分分式.

解 令 $\dfrac{4}{x^3+4x}=\dfrac{4}{x(x^2+4)}=\dfrac{A}{x}+\dfrac{Bx+C}{x^2+4},$

其中 A,B,C 为待定系数. 将右边部分通分, 得
$$4=A(x^2+4)+x(Bx+C)=(A+B)x^2+Cx+4A.$$

比较 x 同次幂系数, 得
$$\begin{cases}A+B=0\\ C=0\\ 4A=4\end{cases},$$

解得 $A=1, B=-1, C=0$, 于是
$$\frac{4}{x^3+4x}=\frac{1}{x}-\frac{x}{x^2+4}.$$

例 40 求不定积分 $\displaystyle\int\frac{x+3}{x^2-6x+5}dx.$

解 令 $\dfrac{x+3}{x^2-6x+5}=\dfrac{x+3}{(x-1)(x-5)}=\dfrac{A}{x-1}+\dfrac{B}{x-5},$

通分后, 得恒等式
$$x+3=A(x-5)+B(x-1)=(A+B)x-5A-B,$$

比较 x 同次幂系数，得 $A=-1$，$B=2$，于是

$$\frac{x+3}{x^2-6x+5}=\frac{2}{x-5}-\frac{1}{x-1}.$$

所以 $\int\frac{x+3}{x^2-6x+5}dx=\int(\frac{2}{x-5}-\frac{1}{x-1})dx=2\ln|x-5|-\ln|x-1|+C$

$$=\ln\frac{(x-5)^2}{|x-1|}+C.$$

习题 4-3

1. 求下列不定积分：

(1) $\int(3-x^2)^2 dx$;

(2) $\int\frac{x+1}{\sqrt{x}}dx$;

(3) $\int(1+\sin x+5\cos x)dx$;

(4) $\int\cot^2 x\, dx$;

(5) $\int\frac{1}{x^2(1+x^2)}dx$;

(6) $\int\sin^4 x\, dx$;

(7) $\int\sin 3x\sin 5x\, dx$;

(8) $\int\frac{1}{\sin^2 x\cos^2 x}dx$.

2. 求下列不定积分：

(1) $\int e^{-x}dx$;

(2) $\int\cos(3x-5)dx$;

(3) $\int\frac{dx}{\sqrt{5-x^2}}$;

(4) $\int\cos^2 x\sin x\, dx$;

(5) $\int(\ln x)^2\times\frac{1}{x}dx$;

(6) $\int\frac{dx}{x\ln x}$;

(7) $\int\frac{dx}{4+9x^2}$;

(8) $\int\frac{dx}{4x^2+4x+5}$;

(9) $\int e^x\cos e^x\, dx$;

(10) $\int\tan^3 x\, dx$;

(11) $\int\cos^5 x\, dx$;

(12) $\int e^{\sin x}\cos x\, dx$.

3. 求下列不定积分：

(1) $\int x\sqrt{x+1}\, dx$;

(2) $\int\sqrt[3]{x+a}\, dx$;

(3) $\int\frac{dx}{\sqrt{x}+\sqrt[3]{x^2}}$;

(4) $\int(1-x^2)^{-\frac{3}{2}}dx$;

(5) $\int\frac{dx}{\sqrt{9x^2-4}}$;

(6) $\int\frac{dx}{\sqrt{1+e^x}}$.

4. 求下列不定积分：

(1) $\int x\arctan x\, dx$;

(2) $\int\ln x\, dx$;

(3) $\int x e^{2x} dx$;

(4) $\int x^2 e^{-x} dx$;

(5) $\int e^x \sin x \, dx$;

(6) $\int \sec^3 x \, dx$.

5. 求下列有理分式的积分:

(1) $\int \dfrac{x+1}{(x-1)^3} dx$;

(2) $\int \dfrac{x \, dx}{(x+2)(x+3)^2}$;

(3) $\int \dfrac{3x+2}{x(x+1)^3} dx$;

(4) $\int \dfrac{4x^2+7x+4}{(x+2)(x^2+2x+2)} dx$.

第四节 积分表的使用

在前面我们介绍了不定积分的一些求解方法,对于一些简单的积分我们已经有较好的方法解决,但对一些较复杂的积分,我们就需要使用积分表查表求得. 这里作以简单介绍.

例1 求 $\int \dfrac{1}{16+25x^2} dx$.

解 对照积分表中积分公式

$$\int \dfrac{dx}{c+ax^2} = \dfrac{1}{\sqrt{ac}} \arctan \sqrt{\dfrac{a}{c}} x + C \, (a>0, \, c>0),$$

将 $c=16$,$a=25$ 代入得 $\int \dfrac{1}{16+25x^2} dx = \dfrac{1}{20} \arctan \dfrac{5}{4} x + C$.

例2 求 $\int \cos^3 4x \, dx$.

解 对照积分表中公式

$$\int \cos^n ax \, dx = \dfrac{1}{na} \cos^{n-1} ax \sin ax + \dfrac{n-1}{n} \int \cos^{n-2} ax \, dx,$$

将 $n=3$,$a=4$ 代入的

$$\int \cos^3 4x \, dx = \dfrac{1}{12} \cos^2 4x \sin 4x + \dfrac{2}{3} \int \cos 4x \, dx = \dfrac{1}{12} \cos^2 4x \sin 4x + \dfrac{1}{6} \sin 4x + C.$$

习题 4-4

查积分表求下列不定积分:

(1) $\int \dfrac{1}{x(2x+1)} dx$;

(2) $\int \dfrac{x}{\sqrt{2x+1}} dx$;

(3) $\int \dfrac{x^2}{(2x+3)^2} dx$;

(4) $\int x \sqrt{x^2+3} \, dx$;

(5) $\int \dfrac{1}{x^2+2x+3} dx$;

(6) $\int \dfrac{dx}{\sqrt{x^2+2x-3}}$;

(7) $\int x^2 \cos x \, dx$;

(8) $\int e^{2x} \cos 3x \, dx$.

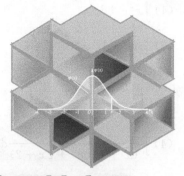

第五章

定积分及其应用

定积分是积分学中的一个基本概念,是由物理、几何以及其他各学科上的实际需要而产生的,本章我们将从解决实际问题出发,理解定积分的定义,讨论它的性质与计算方法,最后讨论定积分的应用.

第一节　定积分的概念

一、问题的引入

1. 曲边梯形的面积问题

平面上任意封闭曲边形都可以被分割成若干个曲边梯形,如何计算曲边梯形的面积呢?

设函数 $y=f(x)$ 在区间 $[a,b]$ 上连续,且 $f(x)\geqslant 0$,在直角坐标系中,由曲线 $y=f(x)$、直线 $x=a$、$x=b$ 和 $y=0$ 所围成的图形称为**曲边梯形**,见图 5-1.

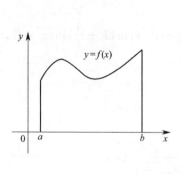

图 5-1

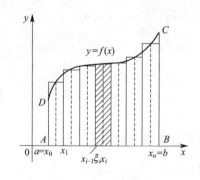

图 5-2

(1) 分割

在图 5-2 中,任取点 $a=x_0<x_1<x_2<\cdots<x_{i-1}<x_i<\cdots<x_{n-1}<x_n=b$ 将曲边梯形的底分成 n 个小区间,每个小区间 $[x_{i-1},x_i]$ 的长度为 Δx_i($i=1,2,\cdots,n$),过每个点分别作 x 轴的垂线,把整个曲边梯形分成 n 个小曲边梯形,其中第 i 个小曲边梯形的面积为 ΔA_i,于是有

$$A = \sum_{i=1}^{n} \Delta A_i.$$

(2) 替代

在第 i 个小曲边梯形的底 $[x_{i-1}, x_i]$ 上任取一点 ξ_i ($x_{i-1} \leqslant \xi_i \leqslant x_i$)，以 $f(\xi_i)$ 代替变动的高 $f(x)$，用相应小矩形的面积近似代替小曲边梯形面积，即

$$\Delta A_i \approx f(\xi_i) \Delta x_i, i = 1, 2, \cdots, n.$$

(3) 求和

把 n 个小矩形面积相加即得曲边梯形面积 A 的近似值，即

$$A = \sum_{i=1}^{n} \Delta A_i \approx \sum_{i=1}^{n} f(\xi_i) \Delta x_i.$$

(4) 取极限

为保证所有小区间的长度都趋于零，我们要求小区间长度中的最大值趋于零，若记 $\lambda = \max_{1 \leqslant i \leqslant n} \{\Delta x_i\}$，则上述条件可表示为 $\lambda \to 0$，当 $\lambda \to 0$ 时（这时小区间的个数 n 无限增多，即 $n \to \infty$），取上述和式的极限，便得到曲边梯形的面积 A，即

$$A = \lim_{\lambda \to 0} \sum_{i=1}^{n} f(\xi_i) \Delta x_i.$$

2. 变速直线运动的路程

设一物体作变速直线运动，已知速度 $v = v(t)$ 是时间 $[a, b]$ 上的连续函数，求在这段时间内物体所走过的路程 s.

我们知道，对于物体做匀速运动，路程＝速度×时间．现在物体做的是变速运动，因此不能直接用上述公式计算，但是如果把时间 $[a, b]$ 分成若干个小时间间隔，在每个小时间间隔内，速度变化不大，可近似看做匀速运动，其计算过程如下：

(1) 分割

任取点 $a = t_0 < t_1 < t_2 < \cdots < t_{i-1} < t_i < \cdots < t_{n-1} < x_n = b$ 将时间 $[a, b]$ 分成 n 个小时间间隔，每个小时间间隔 $[t_{i-1}, t_i]$ 的长度为 $\Delta t_i = t_i - t_{i-1}$ ($i = 1, 2, \cdots, n$)，物体在每个小时间间隔内所走的路程记为 Δs_i，于是有

$$S = \sum_{i=1}^{n} \Delta s_i.$$

(2) 替代

在第 i 个小时间间隔 $[t_{i-1}, t_i]$ 上任取一点 ξ_i ($t_{i-1} \leqslant \xi_i \leqslant t_i$)，在该小时间间隔上用任一时刻 ξ_i 的速度 $v(\xi_i)$ 来近似代替变化的速度 $v(t)$，从而得到 Δs_i 的近似值

$$\Delta s_i \approx v(\xi_i) \Delta t_i, \quad i = 1, 2, \cdots, n.$$

(3) 求和

把 n 个小时间间隔上的路程的近似值相加，便得到物体在时间 $[a, b]$ 上路程的近似值

$$S = \sum_{i=1}^{n} \Delta s_i \approx \sum_{i=1}^{n} v(\xi_i) \Delta t_i.$$

(4) 取极限

记所有时间间隔的最大区间长度为 $\lambda = \max_{1 \leqslant i \leqslant n} \{\Delta x_i\}$，当 $\lambda \to 0$ 时，和式的极限值就是路程 S 的精确值，即

$$S = \lim_{\lambda \to 0} \sum_{i=1}^{n} v(\xi_i) \Delta t_i.$$

在上述两个例子中,虽然所要计算的量实际意义有所不同,但是计算这两个量的思想方法、计算步骤却完全一样,并且最终都可归结为求一个和式的极限.由此引入定积分的概念.

二、定积分的定义

定义 设函数 $y=f(x)$ 在区间 $[a,b]$ 上有界,任意用 $n-1$ 个分点 x_1,x_2,…,x_{n-1} 把区间分成 n 个小区间,每个小区间 $[x_{i-1},x_i]$ $(i=1,2,\cdots,n)$ 上任取一点 ξ_i,做乘积 $f(\xi_i)\Delta x_i$,并求和 $I_n = \sum_{i=1}^{n} f(\xi_i)\Delta x_i$ (其中 Δx_i 是第 i 个小区间的长度),记为 $\lambda = \max\limits_{1 \leqslant i \leqslant n}$,当 $\lambda \to 0$ 时,和式的极限值叫做函数 $y=f(x)$ 在区间 $[a,b]$ 上的**定积分**,记作 $\int_a^b f(x)\,dx$.

其中,a 与 b 分别叫做**积分下限**与**积分上限**,区间 $[a,b]$ 叫做**积分区间**,函数 $y=f(x)$ 叫做**被积函数**,x 叫做**积分变量**,$f(x)dx$ 叫做**被积表达式**.

根据定积分的定义,曲边梯形的面积 A 与变速直线运动的路程 S 可以如下表示:

$$A = \int_a^b f(x)\,dx.$$

$$S = \int_a^b v(x)\,dt.$$

值得注意的是 $\int_a^b f(x)\,dx$ 表示一个常数,该值取决于被积函数与积分区间,而与积分变量用什么字母无关,即

$$\int_a^b f(x)\,dx = \int_a^b f(u)\,du = \int_a^b f(t)\,dt.$$

在定积分的定义中是假设 $a<b$ 的,为应用方便,规定:

(1) 当 $a>b$ 时,$\int_a^b f(x)\,dx = -\int_b^a f(x)\,dx$;

(2) 当 $a=b$ 时,$\int_a^b f(x)\,dx = 0$.

三、定积分的几何意义

当 $f(x)>0$ 时,$\int_a^b f(x)\,dx = A$ 表示曲边梯形的面积.

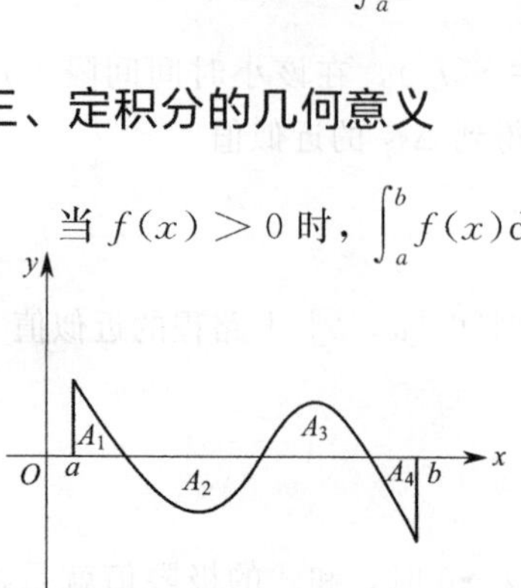

当 $f(x)<0$ 时,$\int_a^b f(x)\,dx = -A$ 表示曲边梯形的面积的负值.

一般地,$\int_a^b f(x)\,dx$ 表示介于 x 轴、函数 $f(x)$ 的图像及两条直线 $x=a$、$x=b$ 之间的各部分面积的代数和,在 x 轴上方的面积取正号,在 x 轴下方的面积取负号,如图 5-3:

图 5-3

$$\int_a^b f(x)\mathrm{d}x = A_1 - A_2 + A_3 - A_4.$$

习题 5-1

1. 填空题.

(1) 由直线 $y=1$，$x=a$，$x=b$ 及 x 轴围成图形的面积等于_____，用定积分表示为_____.

(2) 一物体以速度 $v=2t+1$ 做直线运动，该物体在时间区间 $[0,3]$ 内所经过的路程 s 用定积分表示为_____.

(3) 定积分 $\int_{-2}^{3} \cos 2t \,\mathrm{d}t$ 中，积分上限是_____，积分下限是_____，积分区间是_____.

(4) 已知 $f'(x)=g(x)$，则 $\int g(x)\mathrm{d}x = $ _____.

(5) 设 $f(x)$ 是函数 $\cos x$ 的一个原函数，则 $\int f(x)\mathrm{d}x = $ _____.

2. 选择题.

(1) 若 $F(x),G(x)$ 都是函数 $f(x)$ 的原函数，则必有（　　）.
A. $F(x)=G(x)$　　　　　　B. $F(x)=CG(x)$
C. $F(x)=G(x)+C$　　　　D. $F(x)=\dfrac{1}{C}G(x)$（C 为不为零的常数）

(2) 定积分 $\int_a^b f(x)\mathrm{d}x$ 是（　　）.
A. $f(x)$ 的一个原函数　　　B. $f(x)$ 的全体原函数
C. 确定的常数　　　　　　　D. 任意常数

3. 利用定积分的几何意义，计算下列定积分.

(1) $\int_0^4 (2x+1)\mathrm{d}x$；　　(2) $\int_{-2}^{2} \sqrt{4-x^2}\,\mathrm{d}x$.

第二节　定积分的性质

由定积分的定义和极限的运算法则，可以推出定积分有以下性质. 为了叙述方便，假定在下列各性质中所讨论的函数在积分区间上都是连续可积的.

性质 1　被积函数的常数因子可以提到积分号的外面，即
$$\int_a^b kf(x)\,\mathrm{d}x = k\int_a^b f(x)\,\mathrm{d}x，其中 k 为常数.$$
如 $\int_a^b 2f(x)\,\mathrm{d}x = 2\int_a^b f(x)\,\mathrm{d}x$，而 $\int_a^b xf(x)\,\mathrm{d}x \neq x\int_a^b f(x)\,\mathrm{d}x$.

性质 2　被积函数的和（或差）的定积分等于这两个函数定积分的和（或差），即
$$\int_a^b [f(x) \pm g(x)]\mathrm{d}x = \int_a^b f(x)\,\mathrm{d}x \pm \int_a^b g(x)\,\mathrm{d}x.$$

性质 1、性质 2 还可以推广到求有限个函数的代数和(或差)的积分,即
$$\int_a^b [k_1 f_1(x) \pm k_2 f_2(x) \pm \cdots \pm k_n f_n(x)] dx =$$
$$k_1 \int_a^b f_1(x) dx \pm k_2 \int_a^b f_2(x) dx \pm \cdots \pm k_n \int_a^b f_n(x) dx.$$

性质 3 如果在 $[a,b]$ 上,若 $f(x)=1$,则
$$\int_a^b f(x) dx = b - a.$$

性质 4 (定积分的区间可加性)对于任意三点 a、b、c,不论其位置如何,都有
$$\int_a^b f(x) dx = \int_a^c f(x) dx + \int_c^b f(x) dx.$$

性质 5 (定积分保号性)如果函数 $f(x)$,$g(x)$ 在区间 $[a,b]$ 上可积,且 $f(x) \leqslant g(x)$,$x \in [a,b]$,则有 $\int_a^b f(x) dx \leqslant \int_a^b g(x) dx$.

推论 如果 $f(x)$ 在 $[a,b]$ 上可积,且 $f(x) \geqslant 0$,则有 $\int_a^b f(x) dx \geqslant 0$.

性质 6 (估值定理)设 M 和 m 分别是函数 $f(x)$ 在区间 $[a,b]$ 上的最大值和最小值,则
$$m(b-a) \leqslant \int_a^b f(x) dx \leqslant M(b-a).$$

性质 7 (定积分中值定理)如果函数 $f(x)$ 在闭区间 $[a,b]$ 上连续,则在 $[a,b]$ 上至少存在一点 ξ,使
$$\int_a^b f(x) dx = f(\xi)(b-a), a \leqslant \xi \leqslant b.$$

几何意义:曲边梯形的面积等于此区间 $[a,b]$ 的长为底,以区间内某点 ξ 处的纵坐标 $f(\xi)$ 为高的矩形的面积.

习题 5-2

1. 填空题.

(1) 已知若 $a<b<c$,则 $\int_a^b f(x) dx = \int_a^c f(x) dx + $ _____ .

(2) $\int_{-2}^2 e^x dx = $ _____ .

2. 比较下列定积分的大小.

(1) $\int_0^{\frac{\pi}{4}} \sin x \, dx$ 与 $\int_0^{\frac{\pi}{4}} \cos x \, dx$;

(2) $\int_1^2 x^2 dx$ 与 $\int_1^2 x^3 dx$;

(3) $\int_{-1}^1 (\frac{1}{2})^x dx$ 与 $\int_{-1}^1 (\frac{1}{3})^x dx$;

(4) $\int_1^e \ln x \, dx$ 与 $\int_1^e \ln^2 x \, dx$.

3. 估计下列定积分的值.

(1) $\int_1^e \ln x \, dx$；　　　　　　(2) $\int_1^2 x^3 \, dx$．

第三节　定积分的计算

按照定积分的定义计算定积分的值是十分麻烦的，有时甚至无法计算．为了寻求计算定积分的简单方法，我们先回顾做变速直线运动物体的路程问题．

如果物体以速度 $v = v(t)$ 做直线运动，那么在时间 $[a, b]$ 上所经过的路程为
$$s = \int_a^b v(t) \, dt.$$

如果物体经过的路程 s 是时间 t 的函数 $s(t)$，那么物体从 $t = a$ 到 $t = b$ 所经过的路程为
$$s = s(b) - s(a).$$

从而有
$$\int_a^b v(t) \, dt = s(b) - s(a).$$

根据导数的物理意义，可知 $s'(t) = v(t)$，即 $s(t)$ 是 $v(t)$ 的一个原函数，所以求定积分 $\int_a^b v(t) \, dt$ 等于先求被积函数 $v(t)$ 的一个原函数 $s(t)$，然后代入上限与下限求差值即可．

如果忽略此问题的物理意义，便可得到计算定积分 $\int_a^b f(x) \, dx$ 的一般方法．

一、牛顿-莱布尼茨（Newton-Leibniz）公式

定理 1　（微积分基本定理）设函数 $f(x)$ 在区间 $[a, b]$ 上连续，且 $F(x)$ 是 $f(x)$ 在 $[a, b]$ 上的一个原函数，则
$$\int_a^b f(t) \, dx = F(x) \Big|_a^b = F(b) - F(a).$$

上式称为**牛顿-莱布尼茨公式**，也叫做微积分基本公式．

这个公式建立了定积分与不定积分之间的联系，把定积分的计算转化为求不定积分的计算，即先找出被积函数的一个原函数，然后再将上、下限分别代入求差值即可，从而使定积分的计算得以简化．

例 1　计算定积分 $\int_0^1 x^2 \, dx$．

解　由于 $\dfrac{x^3}{3}$ 是 x^2 的一个原函数，所以根据牛顿-莱布尼茨公式，有
$$\int_0^1 x^2 \, dx = \frac{x^3}{3} \Big|_0^1 = \frac{1}{3} - 0 = \frac{1}{3}.$$

例 2　计算定积分 $\int_{-1}^1 \dfrac{1}{1+x^2} \, dx$．

解　由于 $\arctan x$ 是 $\dfrac{1}{1+x^2}$ 的一个原函数，所以根据牛顿-莱布尼茨公式，有
$$\int_{-1}^1 \frac{1}{1+x^2} \, dx = \arctan x \Big|_{-1}^1 = \arctan 1 - \arctan(-1) = \frac{\pi}{4} - \left(-\frac{\pi}{4}\right) = \frac{\pi}{2}.$$

例3 计算定积分 $\int_{-2}^{-1} \frac{1}{x} dx$.

解 由于被积函数 $\frac{1}{x}$ 在区间 $[-2,-1]$ 上连续，且 $\ln|x|$ 为 $\frac{1}{x}$ 的一个原函数，所以有

$$\int_{-1}^{1} \frac{1}{x} dx = \ln|x| \Big|_{-2}^{-1} = \ln 1 - \ln 2 = -\ln 2.$$

例4 计算正弦函数 $y=\sin x$ 在 $[0,\pi]$ 上与 x 轴所围成的平面图形的面积.

解 这个图形可看成是特殊的曲边梯形，它的面积为

$$S = \int_0^\pi \sin x\, dx = -\cos x \Big|_0^\pi = -(-1)-(-1) = 2.$$

注：利用牛顿-莱布尼茨公式计算定积分时，要求被积函数在积分区间上连续，否则会产生错误.

例如：计算 $\int_{-1}^{1} \frac{1}{x^2} dx = -\frac{1}{x} \Big|_{-1}^{1} = -2$，显然是错误的，因为被积函数 $f(x)=\frac{1}{x^2}$ 在区间 $[-1,1]$ 上不连续，不满足牛顿-莱布尼茨公式，所以不能直接应用.

例5 火车以 $v_0=72$km/h 的速度在平直的轨道上行驶，到某处需要减速停车．设火车以加速度 $a=-5\text{m/s}^2$ 刹车，问从开始刹车到停车，火车走了多少距离？

解 首先要算出从开始刹车到停车所经过的时间，火车开始刹车时速度为

$$v_0 = 72\text{km/h} = \frac{72 \times 1000}{3600} \text{m/s} = 20 \text{m/s}.$$

刹车后火车减速行驶，其速度为

$$v(t) = v_0 + at = 20 - 5t.$$

当火车停住时，$v(t)=0$，因此，解得 $t=4$s，

于是在这段时间内，火车走过的距离为

$$s = \int_0^4 v(t) dt = \int_0^4 (20-5t) dt = \left(20t - \frac{5t^2}{2}\right)\Big|_0^4 = 40\text{m}.$$

即在刹车后，火车走了 40m 才能停住.

二、定积分的换元积分法

牛顿-莱布尼茨公式给出了计算定积分的方法，但在有些情况下，运算会比较复杂，可通过恰当地使用定积分的换元积分法和分部积分法来简化解题过程.

定理2 设函数 $f(x)$ 在区间 $[a,b]$ 上连续，且函数 $x=\varphi(t)$ 在 $[\alpha,\beta]$ 上有连续导数，当 $\alpha \leq t \leq \beta$ 时，有 $a \leq \varphi(t) \leq b$，又 $\varphi(\alpha)=a$，$\varphi(\beta)=b$，则

$$\int_a^b f(x) dx = \int_\alpha^\beta f[\varphi(t)] \varphi'(t) dt$$

上述公式称为**定积分的换元积分公式**.

例6 求 $\int_0^4 \frac{1}{1+\sqrt{x}} dx$.

解 设 $\sqrt{x}=t$，则

当 $x=0$ 时，$t=0$；当 $x=4$ 时，$t=2$，于是有

$$\int_0^4 \frac{1}{1+\sqrt{x}}dx = \int_0^2 \frac{2t}{1+t}dt$$
$$= 2\int_0^2 \frac{t+1-1}{1+t}dt$$
$$= 2\int_0^2 (1-\frac{1}{1+t})dt$$
$$= 2[t-\ln(1+t)]\Big|_0^2$$
$$= 4-2\ln 3.$$

例 7 求 $\int_0^3 \frac{x}{\sqrt{1+x}}dx$.

解 设 $\sqrt{1+x}=t$，则

$$x=t^2-1, dx=2t dt.$$

当 $x=0$ 时，$t=1$；当 $x=3$ 时，$t=2$，于是有

$$\int_0^3 \frac{x}{\sqrt{1+x}}dx = \int_1^2 \frac{t^2-1}{t}\times 2t dt = 2(\frac{t^3}{3}-t)\Big|_1^2 = \frac{8}{3}.$$

应用换元积分公式计算定积分时，须注意：用 $x=\varphi(t)$ 把原来的积分变量 x 代换成新变量 t 时，积分上下限也要换成相应于新变量 t 的积分上下限，即"**换元必换限**".

例 8 求 $\int_0^{\frac{\pi}{2}} \sin^4 x \cos x dx$.

解 设 $\sin x = t$，则

$$\cos x dx = d\sin x = dt.$$

当 $x=0$ 时，$t=0$；当 $x=\frac{\pi}{2}$ 时，$t=1$，于是有

$$\int_0^{\frac{\pi}{2}} \sin^4 x \cos x dx = \int_0^1 t^4 dt = \frac{t^5}{5}\Big|_0^1 = \frac{1}{5}.$$

如果用凑微分法和牛顿-莱布尼茨公式求定积分可以更方便些，既不引入新的积分变量，积分的上、下限也不需要作相应的变换，也就是说"不换元也不换限"．即

$$\int_0^{\frac{\pi}{2}} \sin^4 x \cos x dx = \int_0^{\frac{\pi}{2}} \sin^4 x d\sin x = \frac{1}{5}\sin^5 x \Big|_0^{\frac{\pi}{2}} = \frac{1}{5}.$$

例 9 求 $\int_1^e \frac{1+\ln x}{x}dx$.

解 $\int_1^e \frac{1+\ln x}{x}dx = \int_1^e (1+\ln x)d(1+\ln x) = \frac{1}{2}(1+\ln x)^2 \Big|_1^e = \frac{3}{2}.$

三、定积分的分部积分法

由不定积分的分部积分公式及牛顿-莱布尼茨公式，可得到下面的定理．

定理 3 设函数 $u(x)$，$v(x)$ 在区间 $[a,b]$ 上具有连续导数，那么

$$\int_a^b u dv = uv\Big|_a^b - \int_a^b u dv.$$

上述公式称为**定积分的分部积分公式**.

例 10 求 $\int_0^\pi x\cos x\,\mathrm{d}x$.

解 $\int_0^\pi x\cos x\,\mathrm{d}x = \int_0^\pi x\,\mathrm{d}\sin x = x\sin x\Big|_0^\pi - \int_0^\pi \sin x\,\mathrm{d}x = 0 + \cos x\Big|_0^\pi = -2.$

例 11 求 $\int_0^1 x\mathrm{e}^x\,\mathrm{d}x$.

解 $\int_0^1 x\mathrm{e}^x\,\mathrm{d}x = \int_0^1 x\,\mathrm{d}\mathrm{e}^x = x\mathrm{e}^x\Big|_0^1 - \int_0^1 \mathrm{e}^x\,\mathrm{d}x = \mathrm{e} - (\mathrm{e}-1) = 1.$

例 12 求 $\int_0^{\mathrm{e}-1} \ln(1+x)\,\mathrm{d}x$.

解 $\int_0^{\mathrm{e}-1} \ln(1+x)\,\mathrm{d}x = x\ln(1+x)\Big|_0^{\mathrm{e}-1} - \int_0^{\mathrm{e}-1} \frac{x}{1+x}\,\mathrm{d}x.$

$= (\mathrm{e}-1) - \int_0^{\mathrm{e}-1}\left(1 - \frac{1}{1+x}\right)\mathrm{d}x$

$= (\mathrm{e}-1) - [x - \ln(1+x)]\Big|_0^{\mathrm{e}-1}$

$= 1.$

习题 5-3

1. 选择题.

(1) 定积分 $\int_a^b f(x)$ 的值取决于（　　）.

A. 积分区间 $[a,b]$ 与积分变量 x.

B. 被积函数 $f(x)$ 与积分区间 $[a,b]$.

C. 被积函数 $f(x)$.

D. 积分上限 b 与积分下限 a.

(2) 下列积分中可以使用牛顿-莱布尼茨公式的是（　　）.

A. $\int_0^1 x\mathrm{e}^x\,\mathrm{d}x$　　B. $\int_{-1}^1 \frac{1}{1-x^2}\mathrm{d}x$　　C. $\int_0^3 \frac{1}{x-1}\mathrm{d}x$　　D. $\int_{\frac{1}{\mathrm{e}}}^\mathrm{e} \frac{1}{x\ln x}\mathrm{d}x$

2. 填空题.

(1) 若 $\int_0^a x^2\,\mathrm{d}x = 9$, 则 $a = $ _____.

(2) $\int_{-\sqrt{3}}^{\sqrt{3}} x^2\sin x\,\mathrm{d}x = $ _____.

3. 计算下列定积分.

(1) $\int_1^3 \frac{\mathrm{d}x}{\sqrt{x}}$;　　　　　　　　(2) $\int_1^2 \frac{1}{x}\mathrm{d}x$;

(3) $\int_0^2 |1-x|\,\mathrm{d}x$;　　　　　　(4) $\int_0^{\frac{\pi}{2}} \sin\theta\cos^5\theta\,\mathrm{d}\theta$;

(5) $\int_0^1 x\mathrm{e}^{-x}\,\mathrm{d}x$;　　　　　　　(6) $\int_0^{\sqrt{3}} x\arctan x\,\mathrm{d}x$;

(7) $\int_0^{2\pi} x^2 \cos x \, dx$;

(8) $\int_1^{e^2} \dfrac{dx}{x\sqrt{1+\ln x}}$;

(9) $\int_0^1 \dfrac{\arctan x}{1+x^2} dx$;

(10) $\int_0^{\ln 2} \sqrt{e^x - 1} \, dx$.

第四节　定积分的应用

定积分不仅限用于分析和解决曲边梯形的面积和变速直线运动的路程的问题，在几何、物理等领域的诸多方面也有着广泛的应用．在定积分的应用中，经常采用的方法是微元法．本节将利用微元法来解决平面图形的面积和旋转体的体积以及在物理方面的应用问题．

一、定积分的微元法

为了说明这种方法，让我们通过剖析曲边梯形面积的确定过程来探讨微元法的本质．

设函数 $y=f(x)$ 在区间 $[a,b]$ 上连续，且 $f(x)\geqslant 0$，则以曲线 $y=f(x)$ 为曲边，$[a,b]$ 为底的曲边梯形的面积 A 可表示为

$$A = \int_b^a f(x) dx.$$

计算的具体步骤是：

1. 分割

任取点 $a=x_0<x_1<x_2<\cdots<x_{i-1}<x_i<\cdots<x_{n-1}<x_n=b$ 将曲边梯形的底分成 n 个小区间，每个小区间 $[x_{i-1}, x_i]$ 的长度为 Δx_i $(i=1,2,\cdots,n)$，过每个分点分别作 x 轴的垂线，把整个曲边梯形分成 n 个小曲边梯形，其中第 i 个小曲边梯形的面积为 ΔA_i，于是有

$$A = \sum_{i=1}^n \Delta A_i.$$

2. 替代

在第 i 个小曲边梯形的底 $[x_{i-1}, x_i]$ 上任取一点 ξ_i $(x_{i-1}\leqslant \xi_i \leqslant x_i)$，以 $f(\xi_i)$ 代替变动的高 $f(x)$，用相应小矩形的面积近似代替小曲边梯形面积，即

$$\Delta A_i \approx f(\xi_i)\Delta x_i, i=1,2,\cdots,n.$$

3. 求和

把 n 个小矩形面积相加即得曲边梯形面积 A 的近似值，即

$$A = \sum_{i=1}^n \Delta A_i \approx \sum_{i=1}^n f(\xi_i)\Delta x_i.$$

4. 取极限

记 $\lambda = \max\limits_{1\leqslant i\leqslant n}\{\Delta x_i\}$，当 $\lambda \to 0$ 时，这个和式极限就是曲边梯形面积 A，即

$$A = \lim_{\lambda \to 0} \sum_{i=1}^n f(\xi_i)\Delta x_i = \int_b^a f(x) dx.$$

把上述解决问题的过程用微积分语言来叙述就可得到使用方便的微元法,如下:

在区间$[a,b]$上任取一微区间$[x,x+\mathrm{d}x]$,整体量S在区间$[x,x+\mathrm{d}x]$上的改变量ΔS有近似值$\Delta S \approx \mathrm{d}S$,其中$\mathrm{d}S = f(x)\mathrm{d}x$称为整体量$S$的微分元素,简称为微元.整体量$S$就是在$[a,b]$上将这些微元无限累加,即

$$S = \int_a^b \mathrm{d}S = \int_a^b f(x)\mathrm{d}x.$$

下面利用微元法来介绍定积分的一些应用.

二、平面图形的面积

前面已经解决了曲边梯形面积的计算,即由曲线$y=f(x)$,直线$x=a$和$x=b$,$y=0$所围图形的面积为

$$S = \int_a^b f(x)\mathrm{d}x.$$

现在讨论一般情形:

设在区间$[a,b]$上的两个连续函数$f(x)$与$g(x)$ $[f(x) \geqslant g(x)]$,要计算曲线$y=f(x)$,$y=g(x)$及两直线$x=a$,$x=b$所围成的平面图形的面积S.

具体做法如下:

(1) 根据题意选取积分变量(假设x为积分变量),确定积分区间$[a,b]$.

(2) 在区间$[a,b]$上任取一微区间$[x,x+\mathrm{d}x]$,找出所求量的部分量在其上的近似值$\mathrm{d}S = f(x)\mathrm{d}x$.

(3) 以$\mathrm{d}S = f(x)\mathrm{d}x$为被积表达式,在区间$[a,b]$上做积分,得

$$S = \int_a^b f(x)\mathrm{d}x.$$

例1 求由两条抛物线$y^2 = x$与$y = x^2$所围成的图形的面积.

解 两曲线所围成的图形如图5-4所示,由方程

$$\begin{cases} y = x^2 \\ y^2 = x \end{cases}$$

解得两曲线的交点为(0,0)及(1,1),从而确定积分区间为[0,1],则所求面积为

$$A = \int_0^1 (\sqrt{x} - x^2)\mathrm{d}x = \left(\frac{2}{3}x^{\frac{3}{2}} - \frac{1}{3}x^3\right)\Big|_0^1 = \frac{1}{3}.$$

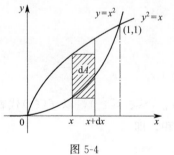

图 5-4

三、旋转体的体积

旋转体指的是由一个平面图形绕着平面内一条直线旋转一周而成的立体,这条直线叫**旋转轴**.常见的旋转体有圆柱、圆锥、圆台、球体等.

如图5-5所示,旋转体都可以看作是由连续曲线$y=f(x)$,直线$x=a$,直线$x=b$及x轴所围成的曲边梯形绕x轴旋转一周而成的立体.

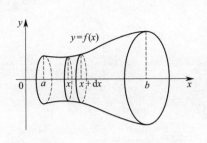

图 5-5

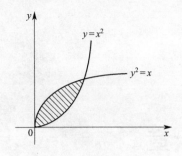

图 5-6

取 x 为积分变量，积分区间为 $[a,b]$，相应于 $[a,b]$ 上的任一小区间 $[x,x+dx]$ 的窄曲边梯形绕 x 轴旋转而成的薄片的体积近似于以 $f(x)$ 为底半径、dx 为高的扁圆柱体的体积，即体积微元. 以 $\pi[f(x)]^2 dx$ 为被积表达式，在闭区间 $[a,b]$ 上作定积分，便得到所求旋转体体积的计算公式为：

$$V_x = \int_a^b \pi y^2 dx = \int_a^b \pi [f(x)]^2 dx.$$

例 2 求由 $y^2 = x$ 与 $y = x^2$ 所围成的图形绕 y 轴旋转所成的旋转体的体积.

解 由于绕 y 轴旋转，取积分变量为 y.

解方程组 $\begin{cases} y = x^2 \\ y^2 = x \end{cases}$ 得两曲线的交点为 (0，0) 及 (1，1)，积分区间为 [0，1]（图 5-6）.

在 [0，1] 上任取一小区间 $[y, y+dy]$，与它相应的薄片体积近似为 $\pi y dy - \pi y^4 dy$.

从而得到体积微元为 $dV = \pi (y - y^4) dy$.

则所求旋转体的体积为

$$V = \pi \int_0^1 (y - y^4) dy = \pi \left(\frac{y^2}{2} - \frac{y^5}{5} \right) \Big|_0^1 = \frac{3}{10} \pi.$$

习题 5-4

1. 求抛物线 $y = x^2 - 1$ 与直线 $y = x + 1$ 所围成的平面图形的面积.

2. 求由曲线 $xy = a(a > 0)$，与直线 $x = a$，$x = 2a$ 及 x 轴所围成的图形绕 x 轴旋转一周所形成的旋转体的体积.

3. 为充分利用土地进一步美化城市，某城市的街边公园形状由抛物线 $y^2 = 2x$ 与直线 $y = x - 4$ 所围成，求此公园的面积.

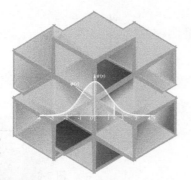

第六章

微分方程

在科学研究和工程实践中,经常需要探求有关变量之间的函数关系,但是在解决一些实际问题的时候,所需函数关系往往不能直接得到,而它们的导数或微分间的关系却比较容易用相应的关系式建立起来,这种含有未知函数的导数或微分的关系式叫做微分方程,由这个关系式求出未知函数的过程叫做解微分方程.

本章我们将介绍微分方程的基本概念和常见的几种微分方程的解法.

第一节 微分方程的概念

一、微分方程概念的引出

例1 一曲线过点 (1, 2),且该曲线上任意一点 $M(x,y)$ 处切线的斜率为 $2x$,求该曲线方程.

解 设曲线方程为 $y=y(x)$,由题意知 $y=y(x)$ 应满足方程

$$\frac{\mathrm{d}y}{\mathrm{d}x}=2x. \tag{6-1}$$

未知函数 $y=y(x)$ 还应满足下列条件

$$y|_{x=1}=2. \tag{6-2}$$

将 (6-1) 改写为 $\mathrm{d}y=2x\mathrm{d}x$,对其两边积分得

$$y=\int 2x\mathrm{d}x=x^2+C. \tag{6-3}$$

其中 C 为任意常数,把式 (6-2) 代入式 (6-3),得 $2=1^2+C$,从而 $C=1$,于是便得所求曲线方程为

$$y=x^2+1 \tag{6-4}$$

二、微分方程的基本概念

在例1中,式 (6-1) 含有未知函数的导数,这样的方程是微分方程,一般地有如下定义

定义1 含有自变量、未知函数以及未知函数的导数(或微分)的方程称为**微分方程**,

其一般形式为
$$f(x,y,y',y'',\cdots,y^{(n)})=0 \tag{6-5}$$

定义 2 在微分方程(6-5)中未知函数的导数的最高阶数 n 称为微分方程(6-5)的阶，此时微分方程(6-5)称为 n 阶微分方程．

例如，$y''-\dfrac{2}{x}+y'+xy=0$、$y''-\sqrt{xy}=x^3$、$\dfrac{d^2s}{dt^2}=g$ 都是二阶微分方程；而 $e^{2x+4y}dy-dx=0$、$(y')^2-2x^2=1$、$2xy'-y=0$ 都是一阶微分方程．

定义 3 如果将某函数及其导数或微分代入微分方程能使方程两端恒等，则称此函数为微分方程的**解**；求微分方程的解的过程叫做**解微分方程**．

例如，$y=x^2+1$、$y=x^2+5$、$y=x^2+C$ 都是微分方程 $\dfrac{dy}{dx}=2x$ 的解，但是这些方程是有区别的，$y=x^2+1$、$y=x^2+5$ 中不含有任意常数，$y=x^2+C$ 中含有任意常数．

定义 4 若微分方程的解中含有任意常数，并且含有任意常数的个数与微分方程的阶数相同，则这个解叫做该微分方程的**通解**．

定义 5 若微分方程的解中不含有任意常数，则这个解叫做该微分方程的**特解**．

通常，特解是根据已给定的条件确定通解中的任意常数而得到的．例如，$y=x^2+1$ 是微分方程 $\dfrac{dy}{dx}=2x$ 的特解，它是通过条件 $y|_{x=1}=2$ 确定通解 $y=x^2+C$ 中的任意常数 C 得到的．我们称 $y=x^2+1$ 是微分方程 $\dfrac{dy}{dx}=2x$ 满足条件 $y|_{x=1}=2$ 的特解．

定义 6 用来确定通解中的任意常数而得到特解的已给条件叫做初始条件．

例 2 验证 $s=\dfrac{1}{2}gt^2+C_1t+C_2$ 是微分方程 $\dfrac{d^2s}{dt^2}=g$ 的解，并说明是微分方程的通解还是特解？

解 由于 $s=\dfrac{1}{2}gt^2+C_1t+C_2$ 的导数为 $\dfrac{ds}{dt}=gt+C_1$，因此 $\dfrac{d^2s}{dt^2}=g$，所以 $s=\dfrac{1}{2}gt^2+C_1t+C_2$ 是微分方程 $\dfrac{d^2s}{dt^2}=g$ 的解．由于 $s=\dfrac{1}{2}gt^2+C_1t+C_2$ 中含有任意常数 C_1 和 C_2，而微分方程 $\dfrac{d^2s}{dt^2}=g$ 又是二阶的，所以 $s=\dfrac{1}{2}gt^2+C_1t+C_2$ 是微分方程 $\dfrac{d^2s}{dt^2}=g$ 的通解．

例 3 验证函数 $y=C_1x+C_2e^x$ 是微分方程 $(1-x)y''+xy'-y=0$ 的通解，并求满足初始条件 $y|_{x=0}=-1$，$y'|_{x=0}=1$ 的特解．

解 对 $y=C_1x+C_2e^x$ 求导数，得
$$y'=C_1+C_2e^x,$$
$$y''=C_2e^x,$$

将 y''，y' 和 y 代入微分方程 $(1-x)y''+xy'-y=0$ 中有
$(1-x)y''+xy'-y=(1-x)C_2e^x+x(C_1+C_2e^x)-(C_1x+C_2e^x)=0$．所以 $y=C_1x+C_2e^x$ 是微分方程 $(1-x)y''+xy'-y=0$ 的解，由于函数 $y=C_1x+C_2e^x$ 中含有两个任意

常数，而微分方程 $(1-x)y''+xy'-y=0$ 是二阶微分方程，所以，函数 $y=C_1x+C_2e^x$ 是微分方程 $(1-x)y''+xy'-y=0$ 的通解.

由 $y|_{x=0}=-1$ 得 $C_2=-1$，

由 $y'|_{x=0}=1$ 得 $C_1+C_2=1$，可得 $C_1=2$.

于是所求微分方程的特解是 $y=2x-e^x$.

习题 6-1

1. 指出下列微分方程的阶数.

(1) $xy^{(3)}-3x^2y+y^3=0$； (2) $(y'')^3+xy^{(3)}-y^3=1$；

(3) $(\dfrac{dy}{dx})^2+e^y=x^4$； (4) $(y')^3-2xy'+x^3=0$.

2. 验证下列函数是否是对应微分方程的解，并指出是否是该微分方程的通解.

(1) $\dfrac{dy}{dx}=(x+y)^2, y=\tan(x+c)-x$；

(2) $y''-\dfrac{2}{x}y'+\dfrac{2}{x^2}y=0, y=C_1x+C_2x^2$.

3. 求下列微分方程满足条件的特解.

(1) $y'-(2x-1)^2=0$，$y|_{x=0}=1$；

(2) $y''-6x-12=0$，$\dfrac{dy}{dx}|_{x=0}=0$，$y|_{x=1}=2$.

第二节 一阶微分方程

就微分方程而言，解一阶微分方程是最简单的，但是，大多数的一阶微分方程有时还是难以求解的. 本章中我们来讨论可以求解的两种一阶微分方程——可分离变量的微分方程和一阶线性微分方程.

一、可分离变量的微分方程

例1 求解微分方程 $y'=2xy^2$.

解 由于 $y'=\dfrac{dy}{dx}$，故方程 $y'=2xy^2$ 等价于 $\dfrac{dy}{dx}=2xy^2$，把 y 与 x 左右分离变量，得

$$\dfrac{dy}{y^2}=2x\,dx,$$

把左、右两端分别积分

$$\int\dfrac{dy}{y^2}=\int 2x\,dx, 得 -\dfrac{1}{y}=x^2+C,$$

最后得到

$$y=-\dfrac{1}{x^2+C}.$$

我们把形如或可化为形如
$$\frac{dy}{dx}=f(x)g(x) \tag{6-6}$$
的一阶微分方程称为**可分离变量的微分方程**，这里 $f(x),g(x)$ 都是已知的连续函数.

可分离变量的微分方程的求解可以按以下步骤进行：

(1) 分离变量　将 $\frac{dy}{dx}=f(x)g(x)$ 一端化成只含有 y 的函数和 dy，另一端只含有 x 的函数和 dx，即
$$\frac{1}{g(y)}dy=f(x)dx \quad [g(y)\neq 0].$$

(2) 两端积分
$$\int \frac{1}{g(y)}dy = \int f(x)dx + C.$$

这就是微分方程 (6-6) 的通解，其中 C 为任意常数.

例 2　求微分方程 $\frac{1}{y}dx+\frac{1}{x}dx=0$ 的通解及 $y|_{x=1}=2$ 的通解.

解　将方程分离变量，得
$$ydy=-xdx,$$
两端同时积分，得
$$\int ydy = \int (-x)dx,$$
即
$$\frac{1}{2}y^2=-\frac{1}{2}x^2+C_1,$$
令 $C=2C_1$，简化得
$$x^2+y^2=C,$$
将初始条件 $y|_{x=1}=2$ 代入通解，求得 $C=5$，所以 $x^2+y^2=5$ 为方程满足所给初始条件的特解.

例 3　求 $x(y^2+1)dx+y(x^2+1)dy=0$ 的特解及 $y|_{x=0}=1$ 的特解.

解　将方程分离变量，得
$$\frac{x}{x^2+1}dx=\frac{y}{y^2+1}dy,$$
两端积分得
$$\int \frac{x}{x^2+1}dx = \int \frac{y}{y^2+1}dy,$$
$$\frac{1}{2}\ln(x^2+1)=\frac{1}{2}\ln(y^2+1)+C_1,$$
或
$$(x^2+1)=e^{2C_1}(y^2+1).$$
令 $C=e^{2C_1}$，得方程的通解为
$$x^2+1=C(y^2+1).$$

例 4　在氧气充足的条件下，酵母的增长规律是：酵母增长速率与酵母现有量成正比，设在时刻 t 酵母的现有量为 A，求现有量 A 与时间 t 的函数关系. 又假定酵母开始发酵后，

经过 2 个小时其质量为 4g，经过 3 个小时其质量为 6g，试计算发酵前酵母的量.

解 酵母的增长率就是酵母的现有量 A 对时间 t 的导数 $\dfrac{\mathrm{d}A}{\mathrm{d}t}$，由已知条件得

$$\frac{\mathrm{d}A}{\mathrm{d}t}=rA\,(其中\,r\,为正常数).$$

分离变量得

$$\frac{1}{A}\mathrm{d}A=r\mathrm{d}t,$$

两边积分得

$$\ln A=rt+\ln C,$$

即

$$A=C\mathrm{e}^{rt}.$$

由已知条件 $A\mid_{t=2}=4$，$A\mid_{t=3}=6$，得 $C=\dfrac{16}{9}$，$r=\ln\dfrac{3}{2}$. 从而得 $A=\dfrac{16}{9}\mathrm{e}^{t\ln\frac{3}{2}}$，若设发酵前的酵母量为 A_0，则当 $t=0$ 时，$A_0=\dfrac{16}{9}$.

因此发酵前的酵母量为 $\dfrac{16}{9}$g.

二、一阶线性微分方程

一阶线性微分方程的一般形式为

$$y'+P(x)y=Q(x) \tag{6-7}$$

其中 $P(x)$ 和 $Q(x)$ 都是已知连续函数，y' 和 y 都是一次的.

如果 $Q(x)\equiv 0$，则方程具有形式为

$$y'+P(x)y=0 \tag{6-8}$$

称方程 (6-8) 为**齐次线性方程**；如果 $Q(x)\neq 0$，则称方程 (6-7) 为**非齐次线性方程**. 显然对于齐次线性方程

$$y'+P(x)y=0,$$

可利用分离变量的方法解：

$$\frac{\mathrm{d}y}{y}=-P(x)\mathrm{d}x,$$

$$\ln|y|=-\int P(x)\mathrm{d}x+\ln C,$$

$$y=C\mathrm{e}^{-\int P(x)\mathrm{d}x}.$$

对于非齐次线性方程，我们把齐次线性方程中的通解中的 C 换成 x 的未知函数 $C(x)$，即设

$$y=C(x)\mathrm{e}^{-\int P(x)\mathrm{d}x},$$

对其求导得

$$y'=-P(x)C(x)\mathrm{e}^{-\int P(x)\mathrm{d}x}+\frac{\mathrm{d}C(x)}{\mathrm{d}x}\mathrm{e}^{-\int P(x)\mathrm{d}x},$$

将上式代入式 (6-7) 得：

$$\frac{\mathrm{d}C(x)}{\mathrm{d}x}\mathrm{e}^{-\int P(x)\mathrm{d}x}=Q(x),$$

即

$$\frac{\mathrm{d}C(x)}{\mathrm{d}x}=Q(x)\mathrm{e}^{-\int P(x)\mathrm{d}x},$$

$$C(x)=\int Q(x)\mathrm{e}^{-\int P(x)\mathrm{d}x}\mathrm{d}x+C,$$

故方程 (6-7) 的解为：

$$y=\mathrm{e}^{-\int P(x)\mathrm{d}x}\left[\int Q(x)\mathrm{e}^{\int P(x)\mathrm{d}x}\mathrm{d}x+C\right], \tag{6-9}$$

其中 C 为任意常数.

以上求解方程 $y'+P(x)y=Q(x)$ 的方法叫做**常数变易法**.

将 (6-9) 改写成两项之和

$$y=C\mathrm{e}^{-\int P(x)\mathrm{d}x}+\mathrm{e}^{-\int P(x)\mathrm{d}x}\int Q(x)\mathrm{e}^{\int P(x)\mathrm{d}x}\mathrm{d}x,$$

上式右端第一项是对应齐次方程 (6-8) 的通解，第二项是原非齐次方程的一个特解，由此可知，一阶线性非齐次方程的通解等于对应齐次方程的通解与非齐次方程的一个特解之和.

例 5 求微分方程 $y'+\dfrac{y}{x}=2\ln x+1$ 的通解.

解 对应的齐次方程为

$$y'+\frac{y}{x}=0.$$

即

$$\frac{1}{y}\mathrm{d}y=-\frac{1}{x}\mathrm{d}x,$$

两边积分得

$$y=\frac{C}{x},$$

变易常数，设

$$y=\frac{C(x)}{x},$$

对其求导，得

$$y'=\frac{xC'(x)-C(x)}{x^2},$$

代入欲求方程得

$$\frac{1}{x}\times\frac{\mathrm{d}C(x)}{\mathrm{d}x}-\frac{C(x)}{x^2}+\frac{1}{x}\times\frac{C(x)}{x}=2\ln x+1,$$

$$\frac{\mathrm{d}C(x)}{\mathrm{d}x}=x(2\ln x+1),$$

即

$$C(x)=\int(2x\ln x+x)\mathrm{d}x$$

$$=\left(x^2\ln x-\frac{1}{2}x^2\right)+\frac{1}{2}x^2+C$$

$$= x^2 \ln x + C,$$

故原方程的解为

$$y = \frac{C(x)}{x} = \frac{1}{x}(x^2 \ln x + C)$$

$$= x \ln x + \frac{C}{x}.$$

例 6 求微分方程 $x \dfrac{dy}{dx} + y = \cos x$ 满足初始条件 $y \big|_{x=\frac{\pi}{2}} = \dfrac{4}{\pi}$ 的特解.

解 将原方程化为

$$\frac{dy}{dx} + \frac{1}{x} y = \frac{\cos x}{x},$$

则

$$P(x) = \frac{1}{x}, Q(x) = \frac{\cos x}{x},$$

直接根据公式 (6-9) 得

$$y = e^{-\int \frac{1}{x} dx} \left[\int \frac{\cos x}{x} e^{\int \frac{1}{x} dx} dx + C \right]$$

$$= \frac{1}{x} \left(\int \frac{\cos x}{x} x \, dx + C \right)$$

$$= \frac{1}{x} (\sin x + C).$$

由初始条件 $y = \big|_{x=\frac{\pi}{2}} = \dfrac{4}{\pi}$, 得 $C = 1$, 从而, 所求方程的特解为

$$y = \frac{1}{x} (\sin x + 1).$$

习题 6-2

求下列微分方程的通解或给定条件下的特解：

1. $x \sqrt{1-y^2} \, dx + y \sqrt{1-x^2} \, dy = 0$;
2. $(1+x^2) y' = \arctan x$;
3. $y' = e^{2x-y}$, $y \big|_{x=0} = 0$;
4. $xy' + y - x \sin x = 0$;
5. $y' - 2xy = 3x^2 e^{x^2}$;
6. $y' + 2y + e^{-2x} \sin x = 0$, $y \big|_{x=0} = -1$.

第三节 可降阶的微分方程

二阶及二阶以上的微分方程称为高阶微分方程, 在高阶微分方程中, 某些特殊的微分方程可以通过适当的变换或应用降阶法, 转化为一阶的微分方程求解.

一、$y^{(n)} = f(x)$ 型的微分方程

方程
$$y^{(n)} = f(x) \tag{6-10}$$
的右端仅含自变量，所以可以将方程写成
$$d^{(n-1)}y = f(x)dx,$$
两边积分，得
$$y^{(n-1)} = \int f(x)dx + C_1. \tag{6-11}$$
这是一个 $n-1$ 阶的微分方程，比式 (6-10) 降了一阶，若将上式改写成
$$d^{(n-2)}y = \left(\int f(x)dx + C_1\right)dx,$$
两边积分，得
$$y^{(n-2)} = \int \left(\int f(x)dx\right)dx + C_1 x + C_2.$$
这是一个 $n-2$ 阶的微分方程，比式 (6-11) 又降了一阶，以此类推，连续积 n 分次，便得到方程 (6-10) 的含有 n 个任意常数的通解。

例1 求 $y''' = \cos x$ 的通解。

解 对方程两端积分一次，得
$$y'' = \sin x + C_1',$$
第二次积分，得
$$y' = -\cos x + C_1' x + C_2,$$
积分三次得方程的通解为
$$y = -\sin x + \frac{C_1'}{2}x^2 + C_2 x + C_3,$$
令 $C_1 = \dfrac{C_1'}{2}$，则原方程的通解为
$$y = -\sin x + C_1 x^2 + C_2 x + C_3.$$

例2 求 $y''' = e^{\alpha x}$ 满足初始条件 $y|_{x=1} = y'|_{x=1} = y''|_{x=1} = 0$ 的特解。

解 将微分方程两边积分，得
$$y'' = \frac{1}{\alpha}e^{\alpha x} + C_1,$$
应用初始条件，得 $C_1 = -\dfrac{1}{\alpha}e^{\alpha}$。所以有
$$y'' = \frac{1}{\alpha}e^{\alpha x} - \frac{1}{\alpha}e^{\alpha},$$
再次两边积分，得
$$y' = \frac{1}{\alpha^2}e^{\alpha x} - \frac{1}{\alpha}e^{\alpha} x + C_2,$$
将初始条件代入得 $C_2 = \left(\dfrac{1}{\alpha} - \dfrac{1}{\alpha^2}\right)e^{\alpha}$，代入上式并积分，得

$$y = \frac{1}{\alpha^3} e^{\alpha x} - \frac{1}{2\alpha} e^{\alpha} x^2 + \left(\frac{1}{\alpha} - \frac{1}{\alpha^2}\right) e^{\alpha} x + C_3,$$

由初始条件确定 $C_3 = \left(\frac{1}{\alpha^2} - \frac{1}{\alpha^3} - \frac{1}{2\alpha}\right) e^{\alpha}$，得到方程的特解为

$$y = \frac{1}{\alpha^3} e^{\alpha x} - \frac{1}{2\alpha} e^{\alpha} x^2 + \left(\frac{1}{\alpha} - \frac{1}{\alpha^2}\right) e^{\alpha} x + \left(\frac{1}{\alpha^2} - \frac{1}{\alpha^3} - \frac{1}{2\alpha}\right) e^{\alpha}.$$

二、$y'' = f(x, y')$ 型的微分方程

方程 $y'' = f(x, y')$ 右端不含未知函数 y，所以设 $y' = p(x)$，则 $y'' = p'(x)$，代入方程得

$$p'(x) = f(x, p).$$

这是一个关于变量 x, p 的一阶微分方程，设其通解为 $p = g(x, C_1)$，$p = \frac{dy}{dx}$，于是有

$$\frac{dy}{dx} = g(x, C_1),$$

两边积分，便得方程的通解为

$$y = \int g(x, C_1) dx + C_2.$$

例3 求微分方程 $(1 + x^2) y'' = 2x y'$ 的通解．

解 令 $y' = p(x)$，则方程可化为

$$(1 + x^2) p' = 2xp,$$

分离变量，得

$$\frac{dp}{p} = \frac{2x}{1 + x^2} dx,$$

两边积分，得

$$p = \frac{dy}{dx} = C_1 (1 + x^2),$$

两边积分，得方程的通解为

$$y = C_1 \left(x + \frac{1}{3} x^3\right) + C_2.$$

例4 求微分方程 $y'' + \frac{1}{x} y' = x (x > 0)$ 满足初始条件 $y\big|_{x=1} = 3$，$y'\big|_{x=1} = 1$ 的特解．

解 令 $y' = p(x)$ 则方程可化为

$$p' + \frac{1}{x} \times p = x,$$

这是一个一阶线性微分方程，利用常数变易法，得

$$p = \frac{dy}{dx} = e^{-\int \frac{1}{x} dx} \left[\int x e^{\int \frac{1}{x} dx} + C_1\right] = e^{-\ln x} \left[\int x e^{\ln x} dx + C_1\right]$$

$$= \frac{1}{x} \left(\frac{x^3}{3} + C_1\right) = \frac{x^2}{3} + \frac{C_1}{x},$$

由初始条件 $y'|_{x=1}=1$，得 $C_1=\dfrac{2}{3}$.

所以
$$\frac{\mathrm{d}y}{\mathrm{d}x}=\frac{x^2}{3}+\frac{2}{3x}$$

两边积分，得
$$y=\int\left(\frac{x^2}{3}+\frac{2}{3x}\right)\mathrm{d}x=\frac{1}{9}x^3+\frac{2}{3}\ln x+C_2,$$

将初始条件 $y|_{x=1}=3$ 代入上式得 $C_2=\dfrac{26}{9}$，所以方程的特解为
$$y=\frac{1}{9}x^3+\frac{2}{3}\ln x+\frac{26}{9}.$$

三、$y''=f(y,y')$ 型的微分方程

方程 $y''=f(y,y')$ 的右端不含 x，根据这一特点，我们设 $y'=p(y)$，利用复合函数的求导方法，将 y'' 化为对 y 的导数，即
$$y''=\frac{\mathrm{d}p}{\mathrm{d}x}=\frac{\mathrm{d}p}{\mathrm{d}y}\times\frac{\mathrm{d}y}{\mathrm{d}x}=p\frac{\mathrm{d}p}{\mathrm{d}y},$$

代入方程 $y''=f(y,y')$ 中得到一阶微分方程
$$p\frac{\mathrm{d}p}{\mathrm{d}y}=f(y,p),$$

这是一个关于变量 y，p 的一阶微分方程，设其通解为 $p=g(y,C_1)$，而 $p=\dfrac{\mathrm{d}y}{\mathrm{d}x}$，于是有
$$\frac{\mathrm{d}y}{\mathrm{d}x}=g(y,C_1),$$

这是一个可分离变量的一阶微分方程，分离变量并积分，得方程 $y''=f(y,y')$ 的通解为
$$\int\frac{1}{g(y,C_1)}\mathrm{d}y=x+C_2.$$

例 5 求微分方程 $2yy''+(y')^2=0$ 的通解.

解 设 $p=\dfrac{\mathrm{d}y}{\mathrm{d}x}$，$y''=p\dfrac{\mathrm{d}p}{\mathrm{d}y}$，则方程可化为
$$2yp\frac{\mathrm{d}p}{\mathrm{d}y}+p^2=0,$$

由上式得 $p=0$ 和 $2y\dfrac{\mathrm{d}p}{\mathrm{d}y}+p=0$. 将第二个方程分离变量并积分，得
$$\ln|p|=-\frac{1}{2}\ln|y|+\ln|C_1| \text{ 或 } p=\frac{C_1}{\sqrt{|y|}},$$

当 $C_1=0$ 时，$p=0$，此时 $y=C$ 为特解，因此，只要解微分方程
$$\frac{\mathrm{d}y}{\mathrm{d}x}=\frac{C_1}{\sqrt{|y|}}$$

即可. 对微分方程按 $y>0$，$y<0$ 分别分离变量及积分，最后的通解

$$y = \begin{cases} (C_1 x + C_2)^{\frac{2}{3}} & (y>0) \\ -(C_1 x + C_2)^{\frac{2}{3}} & (y<0) \end{cases}.$$

可以验证 $y=C$ 也是该方程的解.

例6 求微分方程 $(y-1)y'' = 2(y')^2$ 的通解.

解 设 $p = \dfrac{dy}{dx}$, $y'' = p\dfrac{dp}{dy}$, 则方程化为

$$(y-1)p\frac{dp}{dy} = 2p^2,$$

当 $p \neq 0$ 时,有

$$\frac{dp}{p} = \frac{2dy}{y-1},$$

两边积分,得 $\ln|p| = 2\ln|y-1| + \ln|C_1|$,故

$$p = C_1(y-1)^2,$$

即有

$$\frac{dy}{dx} = C_1(y-1)^2,$$

分离变量并积分,得

$$-\frac{1}{1-y} = C_1 x + C_2,$$

由于 C_1, C_2 为任意常数,所以 $\dfrac{1}{y-1} = C_1 x + C_2$,

故有

$$y = \frac{1}{C_1 x + C_2} + 1,$$

当 $p \equiv 0$ 时,由 $\dfrac{dy}{dx} = 0$ 得 $y = C$.

这个解就是上面求解的解中 $C_1 = 0$ 的情况,故方程的通解为

$$y = \frac{1}{C_1 x + C_2} + 1.$$

习题 6-3

求下列二阶微分方程的通解或在给定初始条件下的特解:

1. $y'' = \dfrac{\ln x}{x^2}$, $y|_{x=1} = 0$, $y'|_{x=1} = 1$;
2. $y'' = 2x e^x$;
3. $y'' - y' = 0$;
4. $xy'' - y' = xy'$, $y|_{x=1} = 1$, $y'|_{x=1} = e$.

第四节 二阶常系数线性微分方程

我们把形如

$$y'' + P(x)y' + Q(x)y = f(x) \tag{6-12}$$

的微分方程,称为**二阶线性微分方程**,其中 $P(x)$、$Q(x)$、$f(x)$ 都是连续函数.

当 $f(x) \neq 0$ 时,方程(6-12)称为**二阶非齐次线性微分方程**;当 $f(x) = 0$ 时,方程(6-12)称为**二阶齐次线性微分方程**.

当 $P(x)$、$Q(x)$ 均为常数时,方程(6-12)称为**二阶常系数线性微分方程**,它的一般形式为

$$y'' + py' + qy = f(x).$$

在本节中,我们将重点讨论形如

$$y'' + py' + qy = 0 \tag{6-13}$$

的二阶常系数线性齐次微分方程.

下面,我们将先建立这种方程解的结构理论.

一、二阶线性齐次微分方程解的结构

定理 1 若 $y_1(x)$ 与 $y_2(x)$ 是方程(6-13)的两个解,则

$$y(x) = C_1 y_1(x) + C_2 y_2(x)$$

也是方程(6-13)的解,其中 C_1,C_2 是任意常数.

我们只需将上式代入即可验证(证明从略). 这个性质是线性齐次方程所特有的,称为**迭加原理**. 根据定理 1,从一个二阶线性齐次方程的两个特解出发,可以构造出无穷多个新解:

$$y(x) = C_1 y_1(x) + C_2 y_2(x)$$

在上式中,有两个任意常数,而方程又是二阶的,那么它是否就是方程的通解呢?答案是不一定,这还要看两个任意常数 C_1 和 C_2 是否相互独立,也就是看它们能否合并成一个任意常数,这一点是由 $y_1(x)$ 与 $y_2(x)$ 的关系决定的.

定理 2 设 $y_1(x)$、$y_2(x)$ 是二阶线性齐次方程(6-13)的两个线性无关的特解,则方程(6-13)的通解是

$$y(x) = C_1 y_1(x) + C_2 y_2(x),$$

其中 C_1 和 C_2 是两个任意常数.

所谓**线性无关**,是指不存在不全为零的常数 k_1 和 k_2,使 $k_1 y_1(x) + k_2 y_2(x) = 0$,即

$$\frac{y_1(x)}{y_2(x)} \neq \text{常数},$$

否则,称为**线性相关**.

如果 $y_1(x)$ 与 $y_2(x)$ 是线性相关的,则

$$\frac{y_1(x)}{y_2(x)} = k \ (k \text{ 是常数}),$$

于是有 $y_1(x) = k y_2(x)$,$y(x) = C_1 y_1(x) + C_2 y_2(x) = k C_1 y_2(x) + C_2 y_2(x) = C y_2(x)$.

其中 $C = k C_1 + C_2$,这说明它实际上只含有一个常数,因此,它不是二阶微分方程(6-13)的通解.

二、二阶常系数齐次线性微分方程

按照定理 2 求出方程的通解的关键是先求出它的两个线性无关的特解,根据方程具有线

性常系数的特点，我们知道指数函数的导数仍为指数函数，故我们可以设方程（6-13）有形如 $y=\mathrm{e}^{\lambda x}$ 的形式，考虑选择适当的 λ 值，使 $y=\mathrm{e}^{\lambda x}$ 满足方程（6-13），为此，我们先求出 $y'=\lambda \mathrm{e}^{\lambda x}$，$y''=\lambda^2 \mathrm{e}^{\lambda x}$，将它代入方程（6-13）中，得

$$\lambda^2 \mathrm{e}^{\lambda x}+p\lambda \mathrm{e}^{\lambda x}+q\mathrm{e}^{\lambda x}=0,$$

即

$$\mathrm{e}^{\lambda x}(\lambda^2+p\lambda+q)=0.$$

由于 $\mathrm{e}^{\lambda x} \neq 0$，所以有

$$\lambda^2+p\lambda+q=0 \tag{6-14}$$

由此可见，若 λ 是方程（6-14）的一个根，则 $y=\mathrm{e}^{\lambda x}$ 就是微分方程（6-13）的一个特解．因此，我们称方程（6-14）为方程（6-13）的特征方程，方程（6-14）的根称为方程（6-13）的特征根.

（1）当 $p^2-4q>0$ 时，特征方程（6-14）有两个相异的实根 $\lambda_1=\dfrac{-p+\sqrt{p^2-4q}}{2}$ 和 $\lambda_1=\dfrac{-p-\sqrt{p^2-4q}}{2}$，$y_1=\mathrm{e}^{\lambda_1 x}$ 和 $y_2=\mathrm{e}^{\lambda_2 x}$ 是方程（6-13）的两个特解，因为

$$\frac{y_1}{y_2}=\mathrm{e}^{(\lambda_1-\lambda_2)x} \neq 常数,$$

所以 y_1 和 y_2 是线性无关的，于是方程（6-13）的通解为

$$y=C_1 \mathrm{e}^{\lambda_1 x}+C_2 \mathrm{e}^{\lambda_2 x}.$$

（2）当 $p^2-4q=0$ 时，特征方程（6-14）有两个相等的实数根 $\lambda_1=\lambda_2=-\dfrac{p}{2}$，则只能得到方程（6-13）的一个特解 $y_1=\mathrm{e}^{\lambda_1 x}$，还需求方程（6-13）的另一个解 y_2，且要求 $\dfrac{y_1}{y_2} \neq$ 常数．现设 $\dfrac{y_2}{y_1}=u(x)$，那么 $y_2=u(x)y_1=u(x)\mathrm{e}^{\lambda_1 x}$，其中 $u(x)$ 为待定函数．则

$$y_2'=(\lambda_1 u+u')\mathrm{e}^{\lambda_1 x},$$

$$y_2''=(\lambda_1^2 u+2\lambda_1 u'+u'')\mathrm{e}^{\lambda_1 x},$$

将 y_2，y_2'、y_2'' 代入方程（6-13）并整理，得

$$u''+(2\lambda_1+p)u'+(\lambda_1^2+p\lambda_1+q)u=0,$$

由于 λ_1 是特征方程（6-14）的二重根，所以 $2\lambda_1+p=0$ 且 $\lambda_1^2+p\lambda_1+q=0$，于是 $u''=0$，而 u 不能为常数，可以取 $u=x$，这样 $y_2=x\mathrm{e}^{\lambda_1 x}$ 也是方程（6-13）的一个特解，且 y_1 与 y_2 不成比例．从而方程（6-13）的通解为

$$y=C_1 \mathrm{e}^{\lambda_1 x}+C_2 x \mathrm{e}^{\lambda_1 x}.$$

（3）当 $p^2-4q<0$ 时，特征方程（6-14）有一对共轭复数根

$$\lambda_1=\frac{-p+\mathrm{i}\sqrt{4q-p^2}}{2}=\alpha+\mathrm{i}\beta,$$

$$\lambda_2=\frac{-p-\mathrm{i}\sqrt{4q-p^2}}{2}=\alpha-\mathrm{i}\beta.$$

因此，方程（6-13）得到两个特解

$$y_1=\mathrm{e}^{(\alpha+\mathrm{i}\beta)x}, y_2=\mathrm{e}^{(\alpha-\mathrm{i}\beta)x}.$$

$$\frac{y_1}{y_2} \neq 常数,$$

所以 y_1 和 y_2 是线性无关的，于是方程 (6-13) 的通解为

$$y = C_1 e^{(\alpha+i\beta)x} + C_2 e^{(\alpha-i\beta)x},$$

利用欧拉公式 $e^{i\theta} = \cos x + i\sin x$，可以将 y_1 和 y_2 改写成下面的形式

$$y_1 = e^{(\alpha+i\beta)x} = e^{\alpha x}\cos\beta x + i\sin\beta x,$$

$$y_2 = e^{(\alpha-i\beta)x} = e^{\alpha x}\cos\beta x - i\sin\beta x.$$

取

$$u_1 = \frac{1}{2}(y_1 + y_2) = e^{\alpha x}\cos\beta x,$$

$$u_2 = \frac{1}{2i}(y_1 - y_2) = e^{\alpha x}\sin\beta x,$$

根据定理 1 知，u_1 和 u_2 都是方程 (6-13) 的解，且不成比例。因此，方程 (6-13) 的通解为

$$y = C_1 e^{\alpha x}\cos\beta x + C_2 e^{\alpha x}\sin\beta x.$$

例 1 求微分方程 $y'' - 2y' - 3 = 0$ 的通解。

此微分方程的特征方程为 $\lambda^2 - 2\lambda - 3 = 0$，求得特征根为

$$\lambda_1 = -1, \lambda_2 = 3.$$

因此，方程的通解为

$$y_1 = C_1 e^{-x} + C_2 e^{3x}.$$

例 2 求微分方程 $y'' - 6y + 9 = 0$ 满足初始条件 $y|_{x=1} = 0$，$y'|_{x=1} = 1$ 的特解。

解 微分方程的特征方程为

$$\lambda^2 - 6\lambda + 9 = 0$$

故 $\lambda_1 = \lambda_2 = 3$，所以，所求微分方程的通解为

$$y = C_1 e^{3x} + C_2 x e^{3x}.$$

对上式求导，得

$$y' = 3C_1 e^{3x} + C_2 e^{3x} + 3C_2 x e^{3x},$$

由初始条件得：$C_1 = 0$，$C_2 = 1$，因此所求方程的特解为

$$y = x e^{3x}.$$

例 3 求微分方程 $y'' - 4y' + 5y = 0$ 的通解。

解 方程的特征方程为

$$\lambda^2 - 4\lambda + 5 = 0,$$

解得它的两个根为 $\lambda_1 = 2+i$，$\lambda_2 = 2-i$ 是一对共轭复根，于是方程的通解为

$$y = e^{2x}(C_1\cos x + C_2\sin x).$$

三、二阶常系数非齐次线性微分方程

形如

$$y'' + py' + qy = f(x) [f(x) \neq 0] \tag{6-15}$$

的方程叫做二阶常系数非齐次线性微分方程，而与式 (6-15) 对应的齐次方程

$$y'' + py' + qy = 0$$

就是方程 (6-13).

一般来说，方程 (6-15) 的求解比方程 (6-13) 的求解要困难得多，关于方程 (6-15) 与方程 (6-13) 的解的关系有如下定理（证明从略）.

定理 3 如果 $y^*(x)$ 是方程 (6-15) 的一个特解，而 $Y(x, C_1, C_2)$ 是方程 (6-13) 的通解，则函数

$$y = y^*(x) + Y(x, C_1, C_2)$$

是方程 (6-15) 的通解.

定理 3 表明，求方程 (6-15) 的通解可归结为求方程 (6-13) 的通解和方程 (6-15) 的一个特解问题.

在本节中，对于方程 (6-15)，我们只讨论

$$f(x) = e^{\lambda x} P_m(x)$$

的情形，其中 $P_m(x)$ 是 m 次多项式.

可以证明，如果方程 $y'' + py' + qy = f(x)[f(x) \neq 0]$ 的右端是函数 $f(x) = e^{\lambda x} P_m(x)$，则该方程有形如 $y^* = x^k Q_m(x) e^{\lambda x}$ 的特解，其中 $Q_m(x)$ 也是 m 次多项式，而 k 是方程 (6-13) 的特征方程含"根"λ 的重复次数，即当 λ 不是特征方程的根时，$k = 0$；当是单根时，$k = 1$；当是重根时，$k = 2$.

具体求解微分方程时，多项式 $Q_m(x)$ 的系数是把函数 $y^* = x^k Q_m(x) e^{\lambda x}$ 及其导数代入方程 (6-15) 中，并消去 $e^{\lambda x}$ 后，并比较两端同次幂的系数得到的.

例 4 求微分方程 $y'' - 5y' + 6y = xe^{2x}$ 的通解.

解 右端形如 $f(x) = e^{\lambda x} P_m(x)$，其中 $\lambda = 2$，$P_m(x) = x$ 是一次多项式. 相应的齐次方程为

$$y'' - 5y' + 6y = 0,$$

它的特征方程为 $\lambda^2 - 5\lambda + 6 = 0$，解得 $\lambda = 2, 3$. 因为 $\lambda = 2$ 是其单根，故设

$$y^* = x(a_0 + a_1 x) e^{2x},$$

代入原方程并消去 e^{2x}，得 $-2a_1 x - 2a_1 - a_0 = x$. 比较两端同次幂的系数，得到 $a_0 = -1, a_1 = -\frac{1}{2}$，从而得到特解 $y^* = x(-1 - \frac{1}{2}x) e^{2x}$. 于是，所求方程的通解为

$$y = x(-1 - \frac{1}{2}x) e^{2x} + C_1 e^{2x} + C_2 e^{3x}.$$

习题 6-4

求下列常系数二阶齐次线性微分方程的通解或在给定初始条件下的特解：

1. $y'' - 4y' = 0$；
2. $y'' - 3y' - 10y = 0$；
3. $y'' - 4y' + 4y = 0$，$y|_{x=0} = 1$，$y'|_{x=0} = \frac{5}{2}$；
4. $y'' - 4y' + 13y = 0$，$y(0) = 1$，$y(12) = 3$.

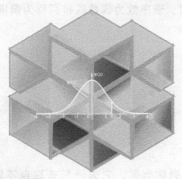

第七章
线性代数

"线性代数"是高等教育中一门重要的数学基础课程,它的理论和方法在自然科学中的诸多领域,有着广泛的应用. 本章从行列式、矩阵这些基本概念入手,着手求解线性方程组,对线性代数基础知识做以简单介绍性的讲解.

第一节 行列式

行列式的概念在 1683 年与 1693 年由日本数学家关孝和、德国数学家莱布尼茨最早提出. 以后很长一段时间内,行列式主要应用于对线性方程组的研究. 如今,由于计算机和计算机软件的快速发展,在常见的高阶行列式中,行列式的数值意义已经不大. 但是,行列式公式依然可以给出构成行列式的数表的重要信息. 在线性代数的某些应用中,行列式的知识依然很有用. 特别是在本课程中,它是研究后面的线性方程组、矩阵及向量组的线性相关的一种重要工具,本节主要介绍 n 阶行列式的定义、性质及其计算方法.

一、行列式的概念

1. 排列与逆序

定义 1　由自然数 $1,2,\cdots,n$ 组成的不重复的每一种有确定次序的排列,称为一个 n **级排列**(简称为**排列**).

例如,123 是 3 级排列,4312 是 4 级排列,而 35412 是 5 级排列.

n 级排列的总数是 $n\times(n-1)\times\cdots\times 3\times 2\times 1=n!$.

定义 2　在一个 n 级排列 $i_1 i_2 \cdots i_t \cdots i_s \cdots i_n$ 中,若数 $i_t > i_s$,则称数 i_t 与 i_s 构成一个**逆序**. 一个 n 级排列中逆序的总和称为该排列的**逆序数**,记为 $\tau(i_1 i_2 \cdots i_n)$.

例如,35412 这个排列中,3 排在首位,其逆序数为 0;在 5 前面且比 5 大的数有 0 个,故其逆序的个数为 0;在 4 前面且比 4 大的数有 1 个,故其逆序的个数为 1;在 1 前面且比 1 大的数有 3 个,故其逆序的个数为 3;在 2 前面且比 2 大的数有 3 个,故其逆序的个数为 3,则该排列的逆序数为 $\tau(35412)=0+0+1+3+3=7$.

定义 3 逆序数为奇数的排列称为**奇排列**；逆序数为偶数的排列称为**偶排列**.

2. n 阶行列式

定义 4 有 n^2 个元素 a_{ij}（$i,j=1,2,\cdots n$）组成的记号

$$\begin{vmatrix} a_{11} & a_{12} & \cdots & a_{1n} \\ a_{21} & a_{22} & \cdots & a_{2n} \\ \vdots & \vdots & & \vdots \\ a_{n1} & a_{n2} & \cdots & a_{nn} \end{vmatrix}$$

称为 n 阶行列式，其中横排列称为行，竖排列称为列，它表示所有取自不同行、不同列的 n 个元素的乘积 $a_{1j_1}a_{2j_2}\cdots a_{nj_n}$ 的代数和，各项的符号是：当该项元素的行标按自然数顺序排列后，若对应的列标构成的排列是偶排列则取正号；若是奇排列则取负号，即

$$\begin{vmatrix} a_{11} & a_{12} & \cdots & a_{1n} \\ a_{21} & a_{22} & \cdots & a_{2n} \\ \vdots & \vdots & & \vdots \\ a_{n1} & a_{n2} & \cdots & a_{nn} \end{vmatrix} = \sum (-1)^{\tau(j_1 j_2 \cdots j_n)} a_{1j_1} a_{2j_2} \cdots a_{nj_n}.$$

其中，$\sum$ 表示对所有 n 级排列求和，行列式有时也简记为 $\det(a_{ij})$ 或 $|a_{ij}|$，这里数 a_{ij} 称为行列式的元素，称 $(-1)^{\tau(j_1 j_2 \cdots j_n)} a_{1j_1} a_{2j_2} \cdots a_{nj_n}$ 为行列式的**一般项**.

由 n 阶行列式的定义可以推得二阶行列式、三阶行列式的展开式如下：

$$\begin{vmatrix} a_{11} & a_{12} \\ a_{21} & a_{22} \end{vmatrix} = a_{11}a_{22} - a_{12}a_{21};$$

$$\begin{vmatrix} a_{11} & a_{12} & a_{13} \\ a_{21} & a_{22} & a_{23} \\ a_{31} & a_{32} & a_{33} \end{vmatrix} = a_{11}a_{22}a_{33} + a_{12}a_{23}a_{31} + a_{13}a_{21}a_{32} - a_{11}a_{23}a_{32} - a_{12}a_{21}a_{33} - a_{13}a_{22}a_{31}.$$

例 1 计算下列行列式的值.

(1) $\begin{vmatrix} 1 & 3 \\ 2 & 4 \end{vmatrix}$ (2) $\begin{vmatrix} \sin\theta & \cos\theta \\ -\cos\theta & \sin\theta \end{vmatrix}$ (3) $\begin{vmatrix} 1 & 2 & 3 \\ 3 & 2 & 1 \\ 5 & 4 & 6 \end{vmatrix}$

解 (1) $\begin{vmatrix} 1 & 3 \\ 2 & 4 \end{vmatrix} = 1 \times 4 - 3 \times 2 = 4 - 6 = -2.$

(2) $\begin{vmatrix} \sin\theta & \cos\theta \\ -\cos\theta & \sin\theta \end{vmatrix} = \sin\theta\sin\theta - \cos\theta(-\cos\theta) = \sin^2\theta + \cos^2\theta = 1.$

(3) $\begin{vmatrix} 1 & 2 & 3 \\ 3 & 2 & 1 \\ 5 & 4 & 6 \end{vmatrix} = 1 \times 2 \times 6 + 2 \times 1 \times 5 + 3 \times 3 \times 4 - 1 \times 1 \times 4 - 2 \times 3 \times 6 - 3 \times 2 \times 5 = -12.$

二、行列式的性质

性质 1 行列式的转置值不变，即 $D^T = D$.

例：$\begin{vmatrix} 1 & 2 \\ 3 & 4 \end{vmatrix} = \begin{vmatrix} 1 & 3 \\ 2 & 4 \end{vmatrix} = -2.$

性质 2 互换行列式的两行(列)，行列式变号．

推论 1 如果行列式的两行(列)元素对应相同，则行列式等于零．

性质 3 行列式的某一行(列)中所有的元素都乘同一数 k，等于用数 k 乘此行列式．

第 i 行(列)乘 k，记作 $r_i \times k$（或 $c_i \times k$）．

$$\begin{vmatrix} a_{11} & a_{12} & \cdots & a_{1n} \\ \vdots & \vdots & & \vdots \\ ka_{i1} & ka_{i2} & \cdots & ka_{in} \\ \vdots & \vdots & & \vdots \\ a_{n1} & a_{n2} & \cdots & a_{nn} \end{vmatrix} = k \begin{vmatrix} a_{11} & a_{12} & \cdots & a_{1n} \\ \vdots & \vdots & & \vdots \\ a_{i1} & a_{i2} & \cdots & a_{in} \\ \vdots & \vdots & & \vdots \\ a_{n1} & a_{n2} & \cdots & a_{nn} \end{vmatrix}$$

推论 2 行列式的某一行(列)中所有的元素的公因子可以提到行列式记号的外面．

推论 3 行列式中如果有两行(列)元素成比例，则此行列式等于零．

性质 4 如果行列式的某一行(列)的元素都是两项的和，则可把该行列式拆成相应的两个行列式的和，即

$$\begin{vmatrix} a_{11} & a_{12} & \cdots & a_{1n} \\ \vdots & \vdots & & \vdots \\ b_{i1}+c_{i1} & b_{i2}+c_{i2} & \cdots & b_{in}+c_{in} \\ \vdots & \vdots & & \vdots \\ a_{n1} & a_{n2} & \cdots & a_{nn} \end{vmatrix} = \begin{vmatrix} a_{11} & a_{12} & \cdots & a_{1n} \\ \vdots & \vdots & & \vdots \\ b_{i1} & b_{i2} & \cdots & b_{in} \\ \vdots & \vdots & & \vdots \\ a_{n1} & a_{n2} & \cdots & a_{nn} \end{vmatrix} + \begin{vmatrix} a_{11} & a_{12} & \cdots & a_{1n} \\ \vdots & \vdots & & \vdots \\ c_{i1} & c_{i2} & \cdots & c_{in} \\ \vdots & \vdots & & \vdots \\ a_{n1} & a_{n2} & \cdots & a_{nn} \end{vmatrix}.$$

性质 5 行列式的某一行(列)中所有的元素都乘同一数 k 后，加到另一行(列)对应元素上，行列式的值不变．

例 2 求下列行列式的值．

(1) $\begin{vmatrix} 5 & 4 & 3 \\ 1 & 2 & 3 \\ 10 & 8 & 6 \end{vmatrix}$ (2) $\begin{vmatrix} 1 & 2 & 3 \\ 3 & 2 & 1 \\ 1 & 1 & 1 \end{vmatrix}$

解 (1) $\begin{vmatrix} 5 & 4 & 3 \\ 1 & 2 & 3 \\ 10 & 8 & 6 \end{vmatrix} = 0.$

(2) $\begin{vmatrix} 1 & 2 & 3 \\ 3 & 2 & 1 \\ 1 & 1 & 1 \end{vmatrix} = \begin{vmatrix} 4 & 4 & 4 \\ 3 & 2 & 1 \\ 1 & 1 & 1 \end{vmatrix} = 0.$

三、行列式的计算

在 n 阶行列式 D 中，划掉元素 a_{ij} 所在的第 i 行和第 j 列，余下的元素按原来的位置构成的 $n-1$ 阶行列式，称为元素 a_{ij} 的**余子式**，记为 M_{ij}．称 $A_{ij} = (-1)^{i+j} M_{ij}$ 为元素 a_{ij} 的**代数余子式**．

例如，在四阶行列式

$$D=\begin{vmatrix} a_{11} & a_{12} & a_{13} & a_{14} \\ a_{21} & a_{22} & a_{23} & a_{24} \\ a_{31} & a_{32} & a_{33} & a_{34} \\ a_{41} & a_{42} & a_{43} & a_{44} \end{vmatrix}$$

中，元素 a_{32} 的余子式和代数余子式为

$$M_{32}=\begin{vmatrix} a_{11} & a_{13} & a_{14} \\ a_{21} & a_{23} & a_{24} \\ a_{41} & a_{43} & a_{44} \end{vmatrix}, A_{32}=(-1)^{3+2}M_{32}=-M_{32}.$$

定理 1 行列式的值等于它的任意一行(列)的各元素与该元素的代数余子式的乘积之和，即

$$D=a_{i1}A_{i1}+a_{i2}A_{i2}+\cdots+a_{in}A_{in}\,(i=1,2,\cdots,n),$$

或

$$D=a_{1j}A_{1j}+a_{2j}A_{2j}+\cdots+a_{nj}A_{nj}\,(j=1,2,\cdots,n).$$

推论 行列式某一行(列)的元素与另一行(列)的对应元素的代数余子式乘积之和等于零，即

$$a_{i1}A_{j1}+a_{i2}A_{j2}+\cdots+a_{in}A_{jn}=0\,(i\neq j),$$

或

$$a_{1j}A_{1j}+a_{2j}A_{2j}+\cdots+a_{nj}A_{nj}=0\,(i\neq j).$$

例 3 计算行列式

$$D=\begin{vmatrix} a_{11} & a_{12} & a_{13} & a_{14} \\ 0 & a_{22} & a_{23} & a_{24} \\ 0 & 0 & a_{33} & a_{34} \\ 0 & 0 & 0 & a_{44} \end{vmatrix}.$$

解

$$D=a_{11}\times(-1)^{1+1}\begin{vmatrix} a_{22} & a_{23} & a_{24} \\ 0 & a_{33} & a_{34} \\ 0 & 0 & a_{44} \end{vmatrix}=a_{11}a_{22}\times(-1)^{1+1}\begin{vmatrix} a_{33} & a_{34} \\ 0 & a_{44} \end{vmatrix}=a_{11}a_{22}a_{33}a_{44}.$$

例 4 计算行列式

$$D=\begin{vmatrix} 1 & 2 & 3 \\ 3 & 7 & 1 \\ 5 & 4 & 5 \end{vmatrix}.$$

解

$$D=\begin{vmatrix} 1 & 2 & 3 \\ 3 & 7 & 1 \\ 5 & 4 & 5 \end{vmatrix}=\begin{vmatrix} 1 & 2 & 3 \\ 0 & 1 & -8 \\ 0 & -6 & -10 \end{vmatrix}=\begin{vmatrix} 1 & 2 & 3 \\ 0 & 1 & -8 \\ 0 & 0 & -58 \end{vmatrix}=1\times1\times(-58)=-58.$$

四、克莱姆（cramer）法则

定理 2 （克莱姆法则）如果线性方程组

$$\begin{cases} a_{11}x_1+a_{12}x_2+\cdots+a_{1n}x_n=b_1 \\ a_{21}x_1+a_{22}x_2+\cdots+a_{2n}x_n=b_2 \\ \vdots \\ a_{n1}x_1+a_{n2}x_2+\cdots+a_{nn}x_n=b_n \end{cases}$$

的系数行列式 $D=\begin{vmatrix} a_{11} & a_{12} & \cdots & a_{1n} \\ a_{21} & a_{22} & \cdots & a_{2n} \\ \vdots & \vdots & & \vdots \\ a_{n1} & a_{n2} & \cdots & a_{nn} \end{vmatrix} \neq 0$，则该方程组有唯一解

$$x_1=\frac{D_1}{D}, x_2=\frac{D_2}{D}, \cdots, x_n=\frac{D_n}{D}.$$

其中 D_j 是由常数项 $b_1,b_2,\cdots,b_n$ 取代 D 中的第 j 列元素而得到的（$j=1,2,\cdots,n$）.

推论 若 n 元齐次线性方程组的系数行列式 $D\neq 0$，则方程组只有零解.

例 5 解线性方程组

$$\begin{cases} x_1-x_2+x_3=2 \\ 2x_1+x_2+x_3=12. \\ -x_1+x_2+2x_3=1 \end{cases}$$

解 $D=\begin{vmatrix} 1 & -1 & 1 \\ 2 & 1 & 1 \\ -1 & 1 & 2 \end{vmatrix}=9\neq 0;$

$D_1=\begin{vmatrix} 2 & -1 & 1 \\ 12 & 1 & 1 \\ 1 & 1 & 2 \end{vmatrix}=36, D_2=\begin{vmatrix} 1 & 2 & 1 \\ 2 & 12 & 1 \\ -1 & 1 & 2 \end{vmatrix}=27, D_3=\begin{vmatrix} 1 & -1 & 2 \\ 2 & 1 & 12 \\ -1 & 1 & 1 \end{vmatrix}=9.$

得唯一解 $x_1=\frac{D_1}{D}=4, x_2=\frac{D_2}{D}=3, x_3=\frac{D_3}{D}=1.$

例 6 解齐次线性方程组

$$\begin{cases} x_1+4x_2+5x_3=0 \\ 2x_1+5x_2+4x_3=0. \\ 7x_1+9x_2+8x_3=0 \end{cases}$$

解 $D=\begin{vmatrix} 1 & 4 & 5 \\ 2 & 5 & 4 \\ 7 & 9 & 8 \end{vmatrix}=-33\neq 0.$ 故方程组只有零解，即 $x_1=x_2=x_3=0.$

习题 7-1

1. 计算下列排列的逆序数，并讨论奇偶性.
(1) 253416；　　　　　(2) 326154789；

(3) 5736142;　　　　　　(4) 36718254.

2. 计算行列式的值.

(1) $D=\begin{vmatrix} 2001 & 2002 & 2003 \\ 2004 & 2005 & 2006 \\ 2007 & 2008 & 2009 \end{vmatrix}$;　　(2) $D=\begin{vmatrix} 2 & 1 & -5 & 1 \\ 1 & -3 & 0 & -6 \\ 0 & 2 & -1 & 2 \\ 1 & 4 & -7 & 6 \end{vmatrix}$.

3. 设行列式 $D=\begin{vmatrix} a_{11} & a_{12} & a_{13} \\ a_{21} & a_{22} & a_{23} \\ a_{31} & a_{32} & a_{33} \end{vmatrix}=3$, $D_1=\begin{vmatrix} a_{11} & 5a_{11}+2a_{12} & a_{13} \\ a_{21} & 5a_{21}+2a_{22} & a_{23} \\ a_{31} & 5a_{31}+2a_{32} & a_{33} \end{vmatrix}$, D_1 的值为_____.

4. 选择题.

(1) 设 $D=\begin{vmatrix} -1 & 3 & 9 & 7 \\ 2 & 4 & 6 & 8 \\ 1 & 2 & 1 & 3 \\ 5 & 6 & 4 & 3 \end{vmatrix}$, D 中元素 a_{ij} 的代数余子式 A_{ij}, 则 $A_{41}+2A_{42}+A_{43}+3A_{44}=(\quad)$.

A. 0　　　　B. 3　　　　C. 2　　　　D. 4

(2) 设 $\boldsymbol{A}$ 为 3 阶方阵, 且已知 $|-2\boldsymbol{A}|=2$, 则 $|\boldsymbol{A}|$ 为( ).

A. -1　　　　B. $-\dfrac{1}{4}$　　　　C. $\dfrac{1}{4}$　　　　D. 1

5. 用克莱姆法则解下列线性方程组.

(1) $\begin{cases} x+y-2z=-3 \\ 5x-2y+7z=22 \\ 2x-5y+4z=4 \end{cases}$;　　(2) $\begin{cases} 2x_1+3x_2+11x_3+5x_4=6 \\ x_1+x_2+5x_3+2x_4=2 \\ 2x_1+x_2+3x_3+4x_4=2 \\ x_1+x_2+3x_3+4x_4=2 \end{cases}$.

第二节　矩阵

一、矩阵的概念

定义 1　由 $m\times n$ 个数 a_{ij} 排成的 m 行 n 列的数表

$$\begin{bmatrix} a_{11} & a_{12} & \cdots & a_{1n} \\ a_{21} & a_{22} & \cdots & a_{2n} \\ \vdots & \vdots & & \vdots \\ a_{m1} & a_{m2} & \cdots & a_{mn} \end{bmatrix} \text{或} \begin{bmatrix} a_{11} & a_{12} & \cdots & a_{1n} \\ a_{21} & a_{22} & \cdots & a_{2n} \\ \vdots & \vdots & & \vdots \\ a_{m1} & a_{m2} & \cdots & a_{mn} \end{bmatrix}$$

称为 $m\times n$ 型的**矩阵**, 简记为 $\boldsymbol{A}_{m\times n}=(a_{ij})_{m\times n}$, 其中 a_{ij} 表示矩阵第 i 行第 j 列的元素, 矩阵常用大写字母 $\boldsymbol{A}$, $\boldsymbol{B}$, $\boldsymbol{C}\cdots$ 表示.

只有一行的矩阵 $(a_{11}\ \ a_{12}\ \ a_{13}\ \ \cdots\ \ a_{1n})_{1\times n}$ 称为**行矩阵**.

只有一列的矩阵 $\begin{pmatrix} a_{11} \\ a_{21} \\ \vdots \\ a_{m1} \end{pmatrix}_{m \times 1}$ 称为**列矩阵**.

当矩阵的行数 m 和列数 n 相等时,称矩阵为**方阵**.

对于 n 阶方阵,若主对角线以外的元素全部为 0,这样的矩阵称为**对角矩阵**,记作

$$\boldsymbol{\Lambda} = \begin{pmatrix} a_{11} & 0 & \cdots & 0 \\ 0 & a_{22} & \cdots & 0 \\ \vdots & \vdots & & \vdots \\ 0 & 0 & \cdots & a_{nn} \end{pmatrix},$$

对角矩阵也可记作

$$\boldsymbol{\Lambda} = \mathbf{diag}(\lambda_1, \lambda_2, \cdots, \lambda_n).$$

特殊地,当 $\lambda_1 = \lambda_2 = \cdots = \lambda_n$ 时,此矩阵称为**数量矩阵**.

对于 n 阶方阵,若主对角线上的元素全部为 1,其余元素全部为 0,这样的矩阵称为**单位矩阵**,记作

$$\boldsymbol{I}_n = \begin{pmatrix} 1 & 0 & \cdots & 0 \\ 0 & 1 & \cdots & 0 \\ \vdots & \vdots & & \vdots \\ 0 & 0 & \cdots & 1 \end{pmatrix}.$$

全部元素都为零的矩阵称为**零矩阵**,零矩阵记为 $\boldsymbol{O}$.

对于 n 阶方阵 $\boldsymbol{A}_{m \times n} = (a_{ij})_{m \times n}$,由它的元素按原有排列形式构成的行列式称为方阵 $\boldsymbol{A}$ 的行列式,记为 $|\boldsymbol{A}|$ 或 $\det \boldsymbol{A}$.

定义 2 如果两个矩阵 $\boldsymbol{A} = (a_{ij})_{m \times n}, \boldsymbol{B} = (b_{ij})_{s \times t}$ 具有相同的行数、列数,即 $m = s, n = t$ 且对应位置上的元素相等 $a_{ij} = b_{ij}$,那么称矩阵 $\boldsymbol{A}$ 与 $\boldsymbol{B}$ 相等,记为 $\boldsymbol{A} = \boldsymbol{B}$.

例如,由 $\begin{pmatrix} 4 & x & 3 \\ -1 & 0 & y \end{pmatrix} = \begin{pmatrix} 4 & -5 & 3 \\ z & 0 & 6 \end{pmatrix}$,立即可得 $x = -5, y = 6, z = -1$.

例 1 设矩阵 $\boldsymbol{A} = \begin{pmatrix} 1 & a \\ 2-b & 3 \end{pmatrix}, \boldsymbol{B} = \begin{pmatrix} c+1 & -4 \\ 0 & 3d \end{pmatrix}$,且 $\boldsymbol{A} = \boldsymbol{B}$,试求 a, b, c, d.

解 因为 $\boldsymbol{A} = \boldsymbol{B}$,故有
$$1 = c+1, \ a = -4, \ 2-b = 0, \ 3 = 3d.$$
解得 $a = -4, b = 2, c = 0, d = 1$.

二、矩阵的运算

1. 矩阵的线性运算

定义 3 两个 $m \times n$ 矩阵 $\boldsymbol{A} = (a_{ij})_{m \times n}, \boldsymbol{B} = (b_{ij})_{m \times n}$ 对应位置上的元素相加得到的

$m \times n$ 矩阵 $(a_{ij}+b_{ij})_{m \times n}$,称为 A 与 B 的和,记为 $A+B=(a_{ij}+b_{ij})_{m \times n}$.

定义 4 以数 k 乘以矩阵 A 的每个元素所得的矩阵,称为数 k 与矩阵 A 的乘积,若记 $A=(a_{ij})_{m \times n}$,则 $kA=k(a_{ij})_{m \times n}=(ka_{ij})_{m \times n}$.

矩阵的数乘运算满足如下运算规律(λ,μ 为常数):

(1) $kA=Ak$;

(2) $(\lambda\mu)A=\lambda(\mu A)=\mu(\lambda A)$;

(3) $k(A+B)=kA+kB$;$(\lambda+\mu)A=\lambda A+\mu A$;

(4) $1 \times A=A$;$(-1) \times A=-A$;$0 \times A=O$.

例 2 设 $A=\begin{pmatrix} 1 & 2 & 3 \\ 4 & 5 & 6 \end{pmatrix}$,$B=\begin{pmatrix} 0 & 1 & 0 \\ 1 & 0 & 1 \end{pmatrix}$,$C=\begin{pmatrix} 1 & 1 \\ 2 & 2 \\ 3 & 3 \end{pmatrix}$,求 $A+B$,$2A-B$.

解 $A+B=\begin{pmatrix} 1 & 2 & 3 \\ 4 & 5 & 6 \end{pmatrix}+\begin{pmatrix} 0 & 1 & 0 \\ 1 & 0 & 1 \end{pmatrix}=\begin{pmatrix} 1 & 3 & 3 \\ 5 & 5 & 7 \end{pmatrix}$;

$2A-B=2\begin{pmatrix} 1 & 2 & 3 \\ 4 & 5 & 6 \end{pmatrix}-\begin{pmatrix} 0 & 1 & 0 \\ 1 & 0 & 1 \end{pmatrix}=\begin{pmatrix} 2 & 4 & 6 \\ 8 & 10 & 12 \end{pmatrix}-\begin{pmatrix} 0 & 1 & 0 \\ 1 & 0 & 1 \end{pmatrix}=\begin{pmatrix} 2 & 3 & 6 \\ 7 & 10 & 11 \end{pmatrix}$.

例 3 已知 $A=\begin{pmatrix} 3 & 2 & 7 \\ -1 & 5 & -5 \end{pmatrix}$,$B=\begin{pmatrix} 9 & 4 & -1 \\ 7 & 3 & 2 \end{pmatrix}$,且 $A+3X=B$,求 X.

解 由 $A+3X=B$ 得

$X=\frac{1}{3}(B-A)=\frac{1}{3}\begin{pmatrix} 6 & 2 & -8 \\ 8 & -2 & 7 \end{pmatrix}=\begin{pmatrix} 2 & \frac{2}{3} & -\frac{8}{3} \\ \frac{8}{3} & -\frac{2}{3} & \frac{7}{3} \end{pmatrix}$.

2. 矩阵的乘法

定义 5 设矩阵 $A=(a_{ij})_{m \times s}$,$B=(b_{ij})_{s \times n}$,那么,矩阵 A 与矩阵 B 有乘积且为一个 $m \times n$ 的矩阵 $C=(c_{ij})_{m \times n}$,其中 $c_{ij}=a_{i1}b_{1j}+a_{i2}b_{2j}+\cdots+a_{is}b_{sj}=\sum_{k=1}^{s} a_{ik}b_{kj}$,记为 $C=AB$. 同时称 A 为**左乘矩阵**,B 为**右乘矩阵**.

由矩阵乘法的定义可得如下结论:

(1) 左乘矩阵 A 的列数要等于右乘矩阵 B 的行数,乘法 AB 才有意义;

(2) 积矩阵 C 的行数等于左乘矩阵 A 的行数,C 的列数等于右乘矩阵 B 的列数.

例 4 已知 $A=\begin{pmatrix} 2 & 3 \\ 1 & -2 \\ 3 & 1 \end{pmatrix}$,$B=\begin{pmatrix} 1 & -2 & -3 \\ 2 & 3 & 0 \end{pmatrix}$,$C=(2 \quad 1 \quad 3)$,求 AB,BA,AC,CA.

解 $AB=\begin{pmatrix} 2 & 3 \\ 1 & -2 \\ 3 & 1 \end{pmatrix}\begin{pmatrix} 1 & -2 & -3 \\ 2 & 3 & 0 \end{pmatrix}=\begin{pmatrix} 8 & 5 & -6 \\ -3 & -8 & -3 \\ 5 & -3 & -9 \end{pmatrix}$;

$BA=\begin{pmatrix} 1 & -2 & -3 \\ 2 & 3 & 0 \end{pmatrix}\begin{pmatrix} 2 & 3 \\ 1 & -2 \\ 3 & 1 \end{pmatrix}=\begin{pmatrix} -9 & 4 \\ 7 & 0 \end{pmatrix}$;

AC 无定义；

$$CA = \begin{pmatrix} 2 & 1 & 3 \end{pmatrix} \begin{pmatrix} 2 & 3 \\ 1 & -2 \\ 3 & 1 \end{pmatrix} = \begin{pmatrix} 14 & 7 \end{pmatrix}.$$

例 5 已知 $A = \begin{pmatrix} -1 & -2 \\ 3 & 6 \end{pmatrix}$，$B = \begin{pmatrix} -2 & 4 \\ 1 & -2 \end{pmatrix}$，$C = \begin{pmatrix} 2 & 4 \\ -3 & -6 \end{pmatrix}$，求 AB, BC, CB，并比较 AB 与 CB.

解 $AB = \begin{pmatrix} -1 & -2 \\ 3 & 6 \end{pmatrix} \begin{pmatrix} -2 & 4 \\ 1 & -2 \end{pmatrix} = \begin{pmatrix} 0 & 0 \\ 0 & 0 \end{pmatrix};$

$BC = \begin{pmatrix} -2 & 4 \\ 1 & -2 \end{pmatrix} \begin{pmatrix} 2 & 4 \\ -3 & -6 \end{pmatrix} = \begin{pmatrix} -16 & -32 \\ 8 & 16 \end{pmatrix};$

$CB = \begin{pmatrix} 2 & 4 \\ -3 & -6 \end{pmatrix} \begin{pmatrix} -2 & 4 \\ 1 & -2 \end{pmatrix} = \begin{pmatrix} 0 & 0 \\ 0 & 0 \end{pmatrix};$

显然 $AB = CB$，但 $A \neq C$.

由例 4 与例 5 可以看出，矩阵乘法不满足交换律，也不满足消去律；还有 $AB = O$ 不能必然推出 $A = O$ 或 $B = O$.

矩阵的乘法运算满足如下运算规律（λ 为常数）：

(1) 结合律　$(AB)C = A(BC), \lambda(AB) = (\lambda A)B = A(\lambda B)$

(2) 分配律　$A(B+C) = AB + AC, (B+C)A = BA + CA$

3. 矩阵的转置

定义 6 将 $m \times n$ 矩阵 A 的行与列互换，得到的 $m \times n$ 矩阵称为 A 的转置矩阵，记为 A^T.

$$A = \begin{pmatrix} a_{11} & a_{12} & \cdots & a_{1n} \\ a_{21} & a_{22} & \cdots & a_{2n} \\ \vdots & \vdots & & \vdots \\ a_{m1} & a_{m2} & \cdots & a_{mn} \end{pmatrix}, \text{ 则 } A^T = \begin{pmatrix} a_{11} & a_{12} & \cdots & a_{n1} \\ a_{12} & a_{22} & \cdots & a_{n2} \\ \vdots & \vdots & & \vdots \\ a_{1m} & a_{2m} & \cdots & a_{nm} \end{pmatrix}.$$

矩阵的转置具有如下的运算法则：

(1) $(A^T)^T = A$；

(2) $(A+B)^T = A^T + B^T$；

(3) $(kA)^T = kA^T$；

(4) $(AB)^T = B^T A^T$.

三、逆矩阵

定义 7 对 n 阶方阵 A，若存在一个同阶方阵 B 使得 $AB = BA = E$，称方阵 A 可逆，方阵 B 为方阵 A 的逆矩阵，记为 A^{-1}.

定理 1 如果矩阵 A 有逆矩阵，则其逆矩阵唯一.

定理 2 n 阶方阵 A 可逆的充分必要条件是 $|A| \neq 0$，且在 A 可逆时，$A^{-1} = \dfrac{1}{|A|} A^*$，

其中 $A^* = \begin{pmatrix} A_{11} & A_{21} & \cdots & A_{n1} \\ A_{12} & A_{22} & \cdots & A_{n2} \\ \vdots & \vdots & & \vdots \\ A_{1n} & A_{2n} & \cdots & A_{nn} \end{pmatrix}$,元素 A_{ij} 为 $|A|$ 中 a_{ij} 的代数余子式.

推论 设矩阵 A 与矩阵 B 为同阶方阵,只要 $AB=E$ 或 $BA=E$ 之一成立,便知 A 可逆,且 $B=A^{-1}$.

定理 3 如果矩阵 A 与矩阵 B 为同阶可逆矩阵,则 AB 可逆,且 $(AB)^{-1}=B^{-1}A^{-1}$.

例 6 判断矩阵 $A = \begin{pmatrix} 1 & 2 \\ 3 & 4 \end{pmatrix}$ 是否可逆,若可逆,求 A^{-1}.

解 $|A| = \begin{vmatrix} 1 & 2 \\ 3 & 4 \end{vmatrix} = -2 \neq 0$,故 A 可逆.

$A_{11}=(-1)^{1+1}\times 4=4, A_{12}=(-1)^{1+2}\times 3=-3, A_{21}=(-1)^{2+1}\times 2=-2, A_{22}=(-1)^{2+2}\times 1=1.$

$$A^{-1} = \frac{1}{|A|}A^* = \frac{1}{-2}\times\begin{pmatrix} 4 & -2 \\ -3 & 1 \end{pmatrix} = \begin{pmatrix} -2 & 1 \\ \frac{3}{2} & -\frac{1}{2} \end{pmatrix}.$$

例 7 解线性方程组 $\begin{cases} x_1+2x_2=4 \\ 3x_1+4x_2=10 \end{cases}$

解 此方程组可写成矩阵形式 $AX=b$,其中 $A=\begin{pmatrix} 1 & 2 \\ 3 & 4 \end{pmatrix}, X=\begin{pmatrix} x_1 \\ x_2 \end{pmatrix}, b=\begin{pmatrix} 4 \\ 10 \end{pmatrix}$. 由 $AX=b$ 得 $A^{-1}AX=A^{-1}b$,即 $X=A^{-1}b$.

$$A^{-1}=\begin{pmatrix} -2 & 1 \\ \frac{3}{2} & -\frac{1}{2} \end{pmatrix}, 故 X=\begin{pmatrix} -2 & 1 \\ \frac{3}{2} & -\frac{1}{2} \end{pmatrix}\begin{pmatrix} 4 \\ 10 \end{pmatrix}=\begin{pmatrix} 2 \\ 1 \end{pmatrix},$$

即方程组解为 $x_1=2, x_2=1$.

习题 7-2

1. 选择题.

(1) 设矩阵 $\begin{pmatrix} a+b & 4 \\ 0 & d \end{pmatrix} = \begin{pmatrix} 2 & a-b \\ c & 3 \end{pmatrix}$,则(　　).

A. $a=3, b=-1, c=1, d=3$　　　　B. $a=-1, b=3, c=1, d=3$
C. $a=3, b=-1, c=0, d=3$　　　　D. $a=-1, b=3, c=0, d=3$

(2) 设矩阵 $A=(1\ 5), B=\begin{pmatrix} 1 & 2 \\ 3 & 7 \end{pmatrix}, C=\begin{pmatrix} 1 & 2 & 3 \\ 4 & 9 & 6 \end{pmatrix}$,则下列矩阵运算有意义的(　　).

A. ACB　　　　B. ABC　　　　C. BAC　　　　D. CBA

(3) 已知矩阵 $A=\begin{pmatrix} 1 & 1 \\ 0 & -1 \end{pmatrix}, B=\begin{pmatrix} 1 & 0 \\ 1 & 1 \end{pmatrix}$,则 $AB-BA=$(　　).

A. $\begin{pmatrix} 1 & 0 \\ -2 & -1 \end{pmatrix}$ B. $\begin{pmatrix} 1 & 1 \\ 0 & -1 \end{pmatrix}$ C. $\begin{pmatrix} 1 & 0 \\ 0 & 1 \end{pmatrix}$ D. $\begin{pmatrix} 0 & 0 \\ 0 & 0 \end{pmatrix}$

(4) 设 $\begin{pmatrix} 1 & 1 & -1 \\ -2 & 1 & 1 \\ 1 & 1 & 1 \end{pmatrix} X = \begin{pmatrix} 2 \\ 3 \\ 6 \end{pmatrix}$，则 $X = ($　　$)$.

A. $\begin{pmatrix} 2 & 0 \\ -1 & 3 \end{pmatrix}$　　B. $(1 \quad 1 \quad -2)$　　C. $\begin{pmatrix} 1 & 2 \\ -1 & 3 \end{pmatrix}$　　D. $\begin{pmatrix} 1 \\ 3 \\ 2 \end{pmatrix}$

2. 填空题.

(1) A, B, C 均为可逆阵，则 $(ABC)^{-1} = $ _____.

(2) 设 $A = \begin{pmatrix} a & b \\ c & d \end{pmatrix}$，且 $\det A = ad - bc \neq 0$，则 $A^{-1} = $ _____.

(3) 若 A, B 都是方阵，且 $|A| = 2$，$|B| = -1$，则 $|A^{-1}B| = $ _____.

3. 判断下列矩阵是否可逆，若可逆，求其逆.

(1) $\begin{pmatrix} 3 & 2 \\ 1 & 0 \end{pmatrix}$；　　(2) $\begin{pmatrix} 2 & 1 & 0 \\ 0 & -1 & 2 \\ 0 & 3 & 0 \end{pmatrix}$.

4. 解矩阵方程 $\begin{pmatrix} 1 & 4 \\ -1 & 2 \end{pmatrix} X \begin{pmatrix} 2 & 0 \\ -1 & 1 \end{pmatrix} = \begin{pmatrix} 3 & 1 \\ 0 & -1 \end{pmatrix}$.

第三节　矩阵的初等变换与线性方程组

矩阵的初等变换是研究矩阵性质、求逆矩阵以及研究线性方程组时不可缺少的重要方法.

一、矩阵的秩与初等变换

在矩阵 $A = (a_{ij})_{m \times n}$ 中，任取 k 行 k 列，交叉处的元素构成的 k 阶行列式称为 A 的一个 k 阶子式.

定义 1　矩阵 A 的不为零的子式的最高阶数称为矩阵 A 的秩，记为 $r(A)$.

由行列式的性质和矩阵的秩的定义，易得到下列结论：

(1) 矩阵转置后秩不变，即 $r(A^T) = r(A)$；

(2) 矩阵 A 的秩为 r 的充分必要条件是 A 中至少含有一个非零的 r 阶子式，且 A 中所有的 $r+1$ 阶子式全是零（或者不存在 $r+1$ 阶子式）.

定理 1　矩阵 A 与可逆矩阵相乘后，其秩不变.

定义 2　矩阵的行（列）初等变换指的是对一个矩阵进行的下列变换：

(1) 交换矩阵的两行（列）；

(2) 用一个不为零的数乘矩阵的某一行（列），即用一个不等于零的数乘矩阵的某一行（列）的每一个元素；

(3) 用一个不为零的数乘矩阵的某一行（列）后加到另一行（列）上去，即用某一数乘矩阵的某一行（列）的每一元素后加到另一行（列）的对应元素上.

定理2 初等变换不改变矩阵的秩.

例1 用定义求矩阵 $A = \begin{pmatrix} 1 & 2 & 3 & 4 \\ 0 & 1 & 2 & 3 \\ 0 & 0 & 0 & 0 \\ 0 & 0 & 1 & 2 \end{pmatrix}$ 的秩.

解 矩阵 A 的3阶子式 $\begin{vmatrix} 1 & 2 & 3 \\ 0 & 1 & 2 \\ 0 & 0 & 1 \end{vmatrix} = 1 \neq 0$，且 A 的4阶子式（即使 A 本身）为零，故矩阵 A 的秩 $r(A) = 3$.

例2 用初等变换求矩阵 $A = \begin{pmatrix} 1 & 2 & 3 & 4 \\ 2 & 3 & 4 & 5 \\ 1 & 1 & 1 & 1 \end{pmatrix}$ 的秩.

解 $A = \begin{pmatrix} 1 & 2 & 3 & 4 \\ 2 & 3 & 4 & 5 \\ 1 & 1 & 1 & 1 \end{pmatrix} \to \begin{pmatrix} 1 & 2 & 3 & 4 \\ 0 & -1 & -2 & -3 \\ 0 & -1 & -2 & -3 \end{pmatrix} \to \begin{pmatrix} 1 & 2 & 3 & 4 \\ 0 & -1 & -2 & -3 \\ 0 & 0 & 0 & 0 \end{pmatrix}$.

二阶子式 $\begin{vmatrix} 1 & 2 \\ 0 & -1 \end{vmatrix} = -1 \neq 0$，且三阶子式全为零，故 A 的秩 $r(A) = 2$.

二、利用初等变换求逆矩阵

定理3 设 A 为 n 阶可逆矩阵，则可通过行（列）的初等变换，把 A 变成 I_n.

定理4 设 n 阶可逆矩阵 A 经过若干次行（列）的初等变换变成 I_n，则 I_n 经过同样的行（列）变换就变成 A^{-1}.

例3 用初等变换求矩阵的逆矩阵.

(1) $A = \begin{pmatrix} 1 & 2 \\ 0 & 2 \end{pmatrix}$；　(2) $B = \begin{pmatrix} 1 & 2 & 3 \\ 0 & 1 & 2 \\ -1 & 0 & -1 \end{pmatrix}$.

解 (1) $\begin{pmatrix} 1 & 2 & 1 & 0 \\ 0 & 2 & 0 & 1 \end{pmatrix} \to \begin{pmatrix} 1 & 2 & 1 & 0 \\ 0 & 1 & 0 & \frac{1}{2} \end{pmatrix} \to \begin{pmatrix} 1 & 0 & 1 & -1 \\ 0 & 1 & 0 & \frac{1}{2} \end{pmatrix}$，故 $A^{-1} = \begin{pmatrix} 1 & -1 \\ 0 & \frac{1}{2} \end{pmatrix}$.

(2) $\begin{pmatrix} 1 & 2 & 3 & 1 & 0 & 0 \\ 0 & 1 & 2 & 0 & 1 & 0 \\ -1 & 0 & -1 & 0 & 0 & 1 \end{pmatrix} \to \begin{pmatrix} 1 & 2 & 3 & 1 & 0 & 0 \\ 0 & 1 & 2 & 0 & 1 & 0 \\ 0 & 2 & 2 & 1 & 0 & 1 \end{pmatrix} \to \begin{pmatrix} 1 & 2 & 3 & 1 & 0 & 0 \\ 0 & 1 & 2 & 0 & 1 & 0 \\ 0 & 0 & -2 & 1 & -2 & 1 \end{pmatrix} \to$

$\begin{pmatrix} 1 & 2 & 3 & 1 & 0 & 0 \\ 0 & 1 & 2 & 0 & 1 & 0 \\ 0 & 0 & 1 & -\frac{1}{2} & 1 & -\frac{1}{2} \end{pmatrix} \to \begin{pmatrix} 1 & 2 & 0 & \frac{5}{2} & -3 & \frac{3}{2} \\ 0 & 1 & 0 & 1 & -1 & 1 \\ 0 & 0 & 1 & -\frac{1}{2} & 1 & -\frac{1}{2} \end{pmatrix} \to \begin{pmatrix} 1 & 0 & 0 & \frac{1}{2} & -1 & -\frac{1}{2} \\ 0 & 1 & 0 & 1 & -1 & 1 \\ 0 & 0 & 1 & -\frac{1}{2} & 1 & -\frac{1}{2} \end{pmatrix}$,

故 $\boldsymbol{B}^{-1} = \begin{pmatrix} \frac{1}{2} & -1 & -\frac{1}{2} \\ 1 & -1 & 1 \\ -\frac{1}{2} & 1 & -\frac{1}{2} \end{pmatrix}$.

三、用矩阵的初等行变换解线性方程组

1. 解线性方程组

对于含有 n 个未知数的 m 个线性方程所构成的线性方程组

$$\begin{cases} a_{11}x_1 + a_{12}x_2 + \cdots + a_{1n}x_n = b_1 \\ a_{21}x_1 + a_{22}x_2 + \cdots + a_{2n}x_n = b_2 \\ \vdots \\ a_{n1}x_1 + a_{n2}x_2 + \cdots + a_{nn}x_n = b_n \end{cases},$$

根据等式的性质和方程组的加减消元法，方程组经如下变形所得方程组将与原方程组为同解方程组：

(1) 交换两个方程的位置；
(2) 用非零常数乘某方程的两边；
(3) 某方程两边同乘非零常数加到另一个方程上去.

称上述三种变形为方程组的同解变形，将上述线性方程组写成矩阵形式为 $\boldsymbol{AX} = \boldsymbol{b}$，

其中 $\boldsymbol{A} = \begin{pmatrix} a_{11} & a_{12} & \cdots & a_{1n} \\ a_{21} & a_{22} & \cdots & a_{2n} \\ \vdots & \vdots & & \vdots \\ a_{m1} & a_{m2} & \cdots & a_{mn} \end{pmatrix}, \boldsymbol{X} = \begin{pmatrix} x_1 \\ x_2 \\ \vdots \\ x_n \end{pmatrix}, \boldsymbol{b} = \begin{pmatrix} b_1 \\ b_2 \\ \vdots \\ b_n \end{pmatrix}$.

称 $\overline{\boldsymbol{A}} = \begin{pmatrix} a_{11} & b_{12} & \cdots & a_{1n} & b_1 \\ a_{21} & b_{22} & \cdots & a_{2n} & b_2 \\ \vdots & \vdots & & \vdots & \vdots \\ a_{m1} & b_{m2} & \cdots & a_{mn} & b_n \end{pmatrix}$ 为线性方程组的**增广矩阵**.

由初等变换的定义，方程组的同解变形恰为对增广矩阵 $\overline{\boldsymbol{A}}$ 的初等行变换，若 $\overline{\boldsymbol{A}}$ 经有限次初等变换得矩阵 $\overline{\boldsymbol{B}}$，则以 $\overline{\boldsymbol{B}}$ 为增广矩阵的方程组与原方程组同解.

定理 5（线性方程组有解的判别法）线性方程组有解得充分必要条件是：它的系数矩阵和增广矩阵有相同的秩.

定理 6 设线性方程组的系数矩阵和增广矩阵有相同的秩 r. 那么当 r 等于方程组所含未知量的个数 n 时，方程组有唯一解；当 $r < n$ 时，方程组有无穷多个解.

例 4 解线性方程组 $\begin{cases} x_1 + 2x_2 - 3x_3 - 2x_4 = 9 \\ 3x_1 - 6x_2 + 5x_3 + x_4 = 9 \\ 2x_1 - 8x_2 + 8x_3 + 3x_4 = -20 \end{cases}$.

解 线性方程组的增广矩阵 $\overline{\boldsymbol{A}} = \begin{pmatrix} 1 & 2 & -3 & -2 & 9 \\ 3 & -6 & 5 & 1 & 9 \\ 2 & -8 & 8 & 3 & -20 \end{pmatrix}$. 对其进行行初等变换，得

$$\overline{A} \to \begin{pmatrix} 1 & 2 & -3 & -2 & 9 \\ 0 & -12 & 14 & 7 & -18 \\ 0 & -12 & 14 & 7 & -38 \end{pmatrix} \to \begin{pmatrix} 1 & 2 & -3 & -2 & 9 \\ 0 & -12 & 14 & 7 & -18 \\ 0 & 0 & 0 & 0 & -20 \end{pmatrix}.$$

可见，$r(A)=2, r(\overline{A})=3, r(A) \neq r(\overline{A})$. 故此线性方程组无解.

例 5 解线性方程组 $\begin{cases} x_1 - x_2 + x_3 = 2 \\ 2x_1 + x_2 + x_3 = 12 \\ -x_1 + x_2 + 2x_3 = 1 \\ 3x_1 - 4x_2 = 0 \end{cases}$.

解 线性方程组的增广矩阵 $\overline{A} = \begin{pmatrix} 1 & -1 & 1 & 2 \\ 2 & 1 & 1 & 12 \\ -1 & 1 & 2 & 1 \\ 3 & -4 & 0 & 0 \end{pmatrix}$, 对其进行行初等变换.

$$\overline{A} \to \begin{pmatrix} 1 & -1 & 1 & 2 \\ 0 & 3 & -1 & 8 \\ 0 & 0 & 3 & 3 \\ 0 & -1 & -3 & -6 \end{pmatrix} \to \begin{pmatrix} 1 & -1 & 1 & 2 \\ 0 & -1 & -3 & -6 \\ 0 & 0 & 3 & 3 \\ 0 & 3 & -1 & 8 \end{pmatrix} \to \begin{pmatrix} 1 & -1 & 1 & 2 \\ 0 & 1 & 3 & 6 \\ 0 & 0 & 1 & 1 \\ 0 & 3 & -1 & 8 \end{pmatrix} \to$$

$$\begin{pmatrix} 1 & -1 & 1 & 2 \\ 0 & 1 & 3 & 6 \\ 0 & 0 & 1 & 1 \\ 0 & 0 & -10 & -10 \end{pmatrix} \to \begin{pmatrix} 1 & -1 & 1 & 2 \\ 0 & 1 & 3 & 6 \\ 0 & 0 & 1 & 1 \\ 0 & 0 & 0 & 0 \end{pmatrix} = \overline{B}.$$

可见, $r(A) = r(\overline{A}) = 3$. 故此线性方程组有唯一解.

写出增广矩阵 $\overline{B}$ 对应的线性方程组

$$\begin{cases} x_1 - x_2 + x_3 = 2 \\ x_2 + 3x_3 = 6, \\ x_3 = 1 \end{cases}$$

把 $x_3 = 1$ 代入第二个方程得 $x_2 = 3$；把 $x_3 = 1$ 和 $x_2 = 3$ 代入第一个方程得 $x_1 = 4$.
故此线性方程组的解为：$x_1 = 4, x_2 = 3, x_3 = 1$.

例 6 解线性方程组 $\begin{cases} x_1 + x_2 + x_3 + x_4 = 10 \\ 2x_1 + x_2 + 3x_3 - x_4 = 6 \\ 3x_1 - x_2 - x_3 + x_4 = 2 \end{cases}$.

解 线性方程组的增广矩阵 $\overline{A} = \begin{pmatrix} 1 & 1 & 1 & 1 & 10 \\ 2 & 1 & 2 & -1 & 6 \\ 3 & -1 & -1 & 1 & 2 \end{pmatrix}$. 对其进行行初等变换.

$$\overline{A} \to \begin{pmatrix} 1 & 1 & 1 & 1 & 10 \\ 0 & -1 & 0 & -3 & -14 \\ 0 & -4 & -4 & -2 & -28 \end{pmatrix} \to \begin{pmatrix} 1 & 1 & 1 & 1 & 10 \\ 0 & 1 & 0 & 3 & 14 \\ 0 & 4 & 4 & 2 & 28 \end{pmatrix} \to$$

$$\begin{pmatrix} 1 & 1 & 1 & 1 & 10 \\ 0 & 1 & 0 & 3 & 14 \\ 0 & 0 & 4 & -10 & -28 \end{pmatrix} \to \begin{pmatrix} 1 & 1 & 1 & 1 & 10 \\ 0 & 1 & 0 & 3 & 14 \\ 0 & 0 & 1 & -\dfrac{5}{2} & -7 \end{pmatrix} = \overline{B}.$$

可见，$r(\mathbf{A})=r(\overline{\mathbf{A}})=3<4$. 故此线性方程组有无穷多个解. 其增广矩阵 $\overline{\mathbf{B}}$ 对应的线性方程组

$$\begin{cases} x_1+x_2+x_3+x_4=10 \\ x_2+3x_4=14 \\ x_3-\dfrac{5}{4}x_4=-7 \end{cases}.$$

取 x_4 为自由未知量，则此线性方程组的解为：

$$\begin{cases} x_1=3-\dfrac{1}{2}x_4 \\ x_2=14-3x_4 \\ x_3=-7+\dfrac{5}{2}x_4 \\ x_4=x_4 \end{cases}.$$

2. 解齐次线性方程组

对于含有 n 个未知数的 m 个线性方程所构成的线性方程组

$$\begin{cases} a_{11}x_1+a_{12}x_2+\cdots+a_{1n}x_n=0 \\ a_{21}x_1+a_{22}x_2+\cdots+a_{2n}x_n=0 \\ \qquad\vdots \\ a_{n1}x_1+a_{n2}x_2+\cdots+a_{nn}x_n=0 \end{cases},$$

显然，$x_1=0$，$x_2=0$，$\cdots$，$x_n=0$ 是方程组的一个解，这个解叫零解. 如果方程组还有其他解，那么这些解就叫做非零解.

定理 7 一个齐次线性方程组有非零解得充分必要条件是：它的系数矩阵的秩 r 小于它的未知量的个数 n.

推论 1 含有 n 个未知量 n 个方程的齐次线性方程组有非零解的充分必要条件是方程组的系数行列式等于零.

推论 2 若在一个齐次线性方程组中，方程的个数 m 小于未知量的个数 n，那么这个方程组一定有非零解.

例 7 解齐次线性方程组

$$\begin{cases} x_1+2x_2+3x_3=0 \\ 2x_1-2x_2-x_3=0 \\ x_1-x_2-3x_3=0 \end{cases}.$$

解 线性方程组的系数矩阵 $\mathbf{A}=\begin{pmatrix} 1 & 2 & 3 \\ 2 & -2 & -1 \\ 1 & -1 & -3 \end{pmatrix}$. 对其进行行初等变换

$$\mathbf{A}\rightarrow\begin{pmatrix} 1 & 2 & 3 \\ 0 & -6 & -7 \\ 0 & -3 & -6 \end{pmatrix}\rightarrow\begin{pmatrix} 1 & 2 & 3 \\ 0 & -3 & -6 \\ 0 & -6 & -7 \end{pmatrix}\rightarrow\begin{pmatrix} 1 & 2 & 3 \\ 0 & -3 & -6 \\ 0 & 0 & 5 \end{pmatrix}.$$

由 $r(\mathbf{A})=3$，知方程组只有零解.

例8 解齐次线性方程组

$$\begin{cases} x_1+x_2-x_3=0 \\ x_1-2x_2+x_3=0 \\ x_1+4x_2-3x_3=0 \end{cases}.$$

解 线性方程组的系数矩阵 $A=\begin{pmatrix} 1 & 1 & -1 \\ 1 & -2 & 1 \\ 1 & 4 & -3 \end{pmatrix}$. 对其进行行初等变换

$$A \to \begin{pmatrix} 1 & 1 & -1 \\ 0 & -3 & 2 \\ 0 & 3 & -2 \end{pmatrix} \to \begin{pmatrix} 1 & 1 & -1 \\ 0 & -3 & 2 \\ 0 & 0 & 0 \end{pmatrix} = B.$$

可见，$r(A)=2<3$，故此齐次线性方程组有非零解. 其系数矩阵 B 对应的齐次线性方程组

$$\begin{cases} x_1+x_2-x_3=0 \\ -3x_2+2x_3=0 \end{cases},$$

取 x_3 为自由未知量，则此齐次线性方程组的解为：$x_1=\frac{1}{3}x_3, x_2=\frac{2}{3}x_3.$

习题 7-3

1. 填空题

(1) 设 A 为 5 阶方阵，若秩 $r(A)=3$，则齐次线性方程组 $Ax=O$ 的基础解系中包含的解向量的个数是_____.

(2) 矩阵 $A=\begin{pmatrix} 1 & 1 & 1 \\ 3 & 3 & 3 \\ 5 & 5 & 5 \end{pmatrix}$ 的秩 $r(A)=$ _____.

(3) 设矩阵 $A=\begin{pmatrix} 1 & 2 & 2 \\ 2 & t & 3 \\ 3 & 4 & 5 \end{pmatrix}$，若齐次线性方程组 $AX=O$ 有非零解，则数 $t=$ ___.

2. 解下列线性方程组

(1) $\begin{cases} x_1+x_2-3x_3-x_4=1 \\ 3x_1-x_2-3x_3-4x_4=4 \\ x_1+5x_2-9x_3-8x_4=0 \end{cases};$ (2) $\begin{cases} x+y+z=0 \\ 2x-5y-3z=10 \\ 4x+8y+2z=4 \end{cases}.$

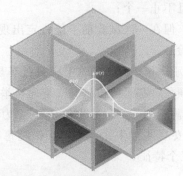

第八章

随机事件与概率

概率论是研究随机现象规律性的数学学科．概率论的理论和方法在金融、保险、经济管理、工农业、医学、地质学、空间技术、灾害预报甚至社会学领域中都有着广泛的应用．反过来，这些领域中提出的新的课题进一步促进了概率论的发展．因而概率论是近代最活跃的数学分支之一，也是学习数理统计的基础．

本章将介绍随机事件和概率的基本概念以及重要公式，并给出概率的一些应用．

第一节 随机事件

一、随机试验与随机事件

1. 随机现象

客观世界中存在着两类现象，一类是确定性现象，另一类是随机现象．

例如，"从装有 10 个白球的袋中摸出一个球是什么颜色"，很显然，在从袋中摸出球之前，就可以断定所摸到的球是白色的．这类在给定条件下，某一结果一定会出现的现象，称为**确定性现象**（或**必然现象**）．

再如，"在冰上骑自行车是否滑倒" "袋中有 2 个白球、4 个黑球、3 个红球，随机摸出一个会是什么颜色"．这两个问题的答案不是唯一确定的．在冰上骑车可能会滑倒，也可能不会滑倒；从袋中摸一个球，摸到的球可能是白色的，可能是黑色的，也可能是红色的．这类在一定条件下，有多种可能的结果且无法预知哪一个结果将会出现的现象叫做**随机现象**．

对随机现象进行一次或少数几次观察，其可能结果中出现哪一个是具有偶然性的，但是大量观察时，会发现所出现的结果具有一定的规律性．这是随机现象的两个显著特点．我们把依据大量观察得到的规律性称为统计规律性．本章的主要任务就是要发现并研究蕴含在随机现象中的规律性的数量关系．

2. 随机试验

研究随机现象离不开试验，如果要找出随机现象的内在规律，就必须对它做一定次数的重复试验，一次试验如果满足下列条件：

(1) 可以在相同的条件下重复进行；

(2) 试验的所有可能的结果是已知的，并且不止一个；

(3) 每次试验出现这些可能结果中的一个，但在一次试验前不能肯定出现哪一个结果．我们把这样的试验叫做一次**随机试验**（简称**试验**）．

随机试验是研究随机现象的手段．如上面例子中"观察在冰上骑自行车是否滑倒""从装有白球、黑球和红球的袋中摸出一个观察其颜色"都是随机试验．下面再举几个随机试验的例子，如："为了解潮汐现象，每天同一时间测量同一河段的水位高低""为掌握春运的客运量，对每天乘车的人数进行统计""为了解男女婴儿出生比例，对某医院每次出生的婴儿性别进行观察"．这些实验都具备随机试验的三个特征．

3. 随机事件的概念

先看下面的例子：掷一颗质地均匀的骰子，它一共可以有六种不同的结果，即分别掷到的点数是 1,2,3,4,5 和 6. 我们用相应的数字代表每一个结果，并将这六个结果组成的集合记为 S，即

$$S=\{1,2,3,4,5,6\}.$$

一般地，我们把试验的每一种可能的结果称为一个**基本事件**（或称**基本点**），称所有基本事件的全体为该试验的**样本空间**（或**基本空间**），记作 S. 那么，在此例中 S 有六个基本点，"掷到奇数点"就是掷到 1、3 或 5 点，我们可用 S 的子集 $\{1,3,5\}$ 来代表，记为"掷到奇数点"$=\{1,3,5\}$，类似地，"掷到偶数点"$=\{2,4,6\}$，"掷到 2 点"$=\{2\}$，"掷到大于 3 的点"$=\{4,5,6\}$，等等．所有这些都是掷一颗质地均匀的骰子这个随机试验出现的各种事情，通常我们称每一个这种事情为一个**随机事件**（简称**事件**），用大写的英文字母 A、B、C 等表示，如 $A=$"掷到奇数点"或 $A=\{1,3,5\}$. 换言之，随机事件就是对随机现象进行试验的每一种事情．从而可见，每一个随机事件就对应 S 的一个子集，反之亦然．如果试验掷到的结果是"5 点"，则"掷到奇数点"和"掷到大于 3 的点"这两个事件都发生了，但是"掷到偶数点"和"掷到 2 点"这两个事件都没有发生．一般地，在一个随机试验得到结果 a 后，如果 $a\in A$（A 是 S 的子集），我们就称在这次试验中**事件 A 发生**了，否则称**事件 A 没有发生**，从这个角度看，随机事件就是在试验下可能发生也可能不发生的事情．请读者注意，这里一个随机事件用日常语言来描述时，可能有许多不同的方式，例如事件 $\{2\}$ 既可以说是"掷到 2 点"，又可以说是"掷到最小的偶数点"等等，但实际上它们根本就是一回事．

特别地，S 作为它自身的子集也是一个特殊的事件，无论试验结果是什么，它总是一定会发生的，所以称 S 为**必然事件**，而它的"对立面"是空集 Φ，称之为**不可能事件**，因为无论出现什么试验结果，它都不会在空集中，即不可能事件一定不会发生．今后为研究问题方便，把必然事件和不可能事件都当成随机事件．

例 1 从标有号码 1,2,3,…,10 的 10 套题签中抽取一套进行考试（题签用后放回），每次抽得题签的标号可能是 1,2,3,…,10 中的某一个数，即

试验：从标有号码 1,2,3,…,10 的 10 套题签中抽取一个题签．

可能结果：抽到标号为 1 至 10 号的某一套题签．

样本空间：$S=\{1,2,3,\cdots,10\}$.

于是，"抽到 4 号题签"为一个随机事件，"抽到标号小于 3 的题签"也是一个随机事件．

例 2 在适宜的条件下，播种代号分别为 a、b 的两粒玉米种子，观察出苗情况，则可能结果为"a、b 都出苗"记为 A_1，"a 出 b 不出"记为 A_2，"a 不出 b 出"记为 A_3，"a、b 都不出苗"记为 A_4，共四种情况，即

试验：观察记录两粒种子的出苗情况.

可能的结果：A_1, A_2, A_3, A_4. 样本空间：$S=\{A_1, A_2, A_3, A_4\}$. 此例中"至少有一粒出苗""仅有一粒出苗""没有一粒出苗"等均为随机事件.

二、事件的关系与运算

同一试验的不同事件之间往往存在着一定的联系，在实际问题中，随机事件又往往有简单和复杂之分. 在研究随机事件发生的规律性时，需要了解事件间的关系，以及事件的合成与分解的数学结构. 为此，对事件之间的各种关系及运算有必要作明确规定.

由于随机事件是基本空间的子集，下面就按照集合论中集合的关系和运算给出事件的关系和运算的含义.

设 A、B、C、$A_k(k=1,2,\cdots,n)$ 分别是某试验下的随机事件：

1. 包含关系

如果事件 A 发生必然导致事件 B 发生，则称**事件 A 包含于事件 B**，记作 $A \subset B$，或称**事件 B 包含事件 A**，记作 $B \supset A$，即 A 中的基本事件都在 B 中.

2. 相等关系

如果事件 A 和事件 B 互相包含，即 $A \subset B, B \subset A$，则称 **A 与 B 相等**，记作 $A=B$，即 A 与 B 中的基本事件完全相同.

如例 1 中，设 $A=$"抽到标号为 3 的题签"，$B=$"抽到标号小于 5 的题签"，$C=$"抽到标号不超过 4 的题签"，则 $A \subset B, B=C$.

3. 和事件

"事件 A 与事件 B 至少有一个发生"的事件称为**事件 A 与 B 的和事件**（又叫**并事件**），记作 $A+B$（或记作 $A \cup B$）. 它是由属于 A 或 B 的所有基本事件构成的. 在某次试验中事件 $A \cup B$ 发生，则意味着在该次试验中事件 A 与 B 至少有一个发生. 显然 $A \subset A \cup B$，$B \subset A \cup B$.

如例 1 中，设 $A=$"抽到标号不超过 3 的题签"，$B=$"抽到标号超过 2 不超过 5 的题签"，则 $A \cup B=$"抽到标号不超过 5 的题签".

和事件可以推广到更多的事件上去，即 $\bigcup\limits_{k=1}^{n} A_k = A_1 \cup A_2 \cup \cdots \cup A_n = \sum\limits_{k=1}^{n} A_k$，表示"事件 $A_1, A_2, \cdots, A_n$ 至少有一个发生"这一事件.

如例 1 中，设 $A_k=$"抽到 k 号题签"，$k=1,2,\cdots,10$，则 $A_1 \cup A_2 \cup A_3 \cup A_4$ 表示"抽到号数不超过 4 的题签".

4. 积事件

"事件 A 与事件 B 同时发生"的事件称为**事件 A 与 B 的积事件**（又叫**交事件**），记作 AB（或记作 $A \cap B$）. 它是由既属于 A 又属于 B 的所有基本事件构成的. 在某次试验中事件 $A \cap B$

发生，则意味着在该次试验中事件 A 与 B 同时发生。显然 $AB \subset A$，$AB \subset B$.

如例 2 中，设 $A=$ "至少有一粒种子出苗"，$B=$ "至多有一粒种子出苗"，则 $A \cap B=$ "恰有一粒种子出苗".

积事件也可以推广到更多的事件上去，即 $\bigcap\limits_{k=1}^{n} A_k = A_1 \cap A_2 \cap \cdots A_n = \prod\limits_{k=1}^{n} A_k$，表示"事件 $A_1, A_2, \cdots, A_n$ 同时发生"这一事件.

5. 互斥事件

在一次试验中，不能同时发生的两个事件 A 与 B 称为**互斥事件**（或叫互不相容事件）。事件 A 与 B 互斥，说明 A 与 B 没有相同的基本事件，即 $A \cap B = \Phi$，这也是两个事件 A 与 B 互斥的充要条件.

如例 2 中，设 $A=$ "没有一粒种子出苗"，$B=$ "恰有一粒种子出苗"，则 A 与 B 是互斥的两个事件.

如果事件 $A_1, A_2, \cdots, A_n$ 两两互不相容，则称事件 $A_1, A_2, \cdots, A_n$ 是互不相容的.

6. 差事件

称"事件 A 发生而事件 B 不发生"的事件为事件 A 与 B 的**差事件**，记作 $A-B$. 它是由属于 A 但不属于 B 的基本事件构成的.

7. 对立事件

在一次试验中的两个事件 A 与 B，若 $A \cup B = S$，且 $A \cap B = \Phi$，则称 A 与 B 为**相互对立的事件**（又叫互逆事件）。A 的对立的事件记作 $\bar{A}$，也就是说，$\bar{A}$ 包含了基本空间 S 中不属于 A 的全部基本事件。若 $A=$ "A 发生"，则 $\bar{A}=$ "A 不发生"。显然 $\bar{A} \cup A = S$，$\bar{A} \cap A = \Phi$，$\bar{\bar{A}} = A$，$\bar{A} = S - A$.

从上面的讨论可以看出，事件之间的各种关系、运算与集合论中集合之间的相应关系、运算是一致的，因此，事件之间的各种关系和运算可以用直观示意图 8-1 表示（注：图 8-1 中的 $\Omega = S$，即基本空间）.

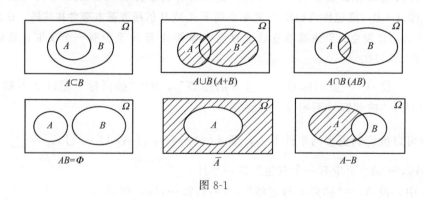

图 8-1

例 3 设 A, B, C 为同一随机试验中的三个随机事件，用 A, B, C 的运算表示下列各事件：(1) "A 与 B 发生，C 不发生"；(2) "A, B, C 中恰有两个发生"；(3) "A, B, C 中至少有一个发生".

解 (1) $AB\bar{C}$ 或 $AB-C$；(2) $AB\bar{C} + A\bar{B}C + \bar{A}BC$；(3) $A+B+C$.

例4 某人向一目标连续射击3次，设 $A_i=$ "第 i 次击中"，$i=1,2,3$. 试用 A_1,A_2,A_3 的运算表示：

(1) "恰好一次命中"；　　　　(2) "第一次和第二次中而第三次不中".

解 随机试验是某人向一目标连续射击3次，基本空间有 $C_3^0+C_3^1+C_3^2+C_3^3=8$ 个元素.

(1) "恰好一次命中" $=A_1\overline{A_2}\overline{A_3}+\overline{A_1}A_2\overline{A_3}+\overline{A_1}\overline{A_2}A_3$.

(2) "第一次和第二次中而第三次不中" $=A_1A_2\overline{A_3}$.

8. 事件的运算满足以下规律

(1) 交换律　$A\cup B=B\cup A, A\cap B=B\cap A$；

(2) 结合律　$(A\cup B)\cup C=A\cup(B\cup C),(A\cap B)\cap C=A\cap(B\cap C)$；

(3) 分配律　$(A\cup B)\cap C=(A\cap C)\cup(B\cap C),(A\cap B)\cup C=(A\cup C)\cap(B\cup C)$；

(4) 德摩根定律（对偶律）$\overline{A\cup B}=\overline{A}\cap\overline{B}, \overline{A\cap B}=\overline{A}\cup\overline{B}$；可推广到多个事件上 $\overline{A\cup B\cup C}=\overline{A}\cap\overline{B}\cap\overline{C}, \overline{A\cap B\cap C}=\overline{A}\cup\overline{B}\cup\overline{C}$.

习题 8-1

1. 指出下列事件中哪些是必然事件？哪些是不可能事件？哪些是随机事件？

$A=$ "一副扑克牌中随机地抽出一张是黑桃"；

$B=$ "没有水分，水稻种子发芽"；

$C=$ "一副扑克牌中随机地抽出14张，至少有两种花色（除大小王）".

2. 种三粒种子 a_1,a_2,a_3，以 A_1,A_2,A_3 分别表示 a_1,a_2,a_3 出苗. 试用 A_1,A_2,A_3 的关系和运算表示以下事件：(1) 只有一粒出苗；(2) 三粒都未出苗；(3) 至少有一粒出苗；(4) 只有 a_2 出苗.

3. 按语文、数学成绩衡量学生是否合格. 若 A 表示 "语文及格"，B 表示 "数学及格"，试分别陈述 $\overline{A\cup B}, \overline{A\cap B}$ 与 $A\cap B$ 的意义，并说明 $\overline{A\cap B}$ 与 $\overline{A\cup B}$ 的关系.

4. 如果事件 A 与 B 互斥，是否必有 A 与 B 互逆？反之如何？试举例说明.

5. 要使以下各式成立，事件 A 与 B 之间具有何种包含关系？

(1) $AB=A$；　　　(2) $A\cup B=A$.

6. 写出下列各试验的基本空间，并指出给定的事件所包含的基本事件.

试验：观察50粒种子发芽粒数.

$A=$ "发芽粒数不多于40"；$B=$ "发芽粒数超过25".

第二节　事件的概率

为了研究随机现象的统计规律，如何描述某一随机事件出现的可能性大小，即随机事件概率的定义，是概率论中重要的基本课题之一.

一、概率的统计

1. 频率

设在相同条件下重复进行 n 次试验，其中事件 A 发生的次数为 m 次，称 m 为事件 A

发生的**频数**，而事件 A 发生的**频率**定义为 $f_n(A) = \dfrac{m}{n}$。对任一事件 A 的频率有如下性质：

$$0 \leqslant f_n(A) \leqslant 1, f_n(\Phi) = 0, f_n(\Omega) = 1.$$

以上性质可用频率定义验证（读者自己考虑）。

例1 为考察某种水稻的发芽率，分别选取 5 粒、15 粒、50 粒、100 粒、200 粒、400 粒、600 粒在相同条件下进行发芽试验，得到的统计结果列入表 8-1 中。

这里我们把观察一粒种子看作是一次试验，将"种子发芽"看作是事件 A。由表 8-1 可以看到，

$$f_{15}(A) = 0.867, f_{200}(A) = 0.900, f_{600}(A) = 0.902, 等等.$$

仔细观察表 8-1 就会发现，当 n 取不同值时，$f_n(A)$ 不尽相同。但当 n 比较大时，$f_n(A)$ 在 0.9 这个固定数值附近摆动。因此我们可以认为 0.9 反映了事件"种子发芽"发生的可能性大小。

表 8-1

种子数 n	5	15	50	100	200	400	600
发芽数 m	4	13	46	89	180	362	541
发芽率 $\dfrac{m}{n}$	0.800	0.867	0.920	0.890	0.900	0.905	0.902

经验表明，当试验在相同条件下进行多次时，事件 A 出现的频率具有一定的稳定性，即事件 A 发生的频率在一个固定的数值 p 附近摆动（例1中 $p = 0.9$），而且这种稳定性随着试验次数的增加而愈加明显。数值 p 可以用来度量事件 A 发生的可能性大小。因此我们可以把 p 规定为事件 A 发生的概率。

2. 概率的统计定义

在一组不变的条件下，重复进行 n 次试验。当 n 充分大时，若随机事件 A 出现的频率 m/n 稳定地在某一个固定的数值 p 的附近摆动，则**称 p 为随机事件 A 的概率**，记作 $P(A) = p$。

对于前面的例子显然有 $P(A) = 0.9$。学生可用抛质地均匀的硬币试验验证 P（正面向上）$= 0.5$。

根据概率的统计定义，当试验次数 n 足够大时，可以用事件 A 发生的频率近似地代替 A 发生的概率，即

$$P(A) \approx f_n(A).$$

二、概率的古典定义

1. 概率的古典定义

有一类比较简单的随机试验，它的特征如下：

(1) 基本空间 S 只有有限多个元素（基本事件），即只有有限个试验结果 $A_1, A_2, \cdots, A_n$（有限性）。

(2) 基本事件 $A_1, A_2, A_3, \cdots, A_n$ 出现的可能性相等（等可能性）。

称这类随机试验的数学模型为**古典概型**。

历史上首先研究的主要是这一类问题。如掷一枚质地均匀的骰子，是一个古典概型；又如从装有 3 红、5 白、2 黑三色球的盒子中任取一个观察其颜色后放回，也是一个古典概型。

显然在古典概型下，若基本事件总数为 n，事件 A 包含 k 个基本事件，我们根据经验便得事件 A 发生的可能性大小，即 A 发生的概率为 $\dfrac{k}{n}$，记作

$$P(A)=\dfrac{k}{n}.$$

即事件 A 的概率 $P(A)$ 为 A 中包含的基本事件个数 k 与基本事件总数 n 的比值，这就是概率的**古典定义**.

比如上面第二个古典概型中，设 $A=$"随机取一球为红球"，则 $k=3, n=10$，所以 $P(A)=\dfrac{3}{10}$. 而每一个球被取到的概率相等都是 $\dfrac{1}{10}$，这正反映了等可能性的事实.

2. 概率的性质

(1) 对任一事件 A，有 $0 \leqslant P(A) \leqslant 1$；

(2) 必然事件的概率等于 1，即 $P(S)=1$；

(3) 不可能事件的概率等于零，即 $P(\Phi)=0$.

概率的性质可由定义直接证得，性质可以帮助我们检验概率的计标结果.

下面讨论古典概型中的不同例子，将会发现排列组合的知识是十分有用的. 为了计算事件 A 的概率，有时不必将 S 的元素一一列出，而只需求出 S 中基本事件总数 n 和 A 中包含的基本事件的个数 k.

例 2 抛一枚质地均匀的硬币，求"反面向上"的概率.

解 此试验只有两个结果 $A_1=$"正面向上"，$A_2=$"反面向上"，于是 $S=\{A_1, A_2\}$ 具有有限性；又由硬币质地均匀可知，A_1 和 A_2 发生的可能性相等，所以是古典概型，故 $P(A_1)=P(A_2)=\dfrac{1}{2}$.

例 3 5 个零件中有 2 个次品，现从中任取 2 个，求恰有一个次品的概率.

解 设 $A=$"恰有一个次品"，则 $k=C_3^2 C_2^1, n=C_5^2$，于是

$$P(A)=\dfrac{k}{n}=\dfrac{C_3^2 C_2^1}{C_5^2}=\dfrac{6}{10}=\dfrac{3}{5}.$$

例 4 保险箱的号码锁若由四位数字组成，问一次就能打开保险箱的概率是多少？

解 由于四个位上的数字可以重复，所以可能的号码有 10^4 个，即 $n=10^4$，设 $A=$"一次打开保险箱"，则 $k=1$，于是

$$P(A)=\dfrac{k}{n}=\dfrac{1}{10^4}=\dfrac{1}{10000}.$$

也就是说，一次就能打开保险箱的概率是万分之一.

例 5 口袋中有 10 张卡片，其中 2 张有奖. 两个人依次从口袋中摸出一张，问第一人和第二人中奖的概率各是多少？

解 设 $A_1=$"第一人中奖"，$A_2=$"第二人中奖"，由古典定义有：

$$P(A_1)=\dfrac{1}{5}, \qquad P(A_2)=\dfrac{C_2^1 C_9^1}{10 \times 9}=\dfrac{2 \times 9}{90}=\dfrac{1}{5}.$$

例 6 为了估计鱼池中鱼的条数，先从池中捞出 50 条鱼标上记号后放回鱼池，经过适当的时间，让其充分混合，再从鱼池中顺次捞出 60 条鱼（每次取出后都放回），发现有两条

标有记号,问鱼池中大约有多少条鱼?

解 设鱼池中共有 n 条鱼,$A=$"从池中捉出一条有记号的鱼",由古典定义,A 发生的概率

$$P(A)=\frac{50}{n}.$$

从池中顺次有放回地捞取 60 条鱼,可以看成是 60 次重复试验,随机事件 A 发生了两次. 即

$$f_{60}(A)=\frac{1}{30}.$$

它应与 $P(A)$ 近似相等,于是

$$\frac{50}{n}\approx\frac{1}{30},$$

从而得

$$n\approx 1500.$$

即池中大约有 1500 条鱼.

三、加法公式

前面我们介绍了概率的两种定义,但仅用定义来计算事件的概率对一些较复杂的问题往往是不方便的,有时甚至是不可能的. 所以有必要介绍一些概率的运算法则.

(一) 概率的加法公式

(1) 如果事件 A、B 互不相容,那么

$$P(A+B)=P(A)+P(B). \tag{8-1}$$

加法公式(8-1)推广如下:

如果有限个事件 $A_1,A_2,\cdots,A_n$ 互不相容,则有

$$P(A_1+A_2+\cdots+A_n)=P(A_1)+P(A_2)+\cdots+P(A_n).$$

例 7 盒中有 2 个红球、3 个白球,试求下列两种情况下至少有一个白球的概率:(1) 从中任取两个球;(2) 从中任取三个球.

解 (1) 设 $A_1=$"两个中恰有一个白球",$A_2=$"两个都是白球",则 $A_1+A_2=$"两个中至少有一个白球".

由于 A_1 和 A_2 互不相容,且

$$P(A_1)=\frac{C_3^1 C_2^1}{C_5^2}=\frac{6}{10}=\frac{3}{5}, P(A_2)=\frac{C_3^2 C_2^0}{C_5^2}=\frac{3}{10}.$$

所以

$$P(A_1+A_2)=P(A_1)+P(A_2)=\frac{3}{5}+\frac{3}{10}=\frac{9}{10}.$$

(2) 设 $A_1=$"三个中恰有 1 个白球",$A_2=$"三个中恰有 2 个白球",$A_3=$"三个球都是白的",则 $A_1+A_2+A_3=$"三个球中至少有一个白球".

由于 A_1,A_2,A_3 互不相容,且

$$P(A_1)=\frac{C_3^1 C_2^2}{C_5^3}=\frac{3}{10}, \quad P(A_2)=\frac{C_3^2 C_2^1}{C_5^3}=\frac{6}{10}=\frac{3}{5}, \quad P(A_3)=\frac{C_3^3 C_2^0}{C_5^3}=\frac{1}{10},$$

所以 $P(A_1+A_2+A_3)=P(A_1)+P(A_2)+P(A_3)=\frac{3}{10}+\frac{6}{10}=\frac{1}{10}=1.$

可见，事件 $A_1+A_2+A_3$ 是必然．

(2) 对于任意两个事件 A、B，有

$$P(A+B)=P(A)+P(B)-P(AB). \tag{8-2}$$

式(8-1) 和式(8-2) 可用古典定义结合图 8-2 得出（证明略），且前者是后者的特殊情况（注：图 8-2 中 $\Omega=S$）．

加法公式(8-2) 可推广如下：

$$P(A+B+C)=P(A)+P(B)+P(C)-P(AB)-P(AC)-P(BC)+P(ABC).$$

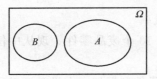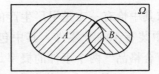

图 8-2

例8 考察甲、乙两个城市 6 月份的降雨情况．已知甲城出现雨天的概率是 0.3，乙城出现雨天的概率是 0.4，甲、乙两城至少有一个出现雨天的概率是 0.52．试计算甲、乙两城市同时出现雨天的概率．

解 设 $A=$"甲城出现雨天"，$B=$"乙城出现雨天"，则 $A+B$ 表示"甲、乙两城至少有一个出现雨天"，AB 表示"甲、乙两城同时出现雨天"．由题设，有

$$P(A)=0.3,P(B)=0.4,P(A+B)=0.52.$$

故由加法公式(8-2) 得

$$P(AB)=P(A)+P(B)-P(A+B)=0.3+0.4-0.52=0.18.$$

(二) 逆事件的概率

设 $\overline{A}$ 是 A 的逆事件，则

$$\overline{A}+A=S,\quad \overline{A}A=\Phi.$$

由公式(8-1) 有 $P(S)=P(\overline{A}+A)=P(\overline{A})+P(A)=1$，从而得

$$P(\overline{A})=1-P(A). \tag{8-3}$$

式(8-3) 常常给概率的计算带来一些方便．

例9 一批产品有 50 件，其中 45 件合格品、5 件不合格品，从这批产品中任取 3 件，求其中至少有一件不合格品的概率．

解 设 $A=$"至少有一件不合格品"，则 $\overline{A}=$"全是合格品"．于是

$$P(A)=1-P(\overline{A})=1-\frac{C_{45}^3 C_5^0}{C_{50}^3}=1-0.724=0.276.$$

读者可用加法公式解此题，并加以比较．

习题 8-2

1. 在一批 10 件产品中有 4 件次品，从这批产品中任取 5 件，求其中恰有 3 件次品的概率．

2. 某城市的电话号码是七位数，每位数字可以是 0、1、2、…、9 中的任一个数．问：
(1) 如果某人忘记了要拨打的电话号码，那么他一次拨号就能拨对的概率是多少？
(2) 若该人知道在拨打的电话号码中由七个互不相同的数字组成，那么他一次拨号就能拨对的概率又是多少？

3. 一纸盒中混放着 60 支外形相同的电阻，其中甲厂生产的占 $\frac{1}{3}$，乙厂生产的占 $\frac{2}{3}$．现从中任取 3 支，求其中恰有一支是甲厂生产的概率．

4. 一只盒子中装有 100 个零件，其中包含 10 个废品零件．现从中任取 4 个零件，求"没有废品""没有合格品"两个事件的概率．

5. 一个设备由 5 个元件组成，其中有两个元件已损坏．在设备开动前，随机替换两个元件，求换掉的元件皆未损坏的概率．

6. 在一副 52 张扑克牌中任意取出 5 张，求其中至少有一张黑桃牌的概率．

7. 对某村调查结果的统计表明，有黑白电视机的家庭占 80%，有彩电的家庭占 18%，没有电视机的家庭占 15%，如果随机地到一家去，试求
(1) 没有彩电的概率；(2) 有电视机的概率；(3) 有黑白电视机或无电视机的概率；
(4) 彩电和黑白电视机都有的概率．

8. 某人在一次射击中射中 10 环，9 环，8 环的概率分别是 0.26,0.30,0.20．试求此人在一次射击中，
(1) 射中 8 环及 8 环以上的概率；(2) 不足 8 环的概率．

9. 设仓库有 100 个产品，其中有 5 个废品，从中不放回地取两次，每次取一个产品，求第二次取到废品的概率．

10. 要想抽检一批产品的质量，从这批产品中取出 100 件逐一检验，发现有 2 件次品，试估计这批产品的合格率．

11. 从 0,1,2,3 这四个数字中任取三个进行排列，求"取到的三个数字排列成三位偶数"的概率．

第三节 条件概率和全概率公式

一、条件概率

到目前为止，我们一直是在没有试验的其他信息的情况下计算某种事件的概率的．但是如果知道了试验中一个事件已经发生了，我们自然希望在试验中能利用新得到的信息，去重新认识事件的不确定性．那么，我们该怎么使用这个信息呢？

同时掷两枚质地均匀的硬币，共有四种可能的情况，即
$$S=\{(正,正),(正,反),(反,正),(反,反)\}.$$

设 A = "两个都是正面向上",B = "至少有一个正面向上",则由古典定义有

$$P(A) = \frac{1}{4}, P(B) = \frac{3}{4}.$$

假如我们事先知道结果至少有一个正面向上,那么这种条件下两个都是正面向上的概率就是 $\frac{1}{3}$,记为 $P(A|B) = \frac{1}{3}$,这就是事件 B 已经发生的条件下事件 A 发生的条件概率.它与 $P(A) = \frac{1}{4}$ 不同,原因在于,事件 B 的发生改变了基本空间,由于 B 的发生,原基本事件(反,反)已被排除在外,新的基本空间应该是 $S_B = \{(正,正),(正,反),(反,正)\}$,在这个基本空间里,事件 A 再发生的概率就是 $\frac{1}{3}$ 了.

从上例可知,条件概率 $P(A|B)$ 实质就是缩减了基本空间,把原有的基本空间 S 缩减为 S_B,在 S 中计算事件 A 的概率就是 $P(A)$,而在 S_B 中计算事件 A 的概率就是 $P(A|B)$.

假如我们每次都用基本空间的缩减来计算条件概率,那就太麻烦了,某些场合下甚至是不可得的.为此我们在原概率空间 S 中给出条件概率的一般定义方式.

首先我们还是从古典概型入手来分析我们应该怎样定义条件概率.设 S 的基本事件总数为 n,事件 A、B 与 AB 中的基本条件个数为 n_A,n_B 和 n_{AB},则 $P(A|B)$ 可用 B 已经发生的条件下 A 发生的相对比例来表达,即 $P(A|B)$ 应为 n_{AB}/n_B,而 $\frac{n_{AB}}{n_B} = \frac{n_{AB}/n}{n_B/n} = \frac{P(AB)}{P(B)}$,所以,$P(A|B) = \frac{P(AB)}{P(B)}$ 且 $P(B) \neq 0$. 于是有条件概率的一般定义如下:

定义 设 A、B 为随机试验下的两个随机事件,且 $P(B) \neq 0$,则称 $P(A|B) = \frac{P(AB)}{P(B)}$ 为在事件 B 已经发生的条件下,事件 A 发生的**条件概率**.

同理,当 $P(A) \neq 0$ 时称 $P(B|A) = \frac{P(AB)}{P(A)}$ 为在事件 A 已经发生的条件下,事件 B 发生的条件概率.

例1 20个乒乓球的颜色等级如表 8-2 所示.

表 8-2

项目	一等	二等	合计
黄	8	4	12
白	6	2	8
合计	14	6	20

(1) 从中任取一球,求取得一等品的概率;
(2) 从黄球中任取一球,求取得一等品的概率.

解 设 A = "从中任取一球为一等品",B = "从中任取一球为黄球". 则

(1) $P(A) = \frac{14}{20} = \frac{7}{10}$;(2) $P(A|B) = \frac{P(AB)}{P(B)} = \frac{8/20}{12/20} = \frac{8}{12} = \frac{2}{3}.$

如果设 C = "从中任取一球为白球",则同理得

$$P(A|C) = \frac{P(AC)}{P(C)} = \frac{6}{8} = \frac{3}{4}.$$

例2 某种动物出生后，能活到30岁的概率是0.8，活到35岁的概率为0.4，现有一只30岁的这种动物，求它能活到35岁的概率是多少？

解 设 $A=$"活到35岁"，$B=$"活到30岁"，则所求概率为 $P(A|B)$，因 $A \subset B$，故 $AB=A$，又 $P(A)=0.4, P(B)=0.8, P(AB)=P(A)=0.4$，于是

$$P(A|B) = \frac{P(AB)}{P(B)} = \frac{0.4}{0.8} = \frac{1}{2}.$$

从表面上看，$P(AB)$ 与 $P(A|B)$ [或 $P(B|A)$] 都要涉及"事件 A 发生，事件 B 也发生"这个事件的概率，所以两者极易混淆。其实两者有本质的区别，即基本空间不同，$P(AB)$ 的基本空间是 S，$P(A|B)$ [或 $P(B|A)$] 的基本空间是 S_B（或 S_A）。

二、乘法公式

由条件概率的定义可得

$$P(AB) = P(B)P(A|B) \quad [P(B) \neq 0]$$

或

$$P(AB) = P(A)P(B|A) \quad [P(A) \neq 0]. \tag{8-4}$$

即两个事件乘积的概率等于其中一个事件的概率乘以该事件发生的条件下另一个事件发生的条件概率。称公式(8-4)为概率的乘法公式。

乘法公式可推广多个事件，如

$$P(A_1 A_2 A_3) = P(A_1)P(A_2|A_1)P(A_3|A_1 A_2).$$

例3 一批零件共100个，次品率为10%，顺次从这批零件中任取两个，第一次取出零件后不放回，求第二次才取到正品的概率。

解 设 $A=$"第一次取到正品"，$B=$"第二次取到正品"，则要求的是 $P(\overline{A}B)$。由乘法公式得

$$P(\overline{A}B) = P(\overline{A})P(B|\overline{A}) = \frac{10}{100} \times \frac{90}{99} = \frac{1}{11}.$$

例4 50件商品中有3件次品，其余都是正品。现每次取1件，无放回地从中抽取3件，试求：(1) 3件商品中都是正品的概率；(2) 第三次才抽到正品的概率。

解 设 $A_i=$"第 i 次取到正品" $(i=1,2,3)$。则

(1) $P(A_1 A_2 A_3) = P(A_1)P(A_2|A_1)P(A_3|A_1 A_2) = \frac{47}{50} \times \frac{46}{49} \times \frac{45}{48} = 0.8273;$

(2) $P(\overline{A_1}\overline{A_2}A_3) = P(\overline{A_1})P(\overline{A_2}|\overline{A_1})P(A_3|\overline{A_1}\overline{A_2}) = \frac{3}{50} \times \frac{2}{49} \times \frac{47}{48} = 0.0024.$

三、全概率公式

在概率的计算中，要计算一个复杂的随机事件的概率，经常把该事件分解成若干互不相容的简单事件的并事件，然后利用加法公式和乘法公式分别计算这些简单事件的概率。这里全概率公式起着很重要的作用。

设随机试验的基本空间为 S，其中 $H_1, H_2, \cdots, H_n$ 满足

(1) $H_1 + H_2 + \cdots + H_n = S$；

(2) $H_1, H_2, \cdots, H_n$ 两两互不相容，即 $H_i H_j = \Phi (i \neq j)$.

则称 $H_1, H_2, \cdots, H_n$ 组成 S 的一个**分割**（或称 $H_1, H_2, \cdots, H_n$ 是 S 的一个完备事件组）.

例如在掷骰子试验中，$S = \{1, 2, 3, 4, 5, 6\}$，令 $H_1 =$ "掷到奇数点"，$H_2 =$ "掷到偶数点"，则 $H_1 + H_2 = S, H_1 + H_2 = \Phi$，所以 H_1 和 H_2 就构成了 S 的一个分割.

下面给出全概率公式.

设随机试验的基本空间为 S，事件组 $H_1, H_2, \cdots, H_n$ 构成 S 的一个分割，且 $P(H_i) > 0$，则对任意事件 B，有

$$P(B) \sum_{i=1}^{n} P(H_i) P(B|H_i). \tag{8-5}$$

这就是计算概率的一个非常重要且实用的**全概率公式**.

证明 由于 $B = BS = B(H_1 + H_2 + \cdots + H_n) = BH_1 + BH_2 + \cdots + BH_n$，而 $H_1, H_2, \cdots, H_n$ 两两互不相容，所以 $BH_1, BH_2, \cdots, BH_n$ 也两两互不相容，即

$$P(B) = P(BH_1 + BH_2 + \cdots + BH_n) = \sum_{i=1}^{n} P(BH_i).$$

又 $P(H_i) > 0$，所以

$$P(B) = \sum_{i=1}^{n} P(H_i) P(B|H_i).$$

图 8-3 给出了全概率公式的直观说明.

例 5 某工厂有三个车间，生产同一产品，第一车间生产全部产品的 $\dfrac{1}{2}$，第二车间生产全部产品的 $\dfrac{1}{3}$，第三车间生产全部产品的 $\dfrac{1}{6}$. 各车间的不合格品率 0.02，0.03 和 0.04，任抽一件产品，试求抽到不合格品的概率.

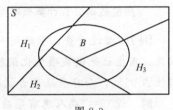

图 8-3

解 设 $H_i =$ "抽到第 i 个车间的产品" $(i = 1, 2, 3)$，$B =$ "抽到不合格品".

可以看出，事件 H_1, H_2, H_3 是该试验的基本空间的一个分割. 已知

$$P(H_1) = \frac{1}{2}, P(H_2) = \frac{1}{3}, P(H_3) = \frac{1}{6},$$

$$P(B|H_1) = 0.02, P(B|H_2) = 0.03, P(B|H_3) = 0.04.$$

所以由全概率公式有

$$P(B) = P(H_1) P(B|H_1) + P(H_2) P(B|H_2) + P(H_3) P(B|H_3)$$

$$= \frac{1}{2} \times 0.02 + \frac{1}{3} \times 0.03 + \frac{1}{6} \times 0.04 = \frac{2}{75} \approx 0.027.$$

故任取一件为不合格品的概率是 2.7%.

使用全概率公式计算概率的关键是要找到基本空间的一个合适的分割 $H_1, H_2, \cdots H_n$. 这里"合适"的含义是指 $P(H_i)$ 及 $P(B|H_i)$ 易于计算. 从以上例子可以看出，如果要计算事件 B 的概率，则应考虑把所能引起 B 发生的各种条件（或原因）作为基本空间的一个分割. 用全概率公式计算概率可概括为**由因导果**.

例6 在上节例5中 A_1 和 $\overline{A_1}$ 组成基本空间的一个分割,且

$$P(A_1)=\frac{1}{5}, P(\overline{A_1})=\frac{4}{5}, P(A_2|A_1)=\frac{1}{9}, P(A_2|\overline{A_1})=\frac{2}{9}.$$

所以

$$P(A_2)=P(A_1)P(A_2|A_1)+P(\overline{A_1})(A_2|\overline{A_1})=\frac{1}{5}\times\frac{1}{9}+\frac{4}{5}\times\frac{2}{9}=\frac{1}{5}.$$

可见每个人中奖的概率都是 $\frac{1}{5}$,与抽奖的顺序无关. 当然,若已知第一个人中奖,则第二人中奖的概率就是 $\frac{1}{9}$,这是条件概率问题.

四、贝叶斯(bayes)公式

全概率公式是由因导果,若已知某结果已经发生,求各个原因所作出的"贡献",则用贝叶斯公式(又叫逆概率公式)来计算:

设随机试验的基本空间为 S,事件组 $H_1,H_2,\cdots,H_n$ 构成 S 的一个分割,且 $P(H_i)>0$,则对样本空间的任意事件 B,$P(B)>0$,有

$$P(H_j|B)=\frac{P(H_j)P(B|H_j)}{\sum_{i=1}^{n}P(H_i)P(B|H_i)}(j=1,2,\cdots,n). \tag{8-6}$$

用逆概率公式计算概率可概括为**知果寻因**.

例7 经过普查,了解到人群有某种癌症的概率是 0.05%. 某病人因患有类似病症前去求医,医生让他做某项生化试验,化验结果为阳性. 经临床多次试验,患有癌症患者试验呈阳性占 95%,而非癌症患者试验呈阳性仅占 10%. 求该病人得癌症的概率.

解 设 $C=$"病人患有癌症",$A=$"试验为阳性",
由题意有 $P(C)=0.0005$, $P(A|C)=0.95$, $P(A|\overline{C})=0.1$.
于是由贝叶斯公式得

$$P(C|A)=\frac{P(C)P(A|C)}{P(C)P(A|C)+P(\overline{C})P(A|\overline{C})}$$
$$=\frac{0.0005\times0.95}{0.0005\times0.95+0.9995\times0.1}=0.00473.$$

这一结论很让人意外,通常人们在试验阳性后总认为自己得癌的概率很大,问题出在混淆了 $P(C|A)$ 和 $P(A|C)$ 两者的区别. 尽管 $P(C|A)$ 比 $P(C)$ 高了 10 倍,毕竟不算太高,这正是由于 $P(A|\overline{C})$ 较大造成的. 通常我们称 $P(C)$ 为根据经验得到的事件 C 的先验概率,而得到新的信息(化验结果为阳性)之后,$P(C|A)$ 为事件 A 发生后加以修正的事件 C 的后验概率.

习题 8-3

1. 一百年来的气象资料知,一年中甲市有 20% 的天数为雨天,乙市有 18% 的天数为雨天,两地同时为雨天的日数为 12%,求

(1) 甲乙两地至少有一个出现雨天的概率；

(2) 已知甲地为雨天时，乙地也为雨天的条件概率；

(3) 已知乙地为雨天时，甲地也为雨天的条件概率．

2. 某校学生中"三好学生"的比例为 10%，而"三好学生"中，"三好学生标兵"的比例为 10%．现从全校学生中任意抽出一名，求其是"三好学生标兵"的概率．

3. 十名学生从十个题签中抽取其一进行口试，抽后不放回，求

(1) 第一名同学抽到 5 号签的概率；

(2) 第二名同学抽到 5 号签的概率；

(3) 第一名同学抽到 5 号签的条件下第二名同学抽到 6 号签的概率．

4. 某地区位于河流甲与乙的汇合处，任一河流泛滥时，该地区便被淹没，据历史资料，每年涨水季节，甲河泛滥的概率为 0.1，乙河泛滥的概率为 0.2，在甲河泛滥时乙河泛滥的条件概率为 0.3．求

(1) 该地区在涨水季节被淹没的概率；

(2) 在乙河泛滥时，甲河也泛滥的条件概率．

5. 100 个零件中含有 90 个正品，从中每次取出一个零件，取后不放回，求第三次才取到正品的概率．

6. 甲箱中有 3 个白球，2 个黑球；乙箱中有 1 个白球，3 个黑球．现从甲箱中任取一球放入乙箱中，再从乙箱中任意取出一球，问从乙箱中取出白球的概率是多少？

7. 设工厂 A 和工厂 B 的产品的次品率分别为 1% 和 2%，现从由 A 和 B 的产品分别占 60% 和 40% 的一批产品中随机地抽取一件，发现是次品，则该次品属于 A 厂生产的概率是多少？

第四节 独立重复试验

一、事件的独立性

我们知道事件 A 发生的概率 $P(A)$ 与事件 B 发生的条件下 A 发生的条件概率 $P(A|B)$ 一般不相同，这正说明随机事件 B 的发生与否影响了随机事件 A 的发生．但如果
$$P(A|B)=P(A),$$
则说明事件 B 发生对事件 A 的发生没有影响，下面的例子说明了这种现象是存在的．

例如，从装有 2 个红球，8 个白球的袋中依次任取两个球，第一次取后放回，第二次再取．

设 $B=$"第一次取到白球"，$A=$"第二次取到白球"．由于第一次取后又放回袋中，其基本空间没有变化，所以 A 发生的概率与 B 是否发生无关，即 $P(A|B)=P(A)$．这就是随机事件的独立性问题．

1. 定义

设 A、B 为两个随机事件，如果 $P(A|B)=P(A)$ 成立，则称 A 对 B 是独立的．

请读者自己证明，当 A 对 B 独立时，B 对 A 也是独立的，这说明两个事件的独立是相互的．

2. 充要条件

事件 A 与 B 相互独立的充要条件是 $P(AB)=P(A)P(B)$（证明略）.

关于两个事件独立的概念，可推广到有限多个事件的情形.

如果事件 $A_1,A_2,\cdots,A_n$ 中任何一个事件发生的概率不受其他事件发生的影响，那么事件 $A_1,A_2,\cdots,A_n$ 叫做是相互独立的，并且

$$P(A_1A_2\cdots A_n)=P(A_1)P(A_2)\cdots P(A_n).$$

这是 n 个事件相互独立的必要条件.

需注意的是：(1) 若 $A_1,A_2,\cdots,A_n$ 相互独立，则它们必两两独立，反之未必.

(2) 若事件 A 与 B 相互独立，则事件 A 与 $\overline{B}$，$\overline{A}$ 与 B，$\overline{A}$ 与 $\overline{B}$ 也是相互独立的.

(3) 在实际问题中，事件的相互独立，并不总是需要通过公式的计算来证明，而可以根据具体情况来分析、判断，正如有放回抽样，第二次抽样结果不受第一次抽样结果的影响. 只要事件之间没有明显的联系或联系甚微，我们就可以认为它们是相互独立的.

利用相互独立性，许多概率问题的计算能大为简化.

例 1 三人独立地去破译一份密码，已知每个人能译出的概率分别为 $\frac{1}{5},\frac{1}{3},\frac{1}{4}$，求密码被译出的概率.

解 设 $A_i=$"第 i 个人译出密码"（$i=1,2,3$），则 $P(A_1)=\frac{1}{5}$，$P(A_2)=\frac{1}{3}$，$P(A_3)=\frac{1}{4}$.

"密码被译出"相当于"至少有一个人译出密码"，故所求概率为 $P(A_1+A_2+A_3)$. 因为 A_1,A_2,A_3 相互独立，则有

$$P(A_1+A_2+A_3)=1-P(\overline{A_1+A_2+A_3})=1-P(\overline{A_1}\,\overline{A_2}\,\overline{A_3})$$
$$=1-P(\overline{A_1})P(\overline{A_2})P(\overline{A_3})=1-\frac{4}{5}\times\frac{2}{3}\times\frac{3}{4}=0.6.$$

二、独立重复试验

下面我们来讨论随机试验的独立性.

引例：从袋中有放回地抽取小球 n 次，由于每次取球后放回，故袋中小球分布不变，因而每次抽取的试验都是独立的，称之为 n 次独立试验.

1. 定义

在一定的条件下，重复地做 n 次试验，如果每一次试验的结果都不依赖于其他各次试验的结果，那么就把这 n 次试验叫做 n 次独立试验.

如果对构成 n 次独立试验的每一次试验只考察两个可能的结果 A 与 $\overline{A}$，并且在每次试验中事件 A 发生的概率都不变，那么这样的 n 次独立试验叫做 n 次贝努利试验（或称 n 重贝努利试验），简称贝努利试验.

例如，从一批含有不合格品的产品中，每次抽取一件进行检验，有放回地抽取 n 次，如果每次抽取只考察两个结果——合格和不合格，那么这样的试验就是一个 n 次贝努利试验.

又如,一个射手进行 n 次射击,如果每次射击的条件都相同,而且每次射击都只考察中靶和不中靶两个结果,那么这也是一个 n 次贝努利试验.

下面我们只讨论 n 次贝努利试验中事件 A 恰好发生 k 次的概率.

例2 设某人打靶,命中率为 0.7,现独立地重复射击三次,求恰好命中两次的概率.

解 设 $A_i =$ "第 i 次命中"($i=1,2,3$),显然 A_1, A_2, A_3,相互独立且 $P(A_i)=0.7$,则

$$P(恰好命中两次)=P(A_1A_2\overline{A_3} \cup A_1\overline{A_2}A_3 \cup \overline{A_1}A_2A_3)$$
$$=P(A_1A_2\overline{A_3})+P(A_1\overline{A_2}A_3)+P(\overline{A_1}A_2A_3)$$
$$=P(A_1)P(A_2)P(\overline{A_3})+P(A_1)P(\overline{A_2})P(A_3)+P(\overline{A_1})P(A_2)P(A_3)$$
$$=C_3^2(0.7)^2(0.3)^1.$$

这里 C_3^2 表示在三次试验中选择两次命中的可能情形数.

同理可求

$$P(恰中一次)=C_3^1(0.7)^1(0.3)^2, P(恰中三次)=C_3^3(0.7)^3(0.3)^0.$$

2. 二项概率公式

在 n 次贝努利试验中,设 A 与 $\overline{A}$ 为每次试验的两个可能的结果,且设 $P(A)=p$,$P(\overline{A})=1-p=q$,那么 n 次贝努利试验中,事件 A 发生 k 次的概率记作 $P_n(k)$,即

$$P_n(k)=C_n^k p^k q^{n-k} (q=1-p, 0<p<1, k=0,1,2,\cdots,n). \tag{8-7}$$

由于 $P_n(0)+P_n(1)+P_n(2)+\cdots+P_n(n)=\sum_{k=0}^{n}C_n^k p^k q^{n-k}=(p+q)^n=1$,而 $C_n^k p^k q^{n-k}$ 恰好是二项展开式的第 $k+1$ 项,故称公式(8-7)为二项概率公式.这里可用

$$P_n(0)+P_n(1)+P_n(2)+\cdots+P_n(n)=1$$

简化概率的计算.

今后为叙述方便,不妨把事件 A 看成是成功事件.

例3 设某电子元件的使用寿命在 1000h 及以上的概率是 0.2,当三个电子元件相互独立使用时,求在使用了 1000h 的时候,最多只有一个损坏的概率.

解 设 $A=$ "使用1000h的时候没损坏",则 $P(A)=0.2$,$P(\overline{A})=0.8$ 所求的概率就是三次贝努利试验中 A 发生两次或三次的概率,即

$$P(A 发生两次或三次)=P_3(2)+P_3(3)=C_3^2 \times 0.2^2 \times 0.8^1+C_3^3 \times 0.2^3 \times 0.8^0=0.104.$$

例4 汽车在公路上行驶时每辆车违章的概率为 0.001,如果公路上每天有 1000 辆汽车通过,问:(1) 公路上汽车违章的概率为多少?(2) 恰好一辆汽车违章的概率是多少?

解 设成功事件 $A=$ "汽车违章",则 $P(A)=0.001$,每天公路上有 1000 辆汽车通过,可以看成是 1000 次贝努利试验,故 $n=1000, p=0.001$.

(1) 设 $B=$ "公路上有汽车违章",则

$$P(B)=P_{1000}(1)+P_{1000}(2)+\cdots+P_{1000}(1000)$$
$$=1-P_{1000}(0)$$
$$=1-C_{1000}^0 \times 0.001^0 \times 0.999^{1000}$$
$$=1-0.3677=0.6323.$$

(2) 设 $C=$ "恰一辆车违章",则

$$P(C)=P_{1000}(1)=C_{1000}^1\times 0.001\times 0.999^{999}=0.3681.$$

这个例子说明一个事实：一个小概率事件（概率很小的事件，如汽车违章）在一次试验中出现的概率很小，但在大量重复试验中该事件出现的概率可变得很大.

习题 8-4

1. 有甲、乙两批种子，发芽率分别为 0.8 和 0.7，在两批种子中随机地各取一粒，求（1）两粒都发芽的概率；（2）至少有一粒发芽的概率；（3）恰好有一粒发芽的概率.

2. 三人分别向同一目标射击，击中目标的概率分别为 $\dfrac{3}{5},\dfrac{1}{3},\dfrac{1}{4}$. 求目标被击中的概率.

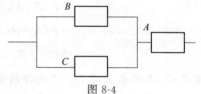

图 8-4

3. 某电路的电源由电池 A 和两个并联的电池 B、C 串联而成，如图 8-4. 设电池 A、B、C 损坏与否是相互独立的，且它们损坏的概率依次为 $0.3,0.2,0.2$. 求电路间断的概率.

4. 一个推销员独立地与两个贸易公司洽谈业务，成交率分别为 $\dfrac{1}{5}$ 和 $\dfrac{1}{3}$，求至少有一笔贸易成交的概率.

5. 某商品可能有 A 和 B 两类缺陷中的一个或两个，缺陷 A 和 B 的发生是独立的，且 $P(A)=0.005, P(B)=0.03$，求商品有下述各种情况的概率：

（1）A 和 B 都有；（2）有 A，没 B；（3）A、B 中至少有一个.

6. 一批产品中有 20% 的次品，进行有放回地重复抽样检查，共取 5 件样品，计算这 5 件样品中

（1）恰好有三件次品；（2）至多有三件次品的概率.

7. 设有 12 台运转着的机器，在一小时内每台机器停车的概率都是 0.1，试求机器停车的台数不超过 2 台的概率.

8. 一批产品的一级品率是 25%，问最少应随机地取出多少件产品，才能保证取出的一级品的概率超过 95%？

9. 设某种型号的电阻的次品率为 0.01，现在从产品中抽取 4 个，试分别求出以下事件发生的概率.

（1）无次品；（2）有 1 个次品；（3）有 2 个次品.

10. 在三次贝努利试验中，事件 A 至少出现一次的概率为 $\dfrac{19}{27}$，试问在一次试验中 A 出现的概率是多少？

阅读材料

概率论的产生

概率起源于赌博中的一些简单问题. 17 世纪中叶，保罗和著名的赌徒梅尔赌钱，他们事先每人拿出 6 枚金币，然后玩骰子，并约定谁先胜三局谁就得到 12 枚金币. 赌局开始后，

保罗胜了一局，梅尔胜了两局，这时一件意外的事情中断了他们的赌博．于是两人商量这 12 枚金币应如何合理的分配．保罗认为，根据胜的局数，他自己应得总数的 $\frac{1}{3}$，即 4 枚金币，梅尔应得总数的 $\frac{2}{3}$，即 8 枚金币．但精通赌博的梅尔认为他赢的可能性大，应该得到全部金币．在争论不休的情况下，他们请教了法国数学家帕斯卡．这个问题使他颇费脑筋，于是他又请教了法国数学家费尔马．两位数学家一致裁决是：保罗应分 3 枚金币，梅尔应分 9 枚金币．

帕斯卡和费尔马是怎样裁定的呢？

帕斯卡解决的方案：

如果再玩一局，或是梅尔胜，或是保罗胜．如果梅尔胜可得全部金币（记为 1）；如果保罗胜，那么两人各胜两局，应各得金币的一半（记为 $\frac{1}{2}$）．由于这一局两人获胜的可能性相等，因此梅尔得金币的可能性应是两种可能性大小的一半，另一半为保罗所有．即

梅尔为 $(1+\frac{1}{2})/2=\frac{3}{4}$，保罗为 $(0+\frac{1}{2})/2=\frac{1}{4}$，所以梅尔和保罗各得 9 枚和 3 枚金币．

费尔马解决的方案：

如果再玩两局，会出现四种可能的结果：

（梅尔胜，保罗胜）；（保罗胜，梅尔胜）；（梅尔胜，梅尔胜）；（保罗胜，保罗胜）．其中前三种结果都使梅尔取胜，只有第四种结果才能使保罗取胜．所以梅尔取胜为 $\frac{3}{4}$，得 9 枚金币；保罗取胜为 $\frac{1}{4}$，得 3 枚金币．费尔马和帕斯卡的答案一致．

帕斯卡和费尔马还研究了有关这类随机事件的更一般的规律，由此开始了概率论的早期研究工作，从而成为古典概率的奠基人．

第九章
随机变量及其分布

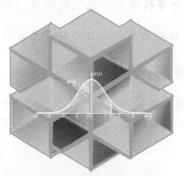

第一节 随机变量的概念

我们先看两个例子：

例1 抛一枚硬币，用"$X=1$"表示"正面向上"，用"$X=0$"表示"反面向上"，即 $X=\begin{cases}0,\text{反面向上}\\1,\text{正面向上}\end{cases}$，则 X 是一个变量，其所有可能取值为 0 和 1，且 X 取哪个值由随机试验结果而定．

例2 某长途汽车站每隔 10 分钟有一辆汽车通过，假设乘客在任一时期到达车站是等可能的，则乘客等候汽车的时间 X 是一个随机变量，它在 0 至 10 分钟之间取值．

以上两例中的 X，其取值都由随机试验的结果而定，这种变量称为随机变量，通常用大写字母 X,Y,Z 等表示．有的随机变量，它们的取值能一一列举出来，但有的随机变量取值不能一一列举．我们把前类随机变量称为**离散型随机变量**，把后类随机变量称为**非离散型随机变量**．非离散型随机变量范围较广，其中最常用的是所谓**连续型随机变量**．例1中的随机变量是离散型的，例2中的随机变量是连续型的随机变量．

为了描述随机变量，通常引入随机变量的分布函数．

定义 设 X 是一个随机变量，称函数

$$F(x)=P(X\leqslant x)(x\in\mathbf{R})$$

为随机变量 X 的**分布函数**．

随机变量 X 的分布函数 $F(x)$ 就是随机事件 $(X\leqslant x)$ 的概率，它是一个定义域为 $(-\infty,+\infty)$ 的普通函数．根据概率的性质，可以推出分布函数 $F(x)$ 的下列性质：

(1) $F(x)$ 是单调不减的函数，即当 $x_1<x_2$ 时 $F(x_1)\leqslant F(x_2)$；

(2) $0\leqslant F(x)\leqslant 1$；

(3) $F(-\infty)=\lim\limits_{x\to-\infty}F(x)=0, F(+\infty)=\lim\limits_{x\to+\infty}F(x)=1$；

(4) $F(x)$ 在任意一点 x 处都右连续，即 $F(x+0)=F(x),x\in(-\infty,+\infty)$．

另外，还容易推得如下公式：

$$P(a<X\leqslant b)=F(b)-F(a), \quad P(X>a)=1-F(a).$$

习题 9-1

1. 一次试验中,若事件 A 必然发生,试用随机变量描述该现象.
2. 一次试验中,有 A、B、C 三个可能的结果,试用随机变量描述各结果.
3. 从装有 4 件正品和 1 件次品的盒中第一次取 1 件出来,观察其是正品还是次品,然后放回盒中再取 1 件.设 X 为取两次后取到次品的件数,试问随机变量 X 取哪些值?
4. 从一批电子元件中任意抽取一个,用 X 表示一个电子元件的寿命(单位:小时).试用随机变量 X 表示事件:"寿命不超过 2000 小时""寿命在 1500~2000 小时之间".
5. 设 X 的分布函数是 $F(x)=a+b\arctan x(-\infty<x<+\infty)$,求
   (1) a,b 的值;   (2) $P(-1<X\leqslant 1)$.

第二节　离散型随机变量

一、离散型随机变量及其分布列

定义 1　如果一个随机变量 X 只能取有限个,则称此随机变量 X 为**离散型随机变量**.

离散型随机变量 X 的所有可能取值为 $x_k(k=1,2,\cdots)$ 及其相对应的概率值 $p_k(k=1,2,\cdots)$ 的全体

$$P(X=x_k)=p_k(k=1,2,\cdots)$$

叫做离散型随机变量 X 的**概率分布**(或**分布列**),简称**分布**.

离散型随机变量的概率分布常用表格给出:

X	x_1	x_2	$\cdots$	x_k	$\cdots$
$P(X=x_k)$	p_1	p_2	$\cdots$	p_k	$\cdots$

由概率的性质可知,任意一个离散型随机变量的概率分布都具有以下两个性质:

(1) $p_k\geqslant 0(k=1,2,3,\cdots)$;

(2) $\sum\limits_{k}p_k=1$.

例 1　抛掷一枚质地均匀的骰子,出现的点数为随机变量 X.

(1) 求 X 的分布列;

(2) 求"出现的点数不小于 3"的概率;

(3) 求"出现的点数不超过 3"的概率.

解　(1) $P(X=k)=\dfrac{1}{6},k=1,2,3,4,5,6$;

(2) $P(X\geqslant 3)=\sum\limits_{k=3}^{6}P(X=k)=\dfrac{4}{6}=\dfrac{2}{3}$;

(3) $P(X \leqslant 3) = \sum_{k=1}^{3} P(X=k) = \frac{3}{6} = \frac{1}{2}$.

例2 袋中有 5 个球,其中 2 个是黑球,3 个是白球,从中任取 3 球,设 X 为取得的黑球个数,试求 X 的概率分布及分布函数 $F(x)$.

解 $P(X=0) = \frac{C_3^3}{C_5^3} = 0.1; P(X=1) = \frac{C_3^2 C_2^1}{C_5^3} = 0.6; P(X=2) = \frac{C_3^1 C_2^2}{C_5^3} = 0.3.$

所以, X 的概率分布为

X	0	1	2
p_k	0.1	0.6	0.3

当 $x<0$ 时, $F(x) = P(X \leqslant x) = 0$;

当 $0 \leqslant x < 1$ 时, $F(x) = P(X \leqslant x) = P(X=0) = 0.1$;

当 $1 \leqslant x < 2$ 时, $F(x) = P(X \leqslant x) = P(X=0) + P(X=1) = 0.1 + 0.6 = 0.7$;

当 $x \geqslant 2$ 时, $F(x) = P(X \leqslant x) + P(X=0) + P(X=1) + P(X=2) = 1$.

因此 $F(x) = \begin{cases} 0, & x<0 \\ 0.1, & 0 \leqslant x < 1 \\ 0.7, & 1 \leqslant x < 2 \\ 1, & x \geqslant 2 \end{cases}$, 其图像见图 9-1:

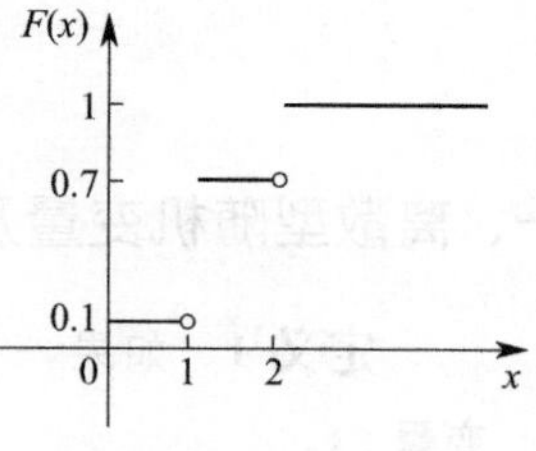

一般地,若已知 X 的分布列为 $P(X=x_k) = p_k$ $(k=1,2,\cdots)$,则其分布函数为 $F(x) = P(X \leqslant x) = \sum_{x_k \leqslant x} p_k$,它是一个分段函数,其图像为阶梯形,其分段点为 X 的可能取值;若已知 X 的分布函数,则可求其分布列,即设 X 可能取值为 $x_1, x_2, \cdots, x_k, \cdots$,则 X 的分布列为 $P(X=x_k) = F(x_k) - F(x_k - 0)$.

图 9-1

例3 设离散型随机变量 X 的分布函数为

$$F(x) = \begin{cases} 0, & x < -2 \\ \frac{1}{6}, & -2 \leqslant x < 1 \\ \frac{1}{3}, & 1 \leqslant x < 3 \\ 1, & x \geqslant 3 \end{cases},$$

试求 X 的分布列.

解 $F(x)$ 的分段点为 $x = -2, 1, 3$,即 X 的可能取值为 $-2, 1, 3$,从而

$$P(X=-2) = F(-2) - F(-2-0) = \frac{1}{6} - 0 = \frac{1}{6},$$

同理, $P(X=1) = \frac{1}{3} - \frac{1}{6} = \frac{1}{6}, P(X=3) = 1 - \frac{1}{3} = \frac{2}{3}$. 于是 X 的分布列为:

X	-2	1	3
p_k	$\frac{1}{6}$	$\frac{1}{6}$	$\frac{2}{3}$

二、几种常见的离散型随机变量的分布

1. 两点分布

定义 2 若随机变量 X 的取值为 a、b 两个值，分布列为
$$P(X=a)=1-p, P(X=b)=p \quad (0<p<1),$$
则称 X 服从**两点分布**．特别地，当 $a=0, b=1$ 时，称 X 服从参数为 p 的 **0-1 分布**．

在实际中，任何一个只考察两个互斥结果的随机试验，都可以用两点分布来描述．如检验一个产品是否为合格品，射击一次观察是否命中目标，抛掷一枚硬币观察出现正面还是反面等．

2. 二项分布

定义 3 设 n 次贝努利试验的每一次试验中，成功事件 A 发生的概率为 p，若用随机变量 X 表示 n 次试验事件 A 发生的次数 k，则 X 的概率分布为
$$P(X=k)=C_n^k p^k q^{n-k} \quad (q=1-p, 0<p<1, k=0,1,2,\cdots,n).$$
此时称 X 服从参数为 n, p 的二项分布，记作 $X \sim B(n,p)$，其中"$\sim$"读作"服从"．

由于 $C_n^k p^k q^{n-k}$ 恰好是二项式 $(p+q)^n$ 的展开式的通项，所以把这样的分布叫**二项分布**．

二项分布满足概率分布的两个性质：

(1) 因为 $p>0, q>0, C_n^k>0$，所以 $C_n^k p^k q^{n-k}>0 (k=0,1,2,3,\cdots,n)$；

(2) 根据二项式定理，得
$$\sum_{k=0}^n C_n^k p^k q^{n-k} = (p+q)^n = 1.$$

显然，当 $n=1$ 时，二项分布即为 0-1 分布．

例 4 一批产品中有 5% 的产品是不合格品，现从中任意抽取 10 件，试求：

(1) 取得不合格产品数 X 的分布列；

(2) 至少有 3 件不合格品的概率．

解 (1) 设 X 为 10 个产品中不合格品的个数，则 $X \sim B(10, 0.05)$，其分布列为 $P(X=k)=C_{10}^k 0.05^k 0.95^{10-k} (k=0,1,2,\cdots,10)$；

(2) 至少有 3 件不合格品的概率为：
$$\begin{aligned}
P(X \geqslant 3) &= 1 - P(X=0) - P(X=1) - P(X=2) \\
&= 1 - C_{10}^0 0.05^0 0.95^{10} - C_{10}^1 0.05^1 0.95^9 - C_{10}^2 0.05^2 0.95^8 \\
&= 1 - 0.5987 - 0.3151 - 0.0746 = 0.0116.
\end{aligned}$$

3. 泊松分布

我们在计算二项分布的概率时发现，当 n 很大，p 很小时计算很麻烦，所以有必要研究出比较简易的方法．法国数学家泊松在 1837 年研究二项分布的近似计算时发现，当 $n \to \infty$ 时，如果 $np \to \lambda$（常数），则二项分布 $P(X=k)=C_n^k p^k q^{n-k}$ 有极限 $\dfrac{\lambda^k}{k!} e^{-\lambda} (k=0,1,2\cdots)$，所以当 n 很大，p 很小时就有

$$C_n^k p^k q^{n-k} \approx \frac{\lambda^k}{k!} e^{-\lambda} \quad (\text{其中} \lambda = np).$$

在实际计算中，如果 n 不是很大，但只要在 $n \geq 10, p \leq 0.1$ 时，都可使用以上公式，计算的误差不大．而要计算 $\frac{\lambda^k}{k!} e^{-\lambda}$ 有专门的泊松分布表可查，这就方便多了．

定义 4 如果随机变量 X 的概率分布为

$$P(X=k) = \frac{\lambda^k}{k!} e^{-\lambda} \quad (\lambda > 0, k = 0, 1, 2 \cdots),$$

则称 X 服从参数为 λ 的**泊松分布**，记作 $X \sim \pi(\lambda)$，也可记作 $X \sim P(\lambda)$．

当 n 很大，p 很小（即 $n \geq 10, p \leq 0.1$）时服从二项分布的随机变量近似服从泊松分布．

例 5 某商店某种高级组合音响的月销售量服从参数为 9 的泊松分布．

试求：(1) 该种组合音响的月销售量在 10 套及以上的概率；

(2) 如果有 95% 以上的把握程度保证该种组合音响不脱销，则该商店在月初至少应进此种组合音响多少套？

解 设 X 为该种组合音响的月销量，则 $X \sim \pi(9)$．

(1) $P(X \geq 10) = 0.4126$（查泊松分布表）；

(2) 设月初该种组合音响的进货量为 k，则当 $X \leq k$ 时，才能保证不脱销，因此根据题意有 $P(X \leq k) \geq 0.95$，从而 $P(X \geq k+1) \leq 0.05$，查表 $k = 14$，所以该商店在月初至少应进此种组合音响 14 套，才能以 95% 以上的把握程度保证该种组合音响不脱销．

例 6 在第八章第四节例 4 中，设随机变量 X 表示事件 A 发生的次数，则 $X \sim B(1000, 0.001)$，而 $n = 1000, np = 1$，所以近似 $X \sim \pi(1)$．那么公路上汽车违章的概率 $P(X \geq 1)$ 可查泊松分布表求得，即

$$P(X \geq 1) \approx 0.632121;$$

恰好一辆车违章的概率同理可得

$$P(X=1) \approx P(X \geq 1) - P(X \geq 2) = 0.632121 - 0.264241 = 0.36788.$$

在实际生活中泊松分布运用很多，如高速公路上每天发生车祸的次数，大量电子冲击阴极板产生的质子个数，修理商店每天返修仪器的顾客人数，传染病流行时期每天死亡的人数等问题都可以用泊松分布来解决．一般地说，如果一次试验中成功事件 A 发生的概率很小，则在大量的试验中事件发生的概率都近似地用泊松分布来描述．

习题 9-2

1. 判断下列各题给出的是否是某随机变量的分布列？

(1)

X	1	3	5
p_k	0.2	0.5	0.3

(2)

X	-1	0
p_k	0.2	0.7

2. 某随机变量 X 的分布列如下，试求常数 C．

(1) $P(X=k) = \dfrac{C}{2^k}, k=1,2\cdots$;   (2) $P(X=k) = \left(\dfrac{2}{3}\right)^k C, k=1,2,3.$

3. 设随机变量 X 的分布律为 $P(X=k) = \dfrac{k}{15}, k=1,2,3,4,5.$ 求

(1) $P(X=1$ 或 $X=2)$; (2) $P\left(\dfrac{1}{2} < X < \dfrac{5}{2}\right)$; (3) $P(X>3)$.

4. 设随机变量 X 的分布列为

X	-1	0	1
p_k	$\dfrac{1}{3}$	$\dfrac{1}{2}$	$\dfrac{1}{6}$

试求: (1) X 的分布函数; (2) $P(0 \leqslant X \leqslant 2)$, $P(X \geqslant 3)$.

5. 设随机变量 X 的分布函数为

$$F(x) = \begin{cases} 0, & x<0 \\ 0.1, & 0 \leqslant x < 1 \\ 0.6, & 1 \leqslant x < 2 \\ 1, & x \geqslant 2 \end{cases},$$

求 X 的分布列.

6. 20 件产品中有 3 件次品, 无放回地随机抽取 3 件, 求取得的次品数 X 的概率分布.

7. 某种零件不合格率为 0.1, 有放回地抽取 100 件, 求:

(1) 恰有 2 件不合格品的概率; (2) 至少有 3 件不合格品的概率.

8. 若书中的某一页上印刷错误的个数 X 服从参数为 0.5 的泊松分布, 求此页上至少有一处错误的概率.

9. 设某企业每月销售某种产品的数量服从参数为 6 的泊松分布, 问到月底至少生产多少该种产品, 才能以 95% 的概率保证满足客户的需求?

第三节　连续型随机变量

一、连续型随机变量及其密度函数

我们知道, 连续型随机变量的取值充满某个区间, 而不能一一列举, 所以不能像描述离散型随机变量的概率分布那样来描述连续型随机变量的概率分布, 一般来说, 我们只讨论它的取值落在某一区间的概率. 如日光灯的使用寿命 X 是连续型随机变量, $X \geqslant 2000$ 表示使用寿命在 2000h 及以上, $500 \leqslant X < 2000$ 表示使用寿命落在区间 $[500, 200]$ 上, 而 $P(X \geqslant 2000)$ 和 $P(500 \leqslant X < 2000)$ 则表示 X 落在相应区间的概率. 如何求这样的概率则需要引进一个重要的概念——概率密度函数.

定义 1 设 X 为一个随机变量, $F(x)$ 是它的分布函数, 如果存在非负函数 $f(x)$, 使得对任意实数 x, 有 $F(x) = \displaystyle\int_{-\infty}^{x} f(t)\,\mathrm{d}t$, 则称 X 为连续型随机变量, 称 $f(x)$ 为 X 的概率密度函数, 简称密度函数或分布密度, 称密度函数 $f(x)$ 的图像为密度曲线.

由定义可知:

(1) $f(x) \geqslant 0$，即密度函数是非负的，曲线在 x 轴的上方；

(2) $\int_{-\infty}^{+\infty} f(x) \mathrm{d}x = 1$，即 x 轴与密度曲线 $f(x)$ 围成的面积等于 1；

(3) $P(a < X \leqslant b) = \int_a^b f(x) \mathrm{d}x$；

(4) $P(X=b) = 0$，即连续型随机变量 X 取某个定值的概率为零，由此可知

$$P(a < X < b) = P(a \leqslant X < b) = P(a < X \leqslant b) = P(a \leqslant X \leqslant b) = \int_a^b f(x) \mathrm{d}x;$$

(5) $F(x)$ 是连续函数，若 $f(x)$ 在 x 处连续，则 $F'(x) = f(x)$.

读者可由定积分的几何意义解释以上某些性质．

例 1 设连续型随机变量 X 的密度函数为 $f(x) = \begin{cases} Ax^2, & 0 \leqslant x \leqslant 1 \\ 0, & 其他 \end{cases}$，求：(1) 常数 A 的值；(2) X 的分布函数 $F(x)$；(3) 概率 $P(-1 < X < 0.5)$．

解 (1) 因为 $\int_{-\infty}^{+\infty} f(x) \mathrm{d}x = 1$，所以 $\int_0^1 Ax^2 \mathrm{d}x = 1$，即 $\frac{1}{3}A = 1$，所以 $A = 3$.

(2) 根据 $F(x) = \int_{-\infty}^x f(t) \mathrm{d}t$ 有：

当 $x < 0$ 时，$F(x) = \int_{-\infty}^x 0 \mathrm{d}t = 0$；当 $0 \leqslant x < 1$ 时，$F(x) = \int_{-\infty}^0 0 \mathrm{d}t + \int_0^x 3t^2 \mathrm{d}t = x^3$；

当 $x \geqslant 1$ 时，$F(x) = \int_{-\infty}^0 0 \mathrm{d}t + \int_0^1 3t^2 \mathrm{d}t + \int_1^x 0 \mathrm{d}t = 1$. 所以

$$F(x) = \begin{cases} 0, & x < 0 \\ x^3, & 0 \leqslant x < 1. \\ 1, & x \geqslant 1 \end{cases}$$

(3) $P(-1 < X < 0.5) = \int_{-1}^{0.5} f(x) \mathrm{d}x = \int_0^{0.5} 3x^2 \mathrm{d}x = 0.125$.

例 2 设随机变量 X 的分布函数为 $F(x) = \begin{cases} 1 - \mathrm{e}^{-\lambda x}, & x \geqslant 0 \\ 0, & x < 0 \end{cases}$，当 $\lambda > 0$，求 X 的密度函数 $f(x)$.

解 $x < 0$ 时，$f(x) = F'(x) = 0$；当 $x > 0$ 时，$f(x) = F'(x) = \lambda \mathrm{e}^{-\lambda x}$；当 $x = 0$ 时无论 $F(x)$ 是否可导，可定义 $f(x) = 0$，也可定义 $f(x) = \lambda$ [这是因为改变 $f(x)$ 的个别点的函数值不影响积分，从而不影响概率]．综上：

$$f(x) = \begin{cases} \lambda \mathrm{e}^{-\lambda x}, & x \geqslant 0 \\ 0, & x < 0 \end{cases} \quad (\lambda > 0).$$

二、几种常见的连续型随机变量的分布

1. 均匀分布

定义 2 如果随机变量 X 的密度函数为 $f(x) = \begin{cases} \dfrac{1}{b-a}, & a \leqslant x \leqslant b \\ 0, & x < a, x > b \end{cases}$，则称 X 服从区间 $[a, b]$ 上的均匀分布，记作 $X \sim U[a, b]$.

容易求出均匀分布的分布函数为 $F(x)=\begin{cases} 0, & x<a \\ \dfrac{x-a}{b-a}, & a\leqslant x\leqslant b. \\ 1, & x>b \end{cases}$

如果 $X\sim U[a,b]$，则 $P(X<a)=\int_{-\infty}^{a}f(x)\mathrm{d}x=0$，$P(X>b)=\int_{b}^{+\infty}f(x)\mathrm{d}x=0$；对于 $a\leqslant c<d\leqslant b$ 的 c 和 d，有 $P(c\leqslant X\leqslant d)=\int_{c}^{d}f(x)\mathrm{d}x=\dfrac{d-c}{b-a}$.

由上式可知，X 取值于 $[a,b]$ 中任一小区间的概率与该小区间的长度成正比，而与该小区间的位置无关．这就是均匀分布的概率意义．

例 3 在某公共汽车站，每隔 5 分钟有一辆公共汽车通过．一个乘客在任一时刻到达车站是等可能的，求：(1) 此乘客候车时间 X 的分布；(2) 此乘客候车时间超过 3 分钟的概率．

解 (1) 依题意，乘客候车时间 $X\sim U[0,5]$，其密度函数为

$$f(x)=\begin{cases} \dfrac{1}{5}, & 0\leqslant x\leqslant 5 \\ 0, & 其他 \end{cases};$$

(2) 乘客候车时间超过 3 分钟的概率为：$P(X>3)=\int_{3}^{+\infty}f(x)\mathrm{d}x=\int_{3}^{5}\dfrac{1}{5}\mathrm{d}x=0.4$.

2. 指数分布

定义 3 如果随机变量 X 的密度函数为 $f(x)=\begin{cases} \lambda\mathrm{e}^{-\lambda x}, & x\geqslant 0 \\ 0, & x<0 \end{cases}$，其中 $\lambda>0$ 是常数，则称 X 服从参数为 λ 的**指数分布**，记作 $X\sim\exp(\lambda)$，也可记作 $X\sim e(\lambda)$.

指数分布的分布函数为：$F(x)=\begin{cases} 1-\mathrm{e}^{-\lambda x}, & x\geqslant 0 \\ 0, & x<0 \end{cases}$.

指数分布有着重要的作用，常用它来作为各种"寿命"分布的近似．例如，无线电元件的寿命，动物的寿命，随机服务系统中的服务时间等都服从指数分布．

例 4 某电子元件的寿命 $X\sim\exp(0.002)$，求这个电子元件使用 1000 小时后没有损坏的概率．

解 因为 $X\sim\exp(0.002)$，所以 X 的分布函数为 $F(x)=1-\mathrm{e}^{-0.002x}\ (x>0)$，因此，所求概率为

$$P(X>1000)=1-P(X\leqslant 1000)=1-F(1000)=1-1+\mathrm{e}^{-0.002\times 1000}$$
$$=\mathrm{e}^{-2}\approx 0.1353.$$

习题 9-3

1. 连续型随机变量 X 的密度函数是 $f(x)=\begin{cases} cx, & 0\leqslant x\leqslant 1 \\ 0, & 其他 \end{cases}$，

试求：(1) 常数 c；(2) $P(0.2<X<0.8)$.

2. 连续型随机变量 X 的密度函数是 $f(x)=\dfrac{c}{1+x^2}(-\infty<x<+\infty)$，

试求：(1) 常数 c；(2) X 的分布函数；(3) $P(0\leqslant X\leqslant 1)$.

3. 随机变量 X 的分布函数是 $F(x)=\begin{cases}1-\mathrm{e}^{-2x}, & x\geqslant 0 \\ 0, & x<0\end{cases}$,

试求：(1) $P(X\leqslant 3)$，$P(X>1)$，$P(-1\leqslant X\leqslant 1)$；(2) X 的密度函数.

4. 在 $[0,1]$ 上均匀投点，试求点落在 $\left[\dfrac{1}{2},1\right]$ 上的概率.

5. 设电子管寿命 X 的密度函数是 $f(x)=\begin{cases}\dfrac{100}{x^2}, & x\geqslant 100 \\ 0, & x<100\end{cases}$,

试求：(1) 在 150 小时内 3 支电子管无一损坏的概率；
(2) 在 150 小时内 3 支电子管全损坏的概率.

第四节　正态分布

一、正态分布的概念及性质

定义 1 如果随机变量 X 的密度函数为

$$f(x)=\dfrac{1}{\sqrt{2\pi}\,\sigma}\mathrm{e}^{-\dfrac{(x-\mu)^2}{2\sigma^2}}\quad(-\infty<x<+\infty),$$

其中 μ,σ 都是常数（$\sigma>0,-\infty<\mu<+\infty$），则称 X 服从以 μ,σ 为参数的**正态分布**，记作 $X\sim N(\mu,\sigma^2)$，其中 N 是英文"正态"的字头.

正态分布的分布函数为：

$$F(x)=P(X<x)=\int_{-\infty}^{x}\dfrac{1}{\sqrt{2\pi}\,\sigma}\mathrm{e}^{-\dfrac{(t-\mu)^2}{2\sigma^2}}\mathrm{d}t\quad(-\infty<x<+\infty).$$

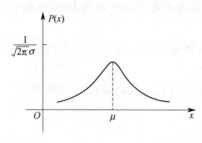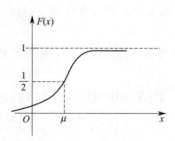

图 9-2

正态分布的密度函数 $f(x)$ 和分布函数 $F(x)$ 的图像如图 9-2 所示. $f(x)$ 的图像叫**正态曲线**［正态分布的密度记号也表示成 $p(x)$］.

正态分布的密度函数 $f(x)$ 除具有一般密度函数的性质外，还具有如下**性质**：
(1) 密度函数 $f(x)$ 在 $(-\infty,+\infty)$ 内连续；

(2) 曲线位于 x 轴的上方,即 $f(x)>0$,参数 μ 决定了正态曲线的位置并以直线 $x=\mu$ 为对称轴,向左右对称地无限延伸,并以 x 轴为渐近线;

(3) 当 $x=\mu$ 时曲线处于最高点,当 x 向左右远离 μ 时,曲线逐渐降低,整个曲线呈"中间高,两边低"的形状,故又形象地称之为钟形线;

(4) 参数 σ 决定了正态曲线的形状,σ 越大,曲线越平缓,σ 越小,曲线越陡. 如图 9-3 给出了当 $\sigma=1.5,1,0.5$ 时的三条正态曲线.

无论参数 μ 和 σ 取什么可取值,正态曲线和 x 轴之间的面积恒等于 1,即

$$\int_{-\infty}^{+\infty} \frac{1}{\sqrt{2\pi}\sigma} e^{-\frac{(x-\mu)^2}{2\sigma^2}} dx = 1.$$

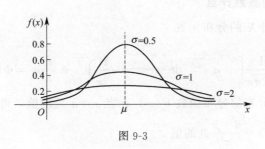

图 9-3

特别地,参数 $\mu=0,\sigma=1$ 的正态分布叫做标准正态分布,记作 $N(0,1)$,其密度函数为 $\varphi(x)=\frac{1}{\sqrt{2\pi}}e^{-\frac{x^2}{2}}$,分布函数为 $\Phi(x)=\int_{-\infty}^{x} \frac{1}{\sqrt{2\pi}}e^{-\frac{t^2}{2}} dt$. $\varphi(x)$ 和 $\Phi(x)$ 的图像如图 9-4 所示.

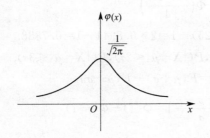 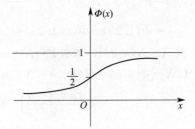

图 9-4

关于 $\varphi(x)$ 和 $\Phi(x)$,容易证明下列性质:

(1) $\varphi(x)$ 是偶函数,即 $\varphi(-x)=\varphi(x)$;

(2) $x=0$ 时,$\varphi(x)$ 取得最大值 $\frac{1}{\sqrt{2\pi}}$;

(3) $\varphi(-x)=1-\varphi(x)$.

二、正态分布的概率计算

1. 标准正态分布的概率计算

书后附表中编制了 $\Phi(x)$ 的函数值表,称为正态分布表. 对于正态分布表,有如下两点说明:

(1) 表中 x 的取值范围为 $[0,4)$，对于 $x \geqslant 4$ 的情况，可取 $\Phi(x) \approx 1$；

(2) 若 $x < 0$，则利用 $\varphi(-x) = 1 - \varphi(x)$ 可求得 $\Phi(x)$ 的值.

例1 设 $X \sim N(0,1)$，求：$P(X \leqslant 2.08), P(X \geqslant -0.09), P(2.15 \leqslant X \leqslant 5.12), P(|X| < 1.28)$.

解 $P(X \leqslant 2.08) = \Phi(2.08) = 0.98124$；

$P(X \geqslant -0.09) = 1 - \Phi(-0.09) = \Phi(0.09) = 0.5359$；

$P(2.15 \leqslant X \leqslant 5.12) = \Phi(5.12) - \Phi(2.15) = 1 - 0.98422 = 0.01578$；

$P(|X| < 1.28) = P(-1.28 < X < 1.28) = \Phi(1.28) - \Phi(-1.28) = 2\Phi(1.28) - 1$
$= 2 \times 0.89973 - 1 = 0.79946.$

2. 一般正态分布的概率计算

设 $X \sim N(\mu, \sigma^2)$，则 X 的分布函数

$$F(x) = \frac{1}{\sqrt{2\pi}\sigma} \int_{-\infty}^{x} e^{-\frac{(t-\mu)^2}{2\sigma^2}} dt \xrightarrow{u = \frac{t-\mu}{\sigma}} \frac{1}{\sqrt{2\pi}} \int_{-\infty}^{\frac{x-\mu}{\sigma}} e^{-\frac{u^2}{2}} du = \Phi\left(\frac{x-\mu}{\sigma}\right).$$

因此，求一般正态分布的分布函数 $F(x)$ 在点 $x=a$ 处的值，可转化为求标准正态分布的分布函数 $\Phi(x)$ 在点 $x = \frac{a-\mu}{\sigma}$ 处的值.

例2 设某产品的质量 $X \sim N(100,16)$，如果产品的质量在 95~105 之间属于合格品，求产品是合格品的概率.

解 根据定义，合格品的概率为

$P(95 < X < 105) = F(105) - F(95) = \Phi\left(\frac{105-100}{4}\right) - \Phi\left(\frac{95-100}{4}\right)$
$= \Phi(1.25) - \Phi(-1.25) = 2\Phi(1.25) - 1 = 2 \times 0.8944 - 1 = 0.7888.$

例3 设 $X \sim N(\mu, \sigma^2)$，试求 $P(|X-\mu| < \sigma), P(|X-\mu| < 2\sigma), P(|X-\mu| < 3\sigma)$.

解 $P(|X-\mu| < \sigma) = P(\mu - \sigma < X < \mu + \sigma) = F(\mu + \sigma) - F(\mu - \sigma)$
$= \Phi\left(\frac{\mu+\sigma-\mu}{\sigma}\right) - \Phi\left(\frac{\mu-\sigma-\mu}{\sigma}\right) = \Phi(1) - \Phi(-1)$
$= 2\Phi(1) - 1 = 0.6826.$

类似地有：

$P(|X-\mu| < 2\sigma) = 2\Phi(2) - 1 = 0.9545; P(|X-\mu| < 3\sigma) = 2\Phi(3) - 1 = 0.9973.$

由此可以看出，X 的值大部分落在 $(\mu - \sigma, \mu + \sigma)$ 内，基本上落在 $(\mu - 2\sigma, \mu + 2\sigma)$ 内，几乎落在 $(\mu - 3\sigma, \mu + 3\sigma)$ 内，仅有 0.3% 左右落在区间 $(\mu - 3\sigma, \mu + 3\sigma)$ 外.

习题 9-4

1. 设 $X \sim N(0,1)$，求 $P(X < 0), P(-1.5 < X < 1.5), P(-1.25 < X < 1.95), P(X > -2.4)$.

2. 设 $X \sim N(108, 9)$，求：(1) $P(101.1 < X < 117.6)$；(2) 求常数 a，使 $P(X < a) = 0.9$.

3. 由某机器生产的螺栓长度（cm）服从 $N(10.05, 0.06^2)$，规定长度在 10.05 ± 0.12 内为合格品，求一螺栓不合格的概率.

4. 据统计，某大学男生的体重（kg）服从 $N(58,1)$，求某男生体重在 56kg 至 60kg 之间的概率．

5. 某厂生产的电子管的寿命 X（小时）服从 $N(160,\sigma^2)$，若要求 $P(120<X<200)\geqslant 0.80$，问允许 σ 最大为多少？

第五节　随机变量的数学期望与方差

一、数学期望

定义 1　设离散型随机变量 X 的分布列为 $P(X=x_k)=p_k(k=1,2,\cdots)$，若级数 $\sum\limits_{k}x_k p_k$ 绝对收敛，则称级数 $\sum\limits_{k}x_k p_k$ 的和为离散型随机变量 X 的**数学期望**，简称**期望**或**均值**，记为 $E(X)$，即 $E(X)=\sum\limits_{k}x_k p_k$.

定义 2　设连续型随机变量 X 的密度函数为 $f(x)$，若积分 $\int_{-\infty}^{+\infty}xf(x)\mathrm{d}x$ 收敛（$\int_{-\infty}^{+\infty}xf(x)\mathrm{d}x$ 收敛是指 $\int_{-\infty}^{+\infty}xf(x)\mathrm{d}x=\lim\limits_{a\to-\infty}\int_{a}^{c}xf(x)\mathrm{d}x+\lim\limits_{b\to+\infty}\int_{c}^{b}xf(x)\mathrm{d}x$ 等式右端极限同时存在），则称该积分为连续型随机变量 X 的**数学期望**，即 $EX=\int_{-\infty}^{+\infty}xf(x)\mathrm{d}x$.

下面给出随机变量函数的期望计算公式（证明略）：

定理　设随机变量 X 的函数 $Y=f(X)$，则有：

$$E(Y)=E[f(X)]=\begin{cases}\sum\limits_{k}f(x_k)p_k, & X\text{ 为离散型随机变量；}\\ \int_{-\infty}^{+\infty}f(x)p(x)\mathrm{d}x, & X\text{ 为连续型随机变量.}\end{cases}$$

例 1　设随机变量 X 服从参数 p 的 0-1 分布，即 $P(X=1)=p, P(X=0)=1-p$，求 $E(X)$.

解　$E(X)=0\times(1-p)+1\times p=p$.

通过计算还可得另外两个常用离散型随机变量的数学期望：

$X\sim B(n,p)$，则 $E(X)=np$；$X\sim\pi(\lambda)$，则 $E(X)=\lambda$.

例 2　设随机变量 X 服从区间 $[a,b]$ 上的均匀分布，其密度函数为：

$$f(x)=\begin{cases}\dfrac{1}{b-a}, & a\leqslant x\leqslant b\\ 0, & \text{其他}\end{cases}$$

求 $E(X)$.

解　$E(X)=\int_{a}^{b}x\times\dfrac{1}{b-a}\mathrm{d}x=\dfrac{1}{b-a}\times\dfrac{x^2}{2}\Big|_{a}^{b}=\dfrac{a+b}{2}$.

通过计算，还可得另外两个常用连续型随机变量的数学期望：

$X\sim\exp(\lambda)$，则 $E(X)=\dfrac{1}{\lambda}$；$X\sim N(\mu,\sigma^2)$，则 $E(X)=\mu$.

例 3 已知随机变量 X 的分布列为

X	-1	2	3
p_k	$\frac{1}{2}$	$\frac{1}{4}$	$\frac{1}{4}$

求 $E(X), E(X^2)$.

解 $E(X) = \sum_{k=1}^{3} x_k p_k = -1 \times \frac{1}{2} + 2 \times \frac{1}{4} + 3 \times \frac{1}{4} = 0.75$;

$E(X^2) = \sum_{k=1}^{3} x_k^2 p_k = (-1)^2 \times \frac{1}{2} + 2^2 \times \frac{1}{4} + 3^2 \times \frac{1}{4} = 3.75.$

例 4 已知随机变量 X 的密度函数为

$$f(x) = \begin{cases} \frac{3}{4}\left(1 - \frac{x^2}{4}\right), & 0 \leqslant x \leqslant 2 \\ 0, & \text{其他} \end{cases}, 求 E(X), E(X^2).$$

解 $E(X) = \int_0^2 \frac{3}{4} x \left(1 - \frac{x^2}{4}\right) dx = \frac{3}{4}, E(X^2) = \int_0^2 \frac{3}{4} x^2 \left(1 - \frac{x^2}{4}\right) dx = \frac{4}{5}$.

二、方差

对于随机变量,除了考虑它的数学期望外,还需要知道随机变量取值与数学期望的离散程度,此离散程度可以用 X 偏离 $E(X)$ 的大小的平方的平均值来度量,这就是方差.

定义 3 设随机变量 X,若 $E[X - E(X)]^2$ 存在,则称它为随机变量 X 的**方差**,记作 $D(X)$,即 $D(X) = E[X - E(X)]^2$. 称 $\sqrt{D(X)}$ 为随机变量 X 的**标准差**或**均方差**.

对于离散型随机变量和连续型随机变量,可按随机变量函数的数学期望公式分别给出这两类随机变量的方差为 $D(X) = \sum_k (x_k - EX)^2 p_k$,$X$ 为离散型随机变量;$D(X) = \int_{-\infty}^{+\infty} (x - EX)^2 f(x) dx$,$X$ 为连续型随机变量.

另外,还可以证明计算方差的重要公式:$D(X) = E(X^2) - [E(X)]^2$.

例 5 求 0-1 分布的方差.

解 $D(X) = [0 - E(X)]^2 q + [1 - E(X)]^2 p$
$= (0 - p)^2 q + (1 - p)^2 p = pq.$

通过计算,可得到另两个常用离散型随机变量的方差:

$X \sim B(n, p)$,则 $D(X) = npq$;$X \sim \pi(\lambda)$,则 $D(X) = \lambda$.

例 6 设随机变量 X 服从区间 $[a, b]$ 上的均匀分布,求 $D(X)$.

解 X 的密度函数为 $f(x) = \begin{cases} \frac{1}{b-a}, & a \leqslant x \leqslant b \\ 0, & \text{其他} \end{cases}$,又例 2 中知 $E(X) = \frac{a+b}{2}$,而 $E(X^2) = \int_a^b \frac{x^2}{b-a} dx = \frac{x^3}{3(b-a)} \Big|_a^b = \frac{1}{3}(a^2 + ab + b^2)$,所以

$$D(X) = E(X^2) - [E(X)]^2 = \frac{1}{3}(a^2 + ab + b^2) - \left(\frac{a+b}{2}\right)^2 = \frac{1}{12}(b-a)^2.$$

同样可以计算出另两个常用连续型随机变量的方差:

$X \sim \exp(\lambda)$, 则 $D(X) = \dfrac{1}{\lambda^2}$; $X \sim N(\mu, \sigma^2)$, 则 $D(X) = \sigma^2$.

例 7 设 $X \sim B(n, p)$, $E(X) = 12, D(X) = 8$, 求 n 和 p.

解 $E(X) = np = 12, D(X) = npq = 8$, 可解出 $q = \dfrac{2}{3}$, $p = \dfrac{1}{3}$, $n = 36$.

例 8 设随机变量 X 的密度函数为
$$f(x) = \begin{cases} 1+x, & -1 \leqslant x \leqslant 0 \\ 1-x, & 0 < x \leqslant 1 \end{cases}, \text{ 求 } D(X).$$

解 因为 $E(X) = \int_{-\infty}^{+\infty} x f(x) \mathrm{d}x = \int_{-1}^{0} x(1+x) \mathrm{d}x + \int_{0}^{1} x(1-x) \mathrm{d}x = 0$,

$$E(X^2) = \int_{-1}^{0} x^2 (1+x) \mathrm{d}x + \int_{0}^{1} x^2 (1-x) \mathrm{d}x = \dfrac{1}{6},$$

所以, $D(X) = E(X^2) - [E(X)]^2 = \dfrac{1}{6}$.

三、数学期望与方差的性质

1. 期望的性质

性质 1 $E(C) = C$(C 为常数);

性质 2 $E(CX) = CE(X)$ (C 为常数);

性质 3 设 X, Y 为两个随机变量, 则 $E(X+Y) = E(X) + E(Y)$, 这个性质可以推广到有限个随机变量的情况, 即设 $X_1, X_2, \cdots, X_n$ 是随机变量, 则有
$$E(X_1 + X_2 + \cdots + X_n) = E(X_1) + E(X_2) + \cdots + E(X_n).$$

性质 4 $E(X+b) = E(X) + b$(b 为常数);

性质 5 $E(aX+b) = aE(X) + b$;

性质 6 设 X, Y 为两个相互独立的随机变量, 则 $E(XY) = E(X)E(Y)$.

例 9 设某仪器总长度 X 为两部件长度之和, 即 $X = X_1 + X_2$, 已知 X_1 与 X_2 相互独立且它们的分布列分别为

X_1	9	10	11
p_k	0.3	0.5	0.2

X_2	6	7
p_k	0.4	0.6

求:(1) $E(X_1 + X_2)$;(2) $E(X_1 X_2)$;(3) $E(X_2^2)$.

解 因 $E(X_1) = 9 \times 0.3 + 10 \times 0.5 + 11 \times 0.2 = 9.9$, $E(X_2) = 6 \times 0.4 + 7 \times 0.6 = 6.6$, 所以

(1) $E(X_1 + X_2) = E(X_1) + E(X_2) = 9.9 + 6.6 = 16.5$;

(2) $E(X_1 X_2) = E(X_1) E(X_2) = 9.9 \times 6.6 = 65.34$;

(3) $E(X_2^2) = 6^2 \times 0.4 + 7^2 \times 0.6 = 43.8$.

注意 $E(X_2^2) \neq (EX_2)^2$, 这是因为 X_2 与自身不满足相互独立的条件.

2. 方差的性质

性质 1 $D(C) = 0$(C 为常数);

性质 2　$D(X+b) = D(X)$（b 为常数）；

性质 3　$D(cX) = C^2 D(X)$（C 为常数）；

性质 4　$D(aX+b) = a^2 D(X)$（a, b 为常数）；

性质 5　若 X, Y 相互独立，则 $D(X+Y) = D(X) + D(Y)$，这个性质可以推广到有限个随机变量的情况，即设 $X_1, X_2, \cdots, X_n$ 是相互独立的随机变量，则有

$$D(X_1 + X_2 + \cdots + X_n) = D(X_1) + D(X_2) + \cdots + D(X_n).$$

例 10　求例 9 中仪器的两部件长度差的方差.

解　由例 9 知 $E(X_1) = 9.9$，$E(X_2) = 6.6$，

$$D(X_1) = \sum_{k=1}^{3}(x_k - EX_1)^2 p_k = (-0.9)^2 \times 0.3 + 0.1^2 \times 0.5 + 1.1^2 \times 0.2 = 0.49;$$

$$D(X_2) = \sum_{k=1}^{3}(x_k - EX_2)^2 p_k = (-0.6)^2 \times 0.4 + 0.4^2 \times 0.6 = 0.24.$$

由于两部件长度是相互独立的，即 X_1 与 X_2 相互独立，所以有

$$D(X_1 - X_2) = D(X_1) + D(-X_2) = D(X_1) + D(X_2) = 0.49 + 0.24 = 0.73.$$

例 11　设随机变量 $X_1, X_2, \cdots, X_n$ 相互独立，服从同分布，且 $E(X_i) = \mu$，$D(X_i) = \sigma^2$，求 $\overline{X} = \frac{1}{n}\sum_{i=1}^{n} X_i$ 的数学期望和方差.

解　$$E(\overline{X}) = E\left(\frac{1}{n}\sum_{i=1}^{n} X_i\right) = \frac{1}{n}\sum_{i=1}^{n} E(X_i) = \frac{1}{n} \times n \times \mu = \mu;$$

$$D(\overline{X}) = D\left(\frac{1}{n}\sum_{i=1}^{n} X_i\right) = \frac{1}{n^2}\sum_{i=1}^{n} D(X_i) = \frac{1}{n^2} \times n \times \sigma_2 = \frac{\sigma^2}{n}.$$

例 12　已知 $E(X) = 1$，$D(X) = 1$，设有随机变量 $Y = 1 - 2X$，求 $E(Y)$ 及 $D(Y)$.

解　$E(Y) = E(1-2X) = E(1) - 2E(X) = 1 - 2 = -1$；

$D(Y) = D(1-2X) = D(-2X) = (-2)^2 D(X) = 4.$

为了使用方便，我们把常用的随机变量的概率分布及其数字特征列表如下：

名称	概率分布	参数范围	均值	方差
两点分布	$P(X=k) = p^k q^{1-k}$ $(k=0,1)$	$0<p<1$ $q=1-p$	p	pq
二项分布	$P(X=k) = C_n^k p^k q^{n-k}$ $(k=0,1,2,\cdots,n)$	$0<p<1$ $q=1-p$	np	npq
泊松分布	$P(X=k) = \frac{\lambda^k}{k!} e^{-\lambda}$ $(k=0,1,2\cdots)$	$\lambda > 0$	λ	λ
均匀分布	$f(x) = \begin{cases} \frac{1}{b-a}, & a \leqslant x \leqslant b \\ 0, & \text{其他} \end{cases}$	$b > a$	$\frac{b+a}{2}$	$\frac{(b-a)^2}{2}$
指数分布	$f(x) = \begin{cases} \lambda e^{-\lambda x}, & x \geqslant 0 \\ 0, & x < 0 \end{cases}$	$\lambda > 0$	$\frac{1}{\lambda}$	$\frac{1}{\lambda^2}$
正态分布	$f(x) = \frac{1}{\sqrt{2\pi}\sigma} e^{-\frac{(x-\mu)^2}{2\sigma^2}}$	$-\infty < \mu < +\infty$ $\sigma > 0$	μ	σ^2
标准正态分布	$f(x) = \frac{1}{\sqrt{2\pi}} e^{-\frac{x^2}{2}}$		0	1

习题 9-5

1. 设甲、乙两人在同样条件下进行射击,他们各自命中的环数是随机变量,分别记为 X_1, X_2,其分布列为:

X_1	8	9	10
p_k	0.3	0.1	0.6

X_2	8	9	10
p_k	0.2	0.5	0.3

试比较哪一个射手技术好?

2. 设随机变量 X 的分布列为

X	-2	0	2
p_k	0.4	0.3	0.3

求:$E(X), E(X^2), E(3X^2+5), D(X)$.

3. 随机变量 X 服从区间 $[0, 2\pi]$ 上的均匀分布,求 $E(\sin X)$.

4. 设随机变量 X 的密度函数为 $f(x) = \frac{1}{2} e^{-|x|}$ $(-\infty < x < +\infty)$,求 $E(X)$ 及 $D(X)$.

5. 一批产品分别为一等品、二等品、三等品、等外品和废品,产值分别为 6 元、5 元、4 元、1 元、0 元,各等品的概率分别为 0.7、0.1、0.1、0.06、0.04,求平均产值.

6. 已知 5 台电视中有 3 台正品和 2 台次品,现从中任取 3 台,求取得的 3 台中次品台数的期望和方差.

7. 事件 A 在每次试验中出现的概率为 0.3,进行 19 次独立试验,求:(1) 事件 A 出现次数的平均值;(2) 事件 A 出现次数的标准差.

8. 设随机变量 $X \sim \pi(\lambda)$,求:(1) $E(X+4)$ 和 $E(2X+4)$;(2) $D(X+4)$ 和 $D(2X+4)$.

9. 设随机变量 X,已知 $E(X) = \mu$,$D(X) = \sigma^2$,k、b 为常数,求 $E(kX+b)$ 及 $D(kX+b)$.

10. 设随机变量 $X \sim B(n,p)$,已知 $E(X) = 6$,$D(X) = 3.6$,求 n 和 p.

11. 设随机变量 X,已知 $E(X) = -1$,$D(X) = 3$,求 $E[3(X^2+2)]$.

12. 正确填写下表.

X 的分布	$E(X)$	$E(X^2)$	$D(X)$	均方差 σ_X
0-1 分布	p		pq	
$B(n,p)$	np			
$\pi(\lambda)$	λ		λ	
$\exp(\lambda)$	$\frac{1}{\lambda}$	$\frac{2}{\lambda^2}$		

第六节 大数定律与中心极限定理简介

这一节我们将简要介绍一下大数定律与中心极限定理.

一、切比雪夫不等式及大数定律

第八章中讲述了事件发生的频率具有稳定性，同时我们还认识到大量测试后的算术平均数也具有稳定性，大数定律则揭示了这种稳定性的确切含义。下面先介绍切比雪夫不等式．

设随机变量 X 有数学期望 $E(X)$ 及方差 $D(X)$，则任意给出 $\varepsilon>0$，有

$$P(|X-E(X)|\geqslant\varepsilon)\leqslant\frac{D(X)}{\varepsilon^2} \tag{9-1}$$

或

$$P(|X-E(X)|<\varepsilon)\geqslant 1-\frac{D(X)}{\varepsilon^2} \tag{9-2}$$

式(9-1)或式(9-2)称为**切比雪夫不等式**．

例1 某批产品的次品率为 0.05，试用切比雪夫不等式估计 10000 件产品中，次品数不少于 400 件又不多于 600 件的概率．

解 令 X 表示次品的数目，它服从参数 $n=10000$，$p=0.05$ 的二项分布．从而 $E(X)=np=10000\times 0.05=500$（件），$D(X)=npq=10000\times 0.05\times 0.95=475$（件）．

又 $P(400\leqslant X\leqslant 600)=P(|X-500|\leqslant 100)$，知 $\varepsilon=100$，而 $D(X)=475$．由公式(9-2)得

$$P(|X-500|\leqslant 100)\geqslant 1-\frac{475}{100^2}=1-0.0475=0.9525，即$$

$$P(400\leqslant X\leqslant 600)\geqslant 0.9525.$$

定理1（伯努利大数定律） 设 f_n 是 n 次伯努利试验中事件 A 发生的次数，p 是事件 A 的概率，则对于任意给出 $\varepsilon>0$，有

$$\lim_{n\to\infty}P\left(\left|\frac{f_n}{n}-p\right|<\varepsilon\right)=1.$$

证明 令 $X_i=\begin{cases}1,\text{第}i\text{次试验中}A\text{发生}\\0,\text{第}i\text{次试验中}A\text{不发生}\end{cases}(i=1,2,\cdots,n)$，

则 $X_1,X_2,\cdots,X_n$ 是 n 个相互独立的随机变量，

且 $E(X_i)=p$，$D(X_i)=p(1-p)=pq$，$(i=1,2,\cdots,n,q=1-p)$．

因为 $f_n=X_1+X_2+\cdots+X_n$，于是 $\frac{f_n}{n}-p=\frac{f_n-np}{n}=\frac{\sum_{i=1}^n X_i-E(\sum_{i=1}^n X_i)}{n}$，由切比雪夫不等式有

$$P\left(\left|\frac{f_n}{n}-p\right|\geqslant\varepsilon\right)=P\left[|\sum_{i=1}^n X_i-E(\sum_{i=1}^n X_i)|\geqslant n\varepsilon\right]\leqslant\frac{D(\sum_{i=1}^n X_i)}{n^2\varepsilon^2},$$

而

$$D(\sum_{i=1}^n X_i)=\sum_{i=1}^n D(X_i)=npq,$$

从而有

$$0\leqslant P\left(\left|\frac{f_n}{n}-p\right|\geqslant\varepsilon\right)\leqslant\frac{npq}{n^2\varepsilon^2}=\frac{1}{n}\times\frac{pq}{\varepsilon^2}\to 0（\text{当}\ n\to\infty）.$$

伯努利大数定律说明，当 n 无限增大时，事件 A 发生的频率 $\frac{f_n}{n}$ 与概率 p 可以任意接近，即

频率 $\dfrac{f_n}{n}$ 逐渐稳定于概率 p.

定理 2（辛钦大数定律） 设随机变量 $X_1, X_2, \cdots, X_n$ 相互独立，服从同一分布，且 $E(X_i) = \mu (i=1,2,\cdots,n)$，则对于任意给出 $\varepsilon > 0$，有

$$\lim_{n \to \infty} P\left(\left| \frac{X_1 + X_2 + \cdots + X_n}{n} - \mu \right| < \varepsilon \right) = 1.$$

这一结果，使算术平均数的法则有了理论依据，设要测定的某一量 μ，做了 n 次独立重复试验，得值 $x_1, x_2, \cdots, x_n$，它是随机变量 $X_1, X_2, \cdots, X_n$ 的试验数值，由定理 2 可知，当 n 充分大时，可取 $\dfrac{1}{n}(x_1, x_2, \cdots, x_n)$ 作为 μ 的近似值.

二、中心极限定理

定理 3（中心极限定理） 设 $X_1, X_2, \cdots, X_n$ 是相互独立服从同分布的随机变量，且 $E(X_i) = \mu, D(X_i) = \sigma^2$ 存在，$\sigma \neq 0$，则有

$$\lim_{n \to \infty} P\left(\frac{\overline{X} - \mu}{\sigma / \sqrt{n}} < x \right) = \frac{1}{\sqrt{2\pi}} \int_{-\infty}^{x} e^{-\frac{t^2}{2}} dt = \Phi(x),$$

其中 $\overline{X} = \dfrac{1}{n}(X_1, X_2, \cdots, X_n)$.

这个定理说明，尽管 X 的分布是任意的，但当 n 很大时，随机变量 $\dfrac{\overline{X} - \mu}{\sigma / \sqrt{n}}$ 近似服从标准正态分布. 可见，正态分布在理论上和应用上都具有极大的重要性.

习题 9-6

1. 设 X 是掷一颗骰子出现的点数，若给定 $\varepsilon = 1$、$\varepsilon = 2$，请实际计算 $P(|X - E(X)| \geqslant \varepsilon)$，并用切比雪夫不等式来验证.

2. 设 1000 台机器中，每台工作正常的概率为 0.8，每台机器工作正常与否彼此独立，试估计 1000 台机器中工作正常的台数在 680～920 台之间的概率.

3. 一批产品的废品率为 0.015，求 100000 件产品中废品数不大于 1550 件的概率.

4. 每发炮弹命中目标的概率为 0.03，请至少用两种方法计算 5000 炮弹中命中 150 发的概率.

第十章

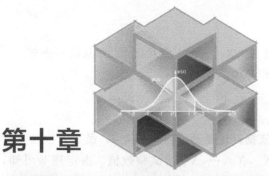

参数估计与假设检验

本章我们将进行数理统计的学习. 数理统计是以概率论为基础, 通过对随机现象的观察和试验, 对所获得数据进行分析, 作出推断. 本章主要介绍样本与统计量、参数估计和假设检验.

第一节 样本与统计量

一、总体与样本

我们先看一个例子: 某灯泡厂一天生产 5 万只 25 瓦的白炽灯泡, 按规定, 使用寿命不足 1000 小时的为次品. 要考察其次品率, 随机地从 5 万只灯泡中抽出一部分, 比如抽出 1000 只, 就 1000 只灯泡的寿命进行检验, 确定其次品数. 如果其中有 4 只次品, 我们就可以推断出这批灯泡的次品率为 0.4%. 这种检验方法称为抽样检验.

这里 5 万只灯泡的寿命全体称为总体, 每一个灯泡的寿命是总体中的一个个体, 而抽查的 1000 只灯泡的寿命是一个样本. 如果我们用随机变量 X 描述这批灯泡的寿命, 即将总体看作一个随机变量, 从总体中抽检一个灯泡 (即个体), 就是做一次随机试验, 抽 1000 只灯泡检验其寿命, 就是做 1000 次随机试验. 因此样本可以看作 1000 个随机变量 X_1, X_2, …, X_{1000}.

于是, 有以下定义:

定义 1 被研究对象的全体称为**总体**, 总体是一个随机变量 X; 总体的每一个基本单元称为**个体**. 从总体中抽出的一部分个体组成一个**样本**, 样本中所含个体的个数称为**样本容量**.

容量为 n 的样本是随机变量 X_1, X_2, …, X_n, 通常看成是 n 维随机向量 $(X_1, X_2, \cdots, X_n)$, 而每次具体抽样所得的数据, 就是这个 n 维随机向量的一组观测值 x_1, x_2, …, x_n, 称为**样本值**.

如果 X_1, X_2, …, X_n 是一组相互独立, 且与总体 X 具有相同分布的样本, 则称此样本为简单随机样本. 本书提到的样本都是**简单随机样本**.

比如, 有放回地重复抽样所得到的样本是简单随机样本, 当总体容量较大, 而样本容量相对较少，比如不超过总体的5%时，不放回地随机抽样所得到的样本可以近似地看成简单随机样本．

如果总体 X 是连续型随机变量，其密度函数为 $f(x)$，则样本 X_1，X_2，…，X_n 的联合密度函数为 $f(x_1,x_2,\cdots,x_n)=f(x_1)f(x_2)\cdots f(x_n)$．

二、统计量

定义 2 设 X_1，X_2，…，X_n 是取自总体 X 的一个样本，$g(X_1,X_2,\cdots,X_n)$ 是一个连续函数，且不含任何未知参数，则称 $g(X_1,X_2,\cdots,X_n)$ 为**统计量**．

例如，总体 $X \sim N(\mu,\sigma^2)$，其中 μ 已知、σ^2 未知，X_1、X_2 是取自总体 X 的样本，那么 X_1+X_2、$2X_1+4\mu$ 都是统计量，而 $X_1+\mu+\sigma^2$、$\dfrac{X_1-\mu}{\sigma}$ 都不是统计量．

由定义可知，统计量也是一个随机变量，如果 x_1，x_2，…，x_n 是样本 X_1，X_2，…，X_n 的一组样本值，那么 $g(x_1,x_2,\cdots,x_n)$ 是统计量 $g(X_1,X_2,\cdots,X_n)$ 的一个观察值．

下面给出一些常用的统计量：

设 X_1，X_2，…，X_n 是取自总体 X 的样本：

(1) 样本均值 $\overline{X}=\dfrac{1}{n}\sum\limits_{i=1}^{n}X_i$；

(2) 样本方差 $S^2=\dfrac{1}{n-1}\sum\limits_{i=1}^{n}(X_i-\overline{X})^2$；可推导出 $S^2=\dfrac{1}{n-1}\left(\sum\limits_{i=1}^{n}X_i^2-n\overline{X}^2\right)$（推导略）．

(3) 样本均方差 $\sqrt{\dfrac{1}{n-1}\sum\limits_{i=1}^{n}(X_i-\overline{X})^2}$．

样本方差和样本均方差都反应总体波动的大小，样本均方差也称样本标准差．设 x_1，x_2，…，x_n 是样本 X_1，X_2，…，X_n 的一组观测值，我们分别称 $\overline{x}=\dfrac{1}{n}\sum\limits_{i=1}^{n}x_i$ 和 $s^2=\dfrac{1}{n-1}\sum\limits_{i=1}^{n}(x_i-\overline{x})^2$ 为 $\overline{X}$ 和 S^2 的观测值．

关于 $\overline{x}$ 和 s^2，在具体运用中有如下性质：

(1) 对于样本观测值中的每个值都加上（或减去）同一个数 a，则样本均值也增加（或减少）a，但样本方差不变．即令 $y_i=x_i\pm a$，则 $\overline{y}=\overline{x}\pm a$，$s_y^2=s_x^2$．

(2) 对于样本观测值中每个值都乘以同一个数 a，相当于样本均值乘以 a，样本方差乘以 a^2，即令 $y_i=ax_i$，则 $\overline{y}=a\overline{x}$，$s_y^2=a^2s_x^2$．

应用上述性质计算 $\overline{x}$ 和 s^2 时，往往会带来很大的方便，下面通过实例来说明这一点．

例 1 从某中学初二学生中随机抽取 10 名男同学，测其身高如下（单位：cm）：

160.5，157，153，158，157.5，154，154.5，163，156.5，157．试计算此样本的均值和方差．

解 如果直接计算当然可以，不过很麻烦．现令题中所给数据为 $x_i(i=1,2,\cdots,10)$，又令 $y_i=x_i-157$，则 y_i 的值分别为：3.5，0，-4，1，0.5，-3，-2.5，6，-0.5，0．于是 $\overline{y}=\dfrac{1}{10}(3.5+0-4+1+0.5-3-2.5+6-0.5+0)=0.1$；$s_y^2=\dfrac{1}{10-1}[(3.5-0.1)^2+\cdots$

$+(0-0.1)^2]=8.99$. 由前述性质可得：$\bar{x}=\bar{y}+157=157.1$，$s_x^2=s_y^2=8.99$.

例2 某车间生产一种铝合金薄板，取生产的薄板8块，测量薄板厚度如下（精确到0.001cm）：0.236，0.238，0.249，0.245，0.243，0.257，0.253，0.255. 试计算此样本的均值和方差.

解 设题中所给数据为 $x_i (i=1,2,\cdots,8)$，又令 $y_i=10^3 x_i - 245$，则 y_i 的值如下：$-9, -7, 3, 0, -2, 12, 8, 10$.

于是，$\bar{y}=\frac{1}{8}(-9-7+\cdots+10)=2$；$s_y^2=\frac{1}{8-1}[(-9-2)^2+\cdots+(10-2)^2]=60.86$.

由前述性质可得：$\bar{x}=\frac{\bar{y}+245}{10^3}=\frac{2+245}{10^3}=0.247$，$s_x^2=\frac{s_y^2}{10^6}=\frac{60.86}{10^6}=0.00006086$.

三、常用统计分布

1. $\bar{X}$ 的分布

定理1 设 $X_1, X_2, \cdots, X_n$ 是取自正态总体 $X \sim N(\mu, \sigma^2)$ 的样本，则有样本均值 $\bar{X} \sim N\left(\mu, \frac{\sigma^2}{n}\right), \frac{\bar{X}-\mu}{\sigma/\sqrt{n}} \sim N(0,1)$.

证明 因为 $X_1, X_2, \cdots, X_n$ 是总体 X 的样本，所以 $X_1, X_2, \cdots, X_n$ 相互独立，且与总体 X 同分布，因此 $\bar{X}=\frac{1}{n}\sum_{i=1}^{n}X_i$ 也服从正态分布. 又由第九章第五节例11知，$E(\bar{X})=\mu$，$D(\bar{X})=\frac{\sigma^2}{n}$，所以 $\bar{X} \sim N\left(\mu, \frac{\sigma^2}{n}\right)$，由第九章第四节知，$\frac{\bar{X}-\mu}{\sigma/\sqrt{n}} \sim N(0,1)$.

通常记 $U=\frac{\bar{X}-\mu}{\sigma/\sqrt{n}}$，这个量在区间估计和假设检验中都要用到.

例3 设总体 $X \sim N(12, 4)$，现从中抽取容量为16的样本，求样本均值 $\bar{X}$ 的分布及 $P(\bar{X}>13)$.

解 因为 $X \sim N(12, 4)$，$\mu=12$，$\sigma^2=4$，$n=16$，$\bar{X} \sim N\left(\mu, \frac{\sigma^2}{n}\right)$，所以 $\bar{X} \sim N\left(12, \frac{4}{16}\right)$，即 $\bar{X} \sim N(12, 0.5^2)$；又因为 $\frac{\bar{X}-\mu}{\sigma/\sqrt{n}}=\frac{\bar{X}-12}{2/\sqrt{16}}=\frac{\bar{X}-12}{0.5} \sim N(0,1)$，所以 $P(\bar{X}>13)$ $=1-P(\bar{X}\leqslant 13)=1-P\left(\frac{\bar{X}-12}{0.5} \leqslant \frac{13-12}{0.5}\right)=1-\Phi(2)=1-0.9772=0.0228$.

2. χ^2 分布

定义3 设 $X_1, X_2, \cdots, X_n$ 都服从 $N(0,1)$，且相互独立，则称随机变量 $\chi^2 = X_1^2+X_2^2+\cdots+X_n^2$ 的分布是以 n 为自由度的 χ^2 分布，记为 $\chi^2 \sim \chi^2(n)$.

下面不加证明地给出几个重要结论：

命题1 设 $\chi^2 \sim \chi^2(n)$，则 $E(\chi^2)=n$.

命题2 设 $X \sim \chi^2(n)$，$Y \sim \chi^2(m)$，且 X 与 Y 相互独立，则 $X+Y \sim \chi^2(n+m)$.

定理2 设 $X_1, X_2, \cdots, X_n$ 是总体 $X \sim N(\mu, \sigma^2)$ 的样本，则

(1) $\overline{X}$ 与 S^2 相互独立；(2) $(n-1)S^2/\sigma^2 \sim \chi^2(n-1)$.

χ^2 分布在书后有数值表可查.

例4 设随机变量 $\chi^2 \sim \chi^2(12)$，试确定 x 的值，使 $P(\chi^2 \leqslant x) = 0.90$.

解 由题意知，$P(\chi^2 > x) = 0.1$，按 $n=12$，$\alpha=0.1$，查附表得 $x=18.549$.

例5 设 X_1，X_2，$\cdots$，X_8 是从总体 $X \sim N(\mu, \sigma^2)$ 中抽取的样本，试确定 x 的值，使 $P\left(\sum_{i=1}^{8}(X_i - \overline{X})^2/\sigma^2 \leqslant x\right) = 0.95$.

解 由定理2知，$\sum_{i=1}^{8}(X_i - \overline{X})^2/\sigma^2 \sim \chi^2(7)$，且 $P\left(\sum_{i=1}^{8}(X_i - \overline{X})^2/\sigma^2 > x\right) = 0.05$，按 $n=7$，$\alpha=0.05$，查附表得 $x=14.067$.

3. t 分布

定义4 设 $X \sim N(0,1)$，$Y \sim \chi^2(n)$，且 X 与 Y 相互独立，则称随机变量 $T = \dfrac{X}{\sqrt{Y/n}}$ 的分布是以 n 为自由度的 t **分布**，记为 $T \sim t(n)$.

定理3 设 X_1，X_2，$\cdots$，X_n 是总体 $X \sim N(\mu, \sigma^2)$ 的样本，则 $T = \dfrac{\overline{X} - \mu}{S/\sqrt{n}} \sim t(n-1)$.

证明 由于 $\overline{X}$ 与 S^2 相互独立，$\dfrac{\overline{X} - \mu}{\sigma/\sqrt{n}} \sim N(0,1)$，$(n-1)S^2/\sigma^2 \sim \chi^2(n-1)$，故 $\dfrac{\overline{X} - \mu}{\sigma/\sqrt{n}} / \sqrt{\dfrac{(n-1)S^2/\sigma^2}{n-1}} = \dfrac{\overline{X} - \mu}{S/\sqrt{n}}$（记为 T）$\sim t(n-1)$.

t 分布在书后有数值表可查.

例6 设随机变量 X 服从自由度为8的 t 分布，试确定 x_1，x_2 的值，使得 $P(X \leqslant x_1) = 0.95$，$P(X \leqslant x_2) = 0.99$.

解 由 $P(X \leqslant x_1) = 0.95$ 得 $P(X > x_1) = 0.05$，由于 t 分布关于原点对称，故 $P(|X| > x_1) = 2 \times 0.05 = 0.1$，按 $n=8$，$\alpha=0.1$，查附表得 $x_1 = 1.8595$；$P(X \leqslant x_2) = 0.99$ 得 $P(X > x_2) = 0.01$，查附表得 $x_2 = 2.8965$.

4. F 分布

定义5 设 $X \sim \chi^2(m)$，$Y \sim \chi^2(n)$，且 X 与 Y 相互独立，则称随机变量 $F = \dfrac{X/m}{Y/n}$ 的分布是以 m 为第一自由度，以 n 为第二自由度的 F **分布**，记作 $F \sim F(m,n)$.

根据定理2及定义5可得：

定理4 设 X_1，X_2，$\cdots$，X_m 和 Y_1，Y_2，$\cdots$，Y_n 分别是总体 $X \sim N(\mu_1, \sigma_1^2)$ 和 $Y \sim N(\mu_2, \sigma_2^2)$ 的样本，且两样本相互独立，设 S_X^2 和 S_Y^2 分别为样本方差，则 $F = \dfrac{S_X^2/\sigma_1^2}{S_Y^2/\sigma_2^2} \sim F(m-1, n-1)$.

特别地，$\sigma_1^2 = \sigma_2^2$ 时，$\dfrac{S_X^2}{S_Y^2} \sim F(m-1, n-1)$.

F 分布在书后有数值表可查.

例 7 已知 $F \sim F(8, 9)$，试确定 x_1, x_2 的值，使得 $P(F > x_1) = 0.01$，$P(F > x_2) = 0.99$.

解 由 $P(F > x_1) = 0.01$，按 $\alpha = 0.01$ 查 F 分布表得 $x_1 = F_{0.01}(8,9) = 5.47$. 由于 $P(F > x_2) = 0.99$，但 F 分布表中未列出 $\alpha = 0.99$，由 F 分布定义可知，若 $F \sim F(8,9)$，则 $\frac{1}{F} \sim F(9,8)$，注意到 x_2 应使 $P\left(\frac{1}{F} < \frac{1}{x_2}\right) = 0.99$，即 $P\left(\frac{1}{F} \geq \frac{1}{x_2}\right) = 0.01$，查 F 分布表得 $\frac{1}{x_2} = F_{0.01}(9,8) = 5.91$，故 $x_2 = \frac{1}{5.91} = 0.1692$.

例 8 设总体 $X \sim N(2,1)$，$X_1, X_2, \cdots, X_9$ 是来自总体的一个样本，试求

(1) $\overline{X} = \frac{1}{9} \sum_{i=1}^{9} X_i$ 的分布；(2) 分别求出 $\overline{X}$ 和 X 落在区间 $[1,3]$ 内的概率.

解 (1) 因为 $X \sim N(2,1)$，$\mu = 2$，$\sigma^2 = 1$，$n = 9$，所以 $\overline{X} \sim N\left(2, \frac{1}{9}\right)$；

(2) $P(1 \leq \overline{X} \leq 3) = P\left(-3 \leq \frac{\overline{X} - 2}{\sqrt{1/9}} \leq 3\right) = 2\Phi(3) - 1 = 0.99730$，

$P(1 \leq X \leq 3) = P\left(-1 \leq \frac{X - 2}{1} \leq 1\right) = 2\Phi(1) - 1 = 0.68268$.

习题 10-1

1. 设总体 $X \sim N(\mu, \sigma^2)$，其中 μ 未知，σ^2 已知，$(X_1, X_2, \cdots, X_n)$ 是从总体中抽取的一个样本，指出下列各式中哪些是统计量，哪些不是统计量？

(1) $\frac{1}{n}(X_1 + X_2 + \cdots + X_n)$；(2) $\sum_{i=1}^{n}(X_i - \overline{X})^2$；(3) $\sum_{i=1}^{n}(X_i - \mu)^2$；

(4) $\frac{1}{\sigma^2} \sum_{i=1}^{n} X_i^2$；(5) $\min(X_1, X_2, \cdots, X_n)$；(6) $\frac{1}{3}(X_1 + X_2 + X_3) - \mu$.

2. 设 $X_1, X_2, \cdots, X_n$ 是总体 $X \sim N(\mu, \sigma^2)$ 的样本，求

(1) $E[(n-1)S^2/\sigma^2]$；(2) $E(S^2/\sigma^2)$；(3) $E(S^2)$.

3. 查表求值：

(1) $\chi_{0.01}^2(10)$，$\chi_{0.1}^2(12)$；(2) $t_{0.01}(10)$，$t_{0.05}(12)$；(3) $F_{0.01}(10, 9)$，$F(28, 2)$.

4. 查表求下列各分布的临界值：

(1) $P(U \geq u_1) = 0.05$，$P(U \leq u_2) = 0.05$，$P(|U| \geq u_3) = 0.05$，$U \sim N(0,1)$；

(2) $P[\chi^2(15) \geq \chi_1^2] = 0.01$，$P[\chi^2(15) \leq \chi_2^2] = 0.01$；

(3) $P[t(8) \geq t_1] = 0.05$，$P[t(8) \leq t_2] = 0.05$，$P[|t(8)| \geq t_3] = 0.05$；

(4) $P[F(10,12) \geq F_1] = 0.05$，$P[F(10,12) \leq F_2] = 0.90$.

5. 设 $(X_1, X_2, \cdots, X_{10})$ 是来自总体 $X \sim N(0,1)$ 的一个样本，求 $P\left(\sum_{i=1}^{10} X_i^2 \geq 12.549\right)$.

6. 设 $(X_1, X_2, \cdots, X_8)$ 是来自总体 $X \sim N(0, 0.3^2)$ 的一个样本，求 $P\left(\sum_{i=1}^{8} X_i^2 \geq 1.8\right)$.

7. 在总体 $N(52, 6.3^2)$ 中随机抽取容量为 36 的样本，求样本均值 $\overline{X}$ 落在 50.8 到 53.8 之间的概率．

8. 设 X_1，X_2，…，X_{20} 相互独立，且具有相同的分布 $N(0,1)$，试指出 $X = \sum_{i=1}^{12} \frac{X_i^2}{12} / \sum_{i=13}^{20} \frac{X_i^2}{8}$ 服从什么分布，并解答：
(1) 求 λ，使得 $P(X > \lambda) = 0.10$；(2) 求 α，使得 $P(X > 3.28) = \alpha$．

第二节 参数的点估计

设总体 X 的分布函数 $F(x, \theta)$ 的形式已知，θ 是待估计的未知参数，X_1，X_2，…，X_n 是取自总体 X 的样本，选择一个合适的统计量 $\hat{\theta} = \theta(X_1, X_2, \cdots, X_n)$ 来估计未知参数 θ，称 $\hat{\theta}$ 为 θ 的**估计量**，简称**估计**．每当有了一组样本观测值 $x_1, x_2, \cdots, x_n$，将其代入统计量得到 $\hat{\theta} = \theta(x_1, x_2, \cdots, x_n)$，称为参数 θ 的**估计值**，在不混淆的情况下，也称为估计，也记作 $\hat{\theta}$．要注意的是，估计量是一个随机变量，估计值是一个数值．估计量与估计值统称为**点估计**．

本节将介绍评价估计量的优良标准，以及常用的点估计法——矩估计和最大似然估计．

一、评价估计量的优良标准

对于同一个未知参数，往往可以选用不同的估计量对它进行估计．那么选什么样的估计量比较好呢？这就要对估计量进行评价．

1. 无偏性

估计量是随机变量，对不同的样本观测值，它有不同的估计值，这些估计值在未知参数的真值附近波动，我们希望得到的所有估计值的概率平均等于未知参数的真实值，也就是说，要求估计量的数学期望和参数真实值之间没有偏移．

定义 1 设 $\hat{\theta}$ 为未知参数 θ 的估计量，若 $E(\hat{\theta}) = \theta$，则称 $\hat{\theta}$ 为 θ 的**无偏估计量**，否则称为**有偏估计量**．

例 1 求证样本均值 $\overline{X}$ 是总体均值 μ 的无偏估计量．

证明 因为 $\overline{X} = \frac{1}{n} \sum_{i=1}^{n} X_i$，我们有 $E(\overline{X}) = \frac{1}{n} \sum_{i=1}^{n} E(X_i) = \frac{1}{n} \times n\mu = \mu$．所以 $\overline{X}$ 是总体均值 μ 的无偏估计量．

例 2 求证样本方差 $S^2 = \frac{1}{n-1} \sum_{i=1}^{n} (X_i - \overline{X})^2$ 是总体方差 σ^2 的无偏估计量；而 $S_0^2 = \frac{1}{n} \sum_{i=1}^{n} (X_i - \overline{X})^2$ 是 σ^2 的有偏估计．

证明 由于 $\sum_{i=1}^{n} (X_i - \mu) = n(\overline{X} - \mu)$，故而有

$$E(S^2) = E\left[\frac{1}{n-1}\sum_{i=1}^{n}(X_i-\overline{X})^2\right] = \frac{1}{n-1}E\left\{\sum_{i=1}^{n}[(X_i-\mu)-(\overline{X}-\mu)]^2\right\}$$

$$= \frac{1}{n-1}E\left[\sum_{i=1}^{n}(X_i-\mu)^2 - 2\sum_{i=1}^{n}(\overline{X}_i-\mu)(\overline{X}-\mu) + n(\overline{X}-\mu)^2\right]$$

$$= \frac{1}{n-1}\left[\sum_{i=1}^{n}E(X_i-\mu)^2 - nE(\overline{X}-\mu)^2\right]$$

$$= \frac{1}{n-1}\left[\sum_{i=1}^{n}D(X_i) - nD(\overline{X})\right] = \frac{1}{n-1}\left(n\sigma^2 - n\cdot\frac{\sigma^2}{n}\right) = \sigma^2;$$

$$E(S_0^2) = E\left(\frac{n-1}{n}S^2\right) = \frac{n-1}{n}E(S)^2 = \frac{n-1}{n}\sigma^2 \neq \sigma^2.$$

所以，样本方差 S^2 是总体方差 σ^2 的无偏估计量，S_0^2 是 σ^2 的有偏估计（这也就是前一节用 S^2 定义样本方差，而不用 S_0^2 定义样本方差的原因）．

例 3 设总体 X 的密度函数为

$$f(x) = \begin{cases} \frac{1}{\theta}e^{-\frac{x}{\theta}}, & x>0 \\ 0, & x\leqslant 0 \end{cases}.$$

$X_1, X_2, \cdots, X_n$ 是来自总体 X 的一个样本，试证明 $\overline{X} = \frac{1}{n}\sum_{i=1}^{n}X_i$ 是参数 θ 的无偏估计量．

证明 根据指数分布的性质，可知 $E(X) = \theta$，故由例 1 便知 $\overline{X}$ 是 θ 的无偏估计量．

2. 有效性

定义 2 设 $\hat{\theta}_1, \hat{\theta}_2$ 均为 θ 的无偏估计量，如果 $D(\hat{\theta}_1) < D(\hat{\theta}_2)$，则称 $\hat{\theta}_1$ 比 $\hat{\theta}_2$ 更有效．

例 4 设 $X_1, X_2, \cdots, X_n$ 是来自总体 X 的一个样本，$E(X) = \mu, D(X) = \sigma^2$，显然 $\overline{X}$ 与 X_1 都是 μ 的无偏估计量．试说明哪一个更有效？

解 因为 $D(\overline{X}) = \frac{\sigma^2}{n}$，$D(X_1) = D(X) = \sigma^2$，所以 $D(\overline{X}) < D(X_1)$，这就说明了 $\overline{X}$ 比 X_1 更有效．

例 5 X_1, X_2 是总体 $N(\mu, 1)$ 的一个样本，μ 是未知参数，试验证下面的三个估计量都是 μ 的无偏估计量，并说明哪一个最有效．

$$\hat{\mu}_1 = \frac{2}{5}X_1 + \frac{3}{5}X_2, \quad \hat{\mu}_2 = \frac{1}{4}X_1 + \frac{3}{4}X_2, \quad \hat{\mu}_3 = \frac{1}{2}X_1 + \frac{1}{2}X_2.$$

解 $E(\hat{\mu}_1) = E\left(\frac{2}{5}X_1 + \frac{3}{5}X_2\right) = \frac{2}{5}E(X_1) + \frac{3}{5}E(X_2) = \frac{2}{5}\mu + \frac{3}{5}\mu = \mu$，

$E(\hat{\mu}_2) = \frac{1}{4}\mu + \frac{3}{4}\mu = \mu$，$E(\hat{\mu}_3) = \frac{1}{2}\mu + \frac{1}{2}\mu = \mu$．所以 $\hat{\mu}_1, \hat{\mu}_2, \hat{\mu}_3$ 都是 μ 的无偏估计量．而

$$D(\hat{\mu}_1) = D\left(\frac{2}{5}X_1 + \frac{3}{5}X_2\right) = \frac{4}{25}D(X_1) + \frac{9}{25}D(X_2)$$

$$= \frac{4}{25}\times 1 + \frac{9}{25}\times 1 = 0.52,$$

$$D(\hat{\mu}_2)=\frac{1}{16}\times 1+\frac{9}{16}\times 1=0.625, D(\hat{\mu}_3)=\frac{1}{4}\times 1+\frac{1}{4}\times 1=0.5,$$

$$D(\hat{\mu}_3)<D(\hat{\mu}_1)<D(\hat{\mu}_2),$$

所以 $\hat{\mu}_3$ 最有效.

二、矩估计法

作为一种重要的点估计法,我们这里介绍矩估计法. 这是一种比较古老的估计方法,该方法具有朴素直观的特点.

让我们从原点矩的概念说起. 设有总体 X 及其样本 X_1, X_2, $\cdots$, X_n,我们分别称 $E(X)$(等于 μ)和 $E(X^2)$(等于 $\sigma^2+\mu^2$)为总体的一阶原点矩和二阶原点矩;对应地,分别称 $\frac{1}{n}\sum_{i=1}^{n}X_i$(等于 $\overline{X}$)和 $\frac{1}{n}\sum_{i=1}^{n}X_i^2$ 为样本的一阶原点矩和二阶原点矩. 矩估计法的朴素思想就是:用样本矩来估计总体同阶矩. 于是我们可以从方程组(10-1)

$$\begin{cases}\overline{X}=\frac{1}{n}\sum_{i=1}^{n}X_i=\hat{\mu}\\ \frac{1}{n}\sum_{i=1}^{n}X_i^2=\hat{\sigma}^2+\hat{\mu}^2\end{cases} \tag{10-1}$$

中解出 $\hat{\mu}$ 和 $\hat{\sigma}^2$: $\hat{\mu}=\overline{X}$, (10-2)

$$\hat{\sigma}^2=\frac{1}{n}\sum_{i=1}^{n}X_i^2-\hat{\mu}^2=\frac{1}{n}\sum_{i=1}^{n}X_i^2-\overline{X}^2=\frac{1}{n}(\sum_{i=1}^{n}X_i^2-n\overline{X}^2)$$

$$=\frac{1}{n}\sum_{i=1}^{n}(X_i-\overline{X})^2=S_0^2. \tag{10-3}$$

式(10-2)和式(10-3)就是总体均值和方差的矩估计公式.

例6 设总体 X 服从区间 $[0,\theta]$ 上的均匀分布,X_1, X_2, $\cdots$, X_n 为其样本,试求 θ 的矩法估计量.

解 我们有 $\mu=E(X)=\frac{\theta}{2}$,按照矩估计法的原理,得到方程

$$\overline{X}=\frac{1}{n}\sum_{i=1}^{n}X_i=\hat{\mu}=\frac{\hat{\theta}}{2},$$

从中解出 θ 的矩法估计量为 $\hat{\theta}=2\overline{X}$.

例7 设总体 X 的概率密度为

$$f(x)=\begin{cases}(\alpha+1)x^{\alpha},x\in(0,1)\\ 0,其他\end{cases}.$$

求参数 α 的矩法估计量.

解 计算总体 X 的期望值 $\mu=E(X)=\int_0^1(\alpha+1)x^{\alpha}\times x\mathrm{d}x=\frac{\alpha+1}{\alpha+2}$,依照矩估计法原理,我们有 $\overline{X}=\hat{\mu}=\frac{\hat{\alpha}+1}{\hat{\alpha}+2}$,从中解出 $\hat{\alpha}=\frac{1-2\overline{X}}{\overline{X}-1}$.

三、最大似然估计法

对于连续型总体 X，设它的密度函数为 $f(x,\theta)$，θ 为未知参数，X_1，X_2，$\cdots$，X_n 是取自总体 X 的样本，样本 $(X_1, X_2, \cdots, X_n)$ 的联合密度函数为

$$f(x_1,\theta)f(x_2,\theta)\cdots f(x_n,\theta)=\prod_{i=1}^{n}f(x_i,\theta).$$

对于给定的一组样本值 x_1，x_2，$\cdots$，x_n，称 $\prod_{i=1}^{n}f(x_i,\theta)$ 为样本的**似然函数**，记为 $L(\theta)$，即 $L(\theta)=\prod_{i=1}^{n}f(x_i,\theta)$.

对于离散型总体 X，设其分布律为 $P(X=x)=p(x,\theta)$，对于给定的一组样本值 x_1，x_2，$\cdots$，x_n，似然函数为 $L(\theta)=\prod_{i=1}^{n}p(x_i,\theta)$.

根据经验，概率大的事件比概率小的事件易于发生，x_1，x_2，$\cdots$，x_n 是一组样本观测值，是已经发生的随机事件，可以认为取到这一组值的概率较大，即似然函数 $L(\theta)$ 的值较大，因此我们可以求出使 $L(\theta)$ 取得最大值的 θ 作为未知参数的估计值. 这就是最大似然估计法.

根据微积分知识，求似然函数 $L(\theta)$ 的最大值点，只需通过解方程 $\dfrac{\mathrm{d}L}{\mathrm{d}\theta}=0$ 求得. 由于 $\ln L(\theta)$ 与 $L(\theta)$ 有相同的最大值点，为计算方便，上述方程可以用 $\dfrac{\mathrm{d}\ln L(\theta)}{\mathrm{d}\theta}=0$ 来代替.

例 8 设总体 X 服从参数 λ 的指数分布，其密度函数为

$$f(x)=\begin{cases}\lambda\mathrm{e}^{-\lambda x}, & x>0 \\ 0, & x\leqslant 0\end{cases}\quad(\lambda>0),$$

求未知参数 λ 的最大似然估计量.

解 设 x_1，x_2，$\cdots$，x_n 是一组样本值，其似然函数为 $L(\lambda)=\prod_{i=1}^{n}\lambda\mathrm{e}^{-\lambda x_i}=\lambda^n\mathrm{e}^{-\lambda\sum_{i=1}^{n}x_i}$，于是 $\ln L=n\ln\lambda-\lambda\sum_{i=1}^{n}x_i$，$\dfrac{\mathrm{d}\ln L}{\mathrm{d}\lambda}=\dfrac{n}{\lambda}-\sum_{i=1}^{n}x_i$，令 $\dfrac{\mathrm{d}\ln L}{\mathrm{d}\lambda}=\dfrac{n}{\lambda}-\sum_{i=1}^{n}x_i=0$，解得 $\lambda=\dfrac{1}{\frac{1}{n}\sum_{i=1}^{n}x_i}=\dfrac{1}{\bar{x}}$，所以参数 λ 的最大似然估计量为 $\hat{\lambda}=\dfrac{1}{\bar{X}}$.

习题 10-2

1. 设 $\hat{\theta}$ 是未知参数 θ 的无偏估计量，且 $D(\hat{\theta})>0$. 证明：$(\hat{\theta})^2$ 不是 θ^2 的无偏估计量.

2. 证明样本均值的平方 $(\bar{X})^2$ 不是总体均值平方 μ^2 的无偏估计量.

3. 设 X_1，X_2，X_3 为总体 $N(\mu,\sigma^2)$ 的一个样本，试证下列三个估计量

$\hat{\mu}_1 = \frac{1}{5}X_1 + \frac{3}{10}X_2 + \frac{1}{2}X_3$，$\hat{\mu}_2 = \frac{1}{3}X_1 + \frac{1}{4}X_2 + \frac{5}{12}X_3$，$\hat{\mu}_3 = \frac{1}{3}X_1 + \frac{1}{6}X_2 + \frac{1}{2}X_3$ 都是 μ 的无偏估计量，并指明三者哪一个最有效？

4. 证明当总体 X 的均值 μ 为已知时，统计量 $\frac{1}{n}\sum_{i=1}^{n}(X_i - \mu)^2$ 是总体方差 σ^2 的无偏估计量.

5. 设 $X_1, X_2, \cdots, X_n$ 为总体 X 的样本，$D(X) = \sigma^2$. 欲使统计量 $\hat{\sigma}^2 = k\sum_{i=1}^{n-1}(X_{i+1} - X_i)^2$ 为 σ^2 的无偏估计量，k 应取何值？

6. 假设从随机变量 X 得到 200 个独立观测值 $x_1, x_2, \cdots, x_{200}$，并求得 $\sum_{i=1}^{200} x_i = 800$，$\sum_{i=1}^{200} x_i^2 = 3754$，试给出 $E(X)$ 及 $D(X)$ 的一个无偏估计值.

7. 设 $\hat{\theta}_1, \hat{\theta}_2$ 是 θ 的两个独立的无偏估计量，并且 $\hat{\theta}_1$ 的方差是 $\hat{\theta}_2$ 的方差的 2 倍，试找出常数 k_1, k_2，使得 $k_1\hat{\theta}_1 + k_2\hat{\theta}_2$ 是 θ 的无偏估计量，并且在所有这样的线性组合式中，方差最小（即最有效）. ［提示：考虑 $\lambda\hat{\theta}_1 + (1-\lambda)\hat{\theta}_2$ 的方差，解出 λ］

*8. 设从均值 μ，方差 $\sigma^2 > 0$ 的总体中，分别抽取容量为 n_1、n_2 的两个独立样本，$\overline{X}_1$ 和 $\overline{X}_2$ 分别是两个样本的均值. 试证对于任意常数 a、$b(a+b=1)$，$Y = a\overline{X}_1 + b\overline{X}_2$ 都是 μ 的无偏估计，并确定常数 a、b，使得 $D(Y)$ 达到最小.

9. 使用一测量仪器对同一值进行 12 次独立测量，其结果为（单位：厘米）：
232.50, 232.48, 232.15, 232.53, 232.45, 232.30,
232.48, 232.05, 232.45, 232.60, 232.47, 232.30.
试用矩估计法估计测量值的真值和方差（设仪器无系统偏差）.

10. 设总体 X 服从参数为 λ 的指数分布，其密度函数为
$$f(x) = \begin{cases} \lambda e^{-\lambda x}, & x > 0 \\ 0, & x \leq 0 \end{cases} (\lambda > 0),$$
求未知参数 λ 的矩法估计量.

11. 设总体 X 的密度函数为 $f(x) = \begin{cases} \theta x^{\theta-1}, & 0 < x < 1 \\ 0, & \text{其他} \end{cases}$，$\theta > 0$，$X_1, X_2, \cdots, X_n$ 为取自总体 X 的样本，求未知参数 θ 的最大似然估计量.

12. 设总体 X 的密度函数为 $f(x) = \begin{cases} (\alpha+1)x^{\alpha}, & 0 < x < 1 \\ 0, & \text{其他} \end{cases}$，$X_1, X_2, \cdots, X_n$ 为取自总体 X 的样本，求未知参数 α 的最大似然估计量.

第三节 参数的区间估计

在实际问题中，不仅需要求出总体中未知参数的估计值，还需要知道它的可靠程度，确定一个范围，这就是区间估计.

定义 设总体 X 的分布中含有未知参数 θ，$\hat{\theta}_1(X_1, X_2, \cdots, X_n)$、$\hat{\theta}_2(X_1, X_2, \cdots, X_n)$ 有由来自 X 的样本 $X_1, X_2, \cdots, X_n$ 所确定的两个统计量，如果对于给定的 α ($0<\alpha<1$)，有 $P(\hat{\theta}_1<\hat{\theta}_2<\theta)=1-\alpha$，则称随机区间 $(\hat{\theta}_1, \hat{\theta}_2)$ 为置信区间，$1-\alpha$ 称为**置信度**.

置信区间 $(\hat{\theta}_1, \hat{\theta}_2)$ 是一个随机区间，对于不同的样本值取得不同的区间，在这些区间中有的包含参数 θ 的真实值，有的则不包含. 当置信度为 $1-\alpha$ 时，置信区间包含真实值 θ 的概率为 $1-\alpha$. 例如 $\alpha=0.05$，置信度为 0.95，说明 $(\hat{\theta}_1, \hat{\theta}_2)$ 以 0.95 的可信度包含 θ 的真实值.

一、正态总体均值的置信区间

下面我们分两种情况来讨论正态总体均值 μ 的区间估计.

1. 当 σ^2 已知时，μ 的区间估计

设总体 $X \sim N(\mu, \sigma^2)$，σ^2 已知，从总体中抽取容量为 n 的样本 $X_1, X_2, \cdots, X_n$，则 $\overline{X} = \frac{1}{n}\sum_{i=1}^{n} X_i \sim N\left(\mu, \frac{\sigma^2}{n}\right)$，所以变量 $U = \frac{\overline{X}-\mu}{\sigma/\sqrt{n}} \sim N(0,1)$. 对于置信度 $1-\alpha$，反查标准正态分布表得到 u_α，满足 $P(|U|<u_\alpha)=1-\alpha$，如图 10-1.

即 $P\left(-u_\alpha < \frac{\overline{X}-\mu}{\sigma/\sqrt{n}} < u_\alpha\right) = P\left(\overline{X} - u_\alpha \frac{\sigma}{\sqrt{n}} < \mu < \overline{X} + u_\alpha \frac{\sigma}{\sqrt{n}}\right) = 1-\alpha$，于是得到 μ 的置信度为 $1-\alpha$ 的置信区间为

$$\left(\overline{X} - u_\alpha \frac{\sigma}{\sqrt{n}}, \overline{X} + u_\alpha \frac{\sigma}{\sqrt{n}}\right) \tag{10-4}$$

注意：因 $P(|U|<u_\alpha) = 2\Phi(u_\alpha)-1 = 1-\alpha$，所以 $\Phi(u_\alpha) = 1 - \frac{\alpha}{2}$，这就是查标准正态分布表确定临界值 u_α 的依据.

例1 假设总体 $X \sim N(\mu, 2^2)$，从中抽取容量为 9 的样本，算得样本均值 $\overline{x}=1.01$，分别就置信度为 0.95 和 0.90 时求总体均值 μ 的置信区间.

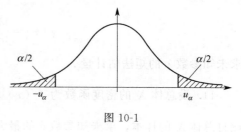

图 10-1

解 取置信度 $1-\alpha=0.95$，则 $\alpha=0.05$，由 $\Phi(u_\alpha) = 1 - \frac{0.05}{2} = 0.975$，查得 $u_\alpha=1.96$，连同 $\overline{x}=1.01$，$\sigma=2$，$n=9$ 代入置信区间 (10-4) 可得置信度为 0.95 的置信区间为

$$\left(1.01 - 1.96 \times \frac{2}{\sqrt{9}}, 1.01 + 1.96 \times \frac{2}{\sqrt{9}}\right)，即为 (-0.30, 2.32).$$

若置信度为 $1-\alpha=0.90$，则 $\alpha=0.1$，查表可得 $u_\alpha=1.645$，于是置信区间为

$$\left(1.01 - 1.645 \times \frac{2}{\sqrt{9}}, 1.01 + 1.645 \times \frac{2}{\sqrt{9}}\right)，即为 (-0.087, 1.108).$$

我们看到，置信度由 0.90 增至 0.95，置信区间也由 $(-0.087, 1.108)$ 加宽到

$(-0.30, 2.32)$.

2. 当 σ^2 未知时，μ 的区间估计

由于 S^2 是 σ^2 的无偏估计量，所以我们考虑用 S 代替 $U=\dfrac{\overline{X}-\mu}{\sigma/\sqrt{n}}$ 中的 σ，得统计量 $T=\dfrac{\overline{X}-\mu}{S/\sqrt{n}}$，由本章第一节定理 3 可知 $T=\dfrac{\overline{X}-\mu}{S/\sqrt{n}} \sim t(n-1)$.

对于置信度 $1-\alpha$，按自由度 $n-1$ 查 t 分布表，求得 t_α 满足 $P(|T|<t_\alpha)=1-\alpha$，如图 10-2.

即 $P\left(-t_\alpha<\dfrac{\overline{X}-\mu}{S/\sqrt{n}}<t_\alpha\right)=P\left(\overline{X}-t_\alpha\dfrac{S}{\sqrt{n}}<\mu<\overline{X}+t_\alpha\dfrac{S}{\sqrt{n}}\right)=1-\alpha$，于是得到 μ 的置信度为 $1-\alpha$ 的置信区间为

$$\left(\overline{X}-t_\alpha\dfrac{S}{\sqrt{n}},\overline{X}+t_\alpha\dfrac{S}{\sqrt{n}}\right). \quad (10-5)$$

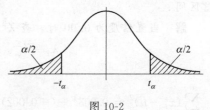

图 10-2

例 2 假设总体 $X \sim N(\mu,\sigma^2)$，μ、σ 均未知，从总体中抽取容量为 9 的样本，算得 $\overline{x}=2$，$s=2.3$，当置信度分别为 0.95 和 0.99 时，求总体均值 μ 的置信区间.

解 当 $1-\alpha=0.95$ 时，查出满足 $P(|T|<t_\alpha)=0.95$ 的 $t_\alpha(8)=2.306$，因此 μ 的置信区为 $\left(\overline{x}-t_\alpha\dfrac{s}{\sqrt{n}},\overline{x}+t_\alpha\dfrac{s}{\sqrt{n}}\right)=\left(2-2.306\times\dfrac{2.3}{\sqrt{9}},2+2.306\times\dfrac{2.3}{\sqrt{9}}\right)=(0.232,3.768)$.

当 $1-\alpha=0.99$ 时，查出满足 $P(|T|<t_\alpha)=0.99$ 的 $t_\alpha(8)=3.3554$，因此 μ 的置信区为 $\left(\overline{x}-t_\alpha\dfrac{s}{\sqrt{n}},\overline{x}+t_\alpha\dfrac{s}{\sqrt{n}}\right)=(-0.572,4.572)$.

此例仍然表明，增大置信度时，置信区间加宽了.

二、正态总体方差的置信区间

与求 μ 的置信区间的方法类似，在进行总体方差 σ^2 的区间估计时，应按 μ 已知和未知两种情形来讨论.

1. 当 μ 已知时，σ^2 的区间估计

设 X_1，X_2，$\cdots$，X_n 是取自总体 X 的样本，因为 $X \sim N(\mu,\sigma^2)$，所以 $\dfrac{X_i-\mu}{\sigma} \sim N(0,1)$（$i=1,2,\cdots,n$），于是统计量

$$Z=\sum_{i=1}^{n}\dfrac{(X_i-\mu)^2}{\sigma^2} \sim \chi^2(n).$$

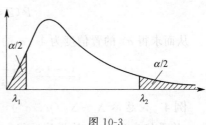

图 10-3

给定置信度 $1-\alpha$，考虑概率方程 $P(\lambda_1<Z<\lambda_2)=1-\alpha$，如图 10-3.

我们通常选取 λ_1，λ_2 满足

$$P(Z\leqslant\lambda_1)=P(Z\geqslant\lambda_2)=\dfrac{\alpha}{2},$$

于是可在 χ^2 分布表中查出 λ_1，λ_2 的数值（这里 $\lambda_1=\chi^2_{1-\frac{\alpha}{2}}$，$\lambda_2=\chi^2_{\frac{\alpha}{2}}$）.

得出 λ_1 和 λ_2 后，对不等式 $\lambda_1<Z<\lambda_2$ 进行变形，即得到 σ^2 的置信度为 $1-\alpha$ 的置信区间为

$$\left(\frac{\sum_{i=1}^{n}(X_i-\mu)^2}{\lambda_2},\frac{\sum_{i=1}^{n}(X_i-\mu)^2}{\lambda_1}\right) \tag{10-6}$$

例3 设总体 $X\sim N(0.5,\sigma^2)$，从 X 中抽取一个容量为 6 的样本，得样本值为 0.503, 0.498, 0.492, 0.512, 0.506, 0.502. 分别求 σ^2 的置信度为 0.90 和 0.95 的置信区间.

解 当置信度为 0.90 时，查 χ^2 分布表（自由度为 6），得

$$\lambda_1=\chi^2_{0.95}=1.635,\lambda_2=\chi^2_{0.05}=12.592.$$

由于

$$\sum_{i=1}^{6}(x_i-\mu)^2=0.003^2+(-0.002)^2+(-0.008)^2+0.012^2+0.006^2+0.002^2=0.000261,$$

故所求 σ^2 的置信度为 0.90 的置信区间为 $\left(\dfrac{0.000261}{12.592},\dfrac{0.000261}{1.635}\right)$，即 (0.000021, 0.00016).

当置信度为 0.95 时，查表得

$$\lambda_1=\chi^2_{0.975}=1.237,\lambda_2=\chi^2_{0.025}=14.449.$$

故所求 σ^2 的置信度为 0.95 的置信区间为 $\left(\dfrac{0.000261}{14.449},\dfrac{0.000261}{1.237}\right)$，即 (0.000018, 0.00021).

此例题也表明，增大置信度时，置信区间加宽了.

2. 当 μ 未知时，σ^2 的区间估计

这是经常遇到的情况，由本章第一节定理 2 可知

$$Z=\frac{(n-1)S^2}{\sigma^2}\sim\chi^2(n-1).$$

于是，对给定的置信度 $1-\alpha$，查 χ^2 分布表得 λ_1，λ_2，满足

$$P(Z\leqslant\lambda_1)=P(Z\geqslant\lambda_2)=\frac{\alpha}{2},$$

从而求得 σ^2 的置信度为 $1-\alpha$ 的置信区间为

$$\left(\frac{(n-1)S^2}{\lambda_2},\frac{(n-1)S^2}{\lambda_1}\right) \text{ 或 } \left(\frac{\sum_{i=1}^{n}(X_i-\overline{X})^2}{\lambda_2},\frac{\sum_{i=1}^{n}(X_i-\overline{X})^2}{\lambda_1}\right);$$

例4 设总体 $X\sim N(\mu,\sigma^2)$，μ 未知，从中抽取容量为 20 的样本，算得 $s^2=9.67$，求 σ^2 的置信度为 0.98 的置信区间.

解 这里总体 $X\sim N(\mu,\sigma^2)$，μ 未知，$n=20$，$s^2=9.67$. 当置信度为 0.98 时，查 χ^2 分布表得

$$\lambda_1=\chi^2_{0.99}=7.633,\lambda_2=\chi^2_{0.01}=36.191,$$

故置信区间为

$$\left(\frac{19\times9.67}{36.191},\frac{19\times9.67}{7.633}\right),\text{即}(5.08,24.07).$$

习题 10-3

1. 在某棉花地中抽取 36 行，算得单行皮棉平均产量为 $\bar{x}=2.1\text{kg}$，设单行皮棉产量服从正态分布，且 $\sigma=0.2\text{kg}$，求单行皮棉均产的置信度为 0.99 的置信区间．

2. 某车间生产滚珠，其直径服从正态分布 $N(\mu,0.06)$，从某天的产品中随机地抽取 6 个，测得直径为 14.6，15.1，14.9，14.8，15.2，15.1．分别求平均直径的置信度为 0.99 和 0.95 的置信区间．

3. 从一批零件中抽取样本，测得质量（单位：g）如下：
422.2，417.2，425.6，420.3，425.8，423.1，418.7，428.2，438.3，434.0，412.3，431.5，413.5，441.3，423.0．根据长期的经验可认为零件质量服从正态分布．试作出零件质量均值的区间估计（$\alpha=0.05$）．

4. 用某仪器间接测量温度，重复测量 5 次，得数据如下：
$$1250,1265,1245,1260,1275.$$
设该仪器测温服从正态分布，且没有系统误差．试问温度真值在什么范围内（$\alpha=0.05$）？

5. 对方差 σ^2 为已知的正态总体 X 来说，样本容量 n 应取多大，可使总体数学期望 μ 的置信度为 $1-\alpha$ 的置信区间的长度小于定值 L？

6. 一批金属构件的屈服点 X（单位：MPa）服从正态分布，对 15 个样品测得数据如下：
6.0，6.1，4.7，5.6，6.1，6.3，6.5，6.9，5.4，5.9，4.3，6.1，5.5，6.1，5.5．
求总体方差 σ^2 的置信度为 0.90 的置信区间．

7. 从某地区考生的数学试卷中随机抽取 20 份，记录考分为：
81，84，74，98，66，99，84，97，49，69，
48，87，100，72，84，88，55，41，92，64．
设数学成绩服从正态分布 $N(\mu,\sigma^2)$，试以 0.95 为置信度对 σ^2 作区间估计：
(1) 当 $\mu=75$ 时；(2) 当 μ 未知时．

8. 某自动车床加工零件的长度服从正态分布．随机抽查 16 个零件，测得长度（单位：mm）的样本标准差为 0.0473，试问该车床加工零件长度的均方差落在什么范围内（$\alpha=0.05$）？（提示：把方差置信区间的两端点开平方）

第四节　假设检验问题的基本思想

一、假设检验的基本思想

先看一个例子：

例1　某茶叶厂用自动包装机将茶叶装袋，每袋的标准质量规定为 100g．每天开工时，需要先检验一下包装机工作是否正常．根据以往的经验知道，用自动包装机装袋质量服从正

态分布，装袋质量的标准差 $\sigma=1.15$g. 某日开工后，抽测了 9 袋，其质量如下（单位：g）：

99.3, 98.7, 100.5, 101.2, 98.3, 99.7, 99.5, 102.1, 100.5.

试问此包装机工作是否正常？

解：设茶叶袋的质量为 X，$X \sim N(\mu, 1.15^2)$，现在的问题是茶叶袋的质量均值是否为 100g，即假设 $\mu=100$，记作 $H_0: \mu=100$.

如果这个假设 H_0 成立，则 $X \sim N(100, 1.15^2)$，取统计量 $U=\dfrac{\overline{X}-100}{1.15/\sqrt{9}}$，我们知道 $U=\dfrac{\overline{X}-100}{1.15/\sqrt{9}} \sim N(0,1)$.

于是 $P(|U| \geqslant u_\alpha)=\alpha$，其中 $0<\alpha<1$，当 α 很小时，比如取 $\alpha=0.05$，则事件 $\left\{\left|\dfrac{\overline{X}-100}{1.15/\sqrt{9}}\right| \geqslant u_\alpha\right\}$ 是一个小概率事件. 由附表查得 $u_\alpha=1.96$，又 $\overline{x}=99.98$，得统计量 U 的值为 $u=\dfrac{99.98-100}{1.15/\sqrt{9}}=-0.052$.

所以 $|u|=0.052<1.96$，小概率事件 $\left\{\left|\dfrac{\overline{X}-100}{1.15/\sqrt{9}}\right| \geqslant u_\alpha\right\}$ 没有发生，因而可认为原来的假设成立，即 $\mu=100$.

如果我们抽测的 9 袋茶叶质量的平均数为 $\overline{x}=100.57$g，给定 $\alpha=0.2$，由 $P(|U| \geqslant u_\alpha)=0.2$，得 $u_\alpha=1.282$.

而统计量 U 的值为 $u=\dfrac{100.57-100}{1.15/\sqrt{9}}=1.487$，从而 $|u|=1.487>u_\alpha=1.282$. 于是小概率事件 $\{|U| \geqslant u_\alpha\}$ 发生了. 因此可认为原假设不成立，即 $\mu \neq 100$.

上述分析方法，是先假设 H_0 成立，然后在这个结论成立的条件下进行推断. 如果出现矛盾，则推翻原来的假设 H_0，这里我们运用了一条原则，即小概率事件在一次试验中几乎不会发生. 若小概率事件在一次试验中发生了，则认为原来的假设 H_0 不成立.

我们称 H_0 为原假设，称给定的数 $\alpha(0<\alpha<1)$ 为显著性水平，通常取 $\alpha=0.10$，0.05，0.01 等.

把拒绝原假设 H_0 的区域称为拒绝域，例 1 中的拒绝域为 $|U| \geqslant 1.96$；把接受原假设 H_0 的区域（拒绝域以外的区域）称为接受域，例 1 中的接受域为 $|U|<1.96$.

如果根据样本值计算出统计量的观察值落入拒绝域，则认为原假设 H_0 不成立，称为在显著性水平 α 下拒绝 H_0；否则认为 H_0 成立，称为在显著性水平 α 下接受 H_0.

根据上述讨论，我们将假设检验的一般步骤归纳如下：

(1) 建立原假设 H_0；

(2) 根据检验对象，构造合适的统计量 $g(X_1, X_2, \cdots, X_n)$；

(3) 在假设 H_0 成立的条件下，确定统计量 $g(X_1, X_2, \cdots, X_n)$ 的概率分布；

(4) 选择显著性水平 α，查表确定临界值；

(5) 根据样本值计算统计量的观察值，由此作出接受原假设或拒绝原假设的决策.

二、假设检验的两类错误

在假设检验里，我们通过样本对总体作出推断，可能犯两类错误：

第一类错误：当原假设 H_0 为真时，而作出拒绝 H_0 的决策，也叫**弃真错误**．

第二类错误：当原假设 H_0 不真时，而作出接受 H_0 的决策，也叫**取伪错误**．

犯这两类错误所造成的影响往往不一样．例如，我们要求检验病人是否患有某种疾病，若我们取原假设 H_0（该人患此种疾病），则犯第二类错误（无病当作有病）就会造成由于使用不必要的药品而引起病人的痛苦和经济上的浪费；犯第一类错误（有病当作无病）就有可能导致死亡．

当然，我们希望所作出的检验能使得犯这两种类型错误的概率尽可能地同时小，最好全为零，但实际上这是不可能的．当样本容量给定后，一般来说，犯这两类错误的概率就不能同时被控制．所以我们通常是先限制犯第一类错误的概率（即给定显著性水平 α），再考虑如何减小犯第二类错误的概率，一般的方法是增大样本容量．

习题 10-4

1. 假设检验所依据的原则是什么？
2. 在假设检验中，何谓第一类错误和第二类错误？
3. 假设检验的具体步骤是什么？

第五节　单个正态总体的假设检验

一、U 检验法

U 检验法是已知正态总体方差 σ^2，对均值 μ 作假设检验，设总体 $X \sim N(\mu, \sigma^2)$，其中 $\sigma^2 = \sigma_0^2$ 为已知检验步骤如下：

(1) 建立假设 $H_0: \mu = \mu_0$；

(2) 取统计量 $U = \dfrac{\overline{X} - \mu_0}{\sigma/\sqrt{n}}$；

(3) 当 H_0 成立时，$U \sim N(0, 1)$；

(4) 对于给定的显著性水平 α，构造小概率事件 $\{|U| \geqslant u_\alpha\}$，使得 $P(|U| \geqslant u_\alpha) = \alpha$，其中 u_α 满足 $\Phi(u_\alpha) = 1 - \dfrac{\alpha}{2}$，可由标准正态分布表查得；

(5) 由样本值计算统计量 U 的值 u，若 $|u| \geqslant u_\alpha$，则拒绝 H_0；否则接受 H_0．

例1　已知某炼铁厂铁水含碳量服从正态分布 $N(4.55, 0.108^2)$，现在测定了 9 炉铁水，其平均含碳量为 4.484，如果估计方差没有变化，是否认为现在生产的铁水平均含碳量为 4.55（$\alpha = 0.05$）？

解　检验假设 $H_0: \mu = 4.55$；

取统计量 $U = \dfrac{\overline{X} - \mu_0}{\sigma/\sqrt{n}} \sim N(0, 1)$；

对于给定显著性水平 $\alpha = 0.05$，查标准正态分布表，$\Phi(\mu_\alpha) = 1 - \dfrac{\alpha}{2} = 0.975$，知 $u_\alpha = 1.96$.

现在 $\bar{x} = 4.484$，代入上式计算统计量 U 的值 $u = \dfrac{4.484 - 4.55}{0.108/\sqrt{9}} = -1.83$.

因为 $|\mu| = 1.83 < 1.96 = u_\alpha$，所以接受 H_0，即可认为现在生产的铁水平均含碳量为 4.45.

二、T 检验法

T 检验法是正态总体方差 σ^2 未知，对均值 μ 作假设检验.

设总体 $X \sim N(\mu, \sigma^2)$，其中 σ^2 未知，检验步骤如下：

(1) 建立假设 $H_0: \mu = \mu_0$；

(2) 取统计量 $T = \dfrac{\overline{X} - \mu_0}{S/\sqrt{n}}$；

(3) 当 H_0 成立时，$T \sim t(n-1)$；

(4) 对于给定的显著性水平 α，由 $P(|T| \geq t_\alpha) = \alpha$ 确定临界值 t_α；

(5) 由样本值计算统计量 T 的值 t，若 $|t| \geq t_\alpha$，则拒绝 H_0；否则接受 H_0.

例 2 某厂生产的某种圆柱形零件，其直径服从正态分布，从这批零件中抽取 25 件，测其直径得样本均值 $\bar{x} = 11.2$ cm，标准差 $s = 2.6$ cm，问这批零件的直径能否认为是 12 cm ($\alpha = 0.01$).

解 零件直径 $X \sim N(\mu, \sigma^2)$，依题要求，需要检验零件直径均值 μ 是否为 12 cm，由于总体方差 σ^2 未知，所以：

(1) 建立假设 $H_0: \mu = 12$；

(2) 取统计量 $T = \dfrac{\overline{X} - \mu_0}{S/\sqrt{n}} \sim t(n-1)$；

(3) $\alpha = 0.01$，自由度 $n - 1 = 24$，查 t 分布表得 $t_\alpha = 2.797$；

(4) 计算 $t = \dfrac{\bar{x} - \mu_0}{s/\sqrt{n}} = \dfrac{11.2 - 12}{2.6/\sqrt{25}} = -1.54$；

(5) 因 $|t| = 1.54 < 2.977 = t_\alpha$，所以接受 H_0，即认为这批零件的直径均值为 12 cm.

三、χ^2 检验

χ^2 检验法是整体总体均值 μ 未知，对方差 σ^2 作假设检验.

设总体 $X \sim N(\mu, \sigma^2)$，其中 μ 未知，检验步骤如下：

(1) 建立假设 $H_0: \sigma^2 = \sigma_0^2$；

(2) 取统计量 $\chi^2 = \dfrac{(n-1)S^2}{\sigma_0^2}$；

(3) 当 H_0 成立时，$\chi^2 \sim \chi^2(n-1)$；

(4) 对于给定的显著性水平 $\alpha(0<\alpha<1)$,

由 $P[\chi^2 \geqslant \chi^2_{\frac{\alpha}{2}}(n-1)] = P[\chi^2 \leqslant \chi^2_{1-\frac{\alpha}{2}}(n-1)] = \frac{\alpha}{2}$

或 $P[\chi^2_{1-\frac{\alpha}{2}}(n-1) < \chi^2 < \chi^2_{\frac{\alpha}{2}}(n-1)] = 1-\alpha$,

确定临界值 $\lambda_1 = \chi^2_{1-\frac{\alpha}{2}}(n-1), \lambda_2 = \chi^2_{\frac{\alpha}{2}}(n-1)$;

(5) 由样本值计算统计量 χ^2 的值, 若 $\chi^2 \leqslant \lambda_1$ 或 $\chi^2 \geqslant \lambda_2$, 则拒绝 H_0, 否则接受 H_0.

例 3 某种导线的电阻服从正态分布 $N(\mu, 0.005^2)$, 现从新生产的一批导线中随机抽取 10 根, 测其电阻得标准差 $s = 0.008\Omega$, 在检验水平 $\alpha = 0.05$ 之下, 能否认为这批电阻的标准差仍为 0.005?

解: $H_0: \sigma^2 = 0.005^2$. $\alpha = 0.05$ 自由度 $n-1 = 9$, 用 $1 - \frac{\alpha}{2} = 0.975$, 自由度为 9, 查表得 $\lambda_1 = 2.7$, 用 $\frac{\alpha}{2} = 0.025$, 自由度为 9, 查表得 $\lambda_2 = 19$;

计算 χ^2 的值, $\chi^2 = \frac{(n-1)s^2}{\sigma_0^2} = \frac{9 \times 0.008^2}{0.005^2} = 23.04$;

因为 $\chi^2 = 23.04 > 19 = \lambda_2$, 即小概率事件发生了, 所以拒绝 H_0, 即认为该批电阻标准差已经不再是 0.005.

习题 10-5

1. 某工厂制造一种产品, 由长时间连续试验记录知其强力的均值为 6.6kg, 强力均方差为 1kg, 今在产品中随机抽取 500 件进行强力试验, 得平均强力为 7.1kg, 若方差未改变, 问均值有无变化 ($\alpha = 0.05$)?

2. 某种产品的某项指标服从正态分布, 均方差 $\sigma = 150$, 现抽取一个容量为 25 的样本, 计算得指标平均值为 1626. 问在检验水平 $\alpha = 0.05$ 下, 能否认为这批产品的指标的期望 μ 为 1600?

3. 某电器的平均电阻一直保持在 2.64Ω, 改变生产线以后, 测得 30 个零件的平均电阻为 2.62Ω, 方差为 $0.0036\Omega^2$, 假设电阻值服从正态分布, 问新生产线对此零件的电阻有无显著性影响 ($\alpha = 0.01$)?

4. 从某天生产的一批日光灯管中随机抽取 20 根, 测得其平均使用寿命 $\bar{x} = 1966$h, 均方差 $s = 490$h, 试以 $\alpha = 0.05$ 的检验水平, 检验该批灯管的平均使用寿命是否为 2000h (设灯管使用寿命服从正态分布)?

5. 测定某电子元件可靠性指标 15 次, 计算得指标平均值为 $\bar{x} = 0.95$, 样本标准差为 $s = 0.03$, 该元件的订货合同规定其可靠性指标的标准差为 0.05, 假设元件可靠性指标服从正态分布. 试在 $\alpha = 0.10$ 下, 按合同标准检验 $H_0: \sigma = 0.05$.

6. 若全年级的英语成绩服从正态分布, 预计平均成绩为 85 分. 现抽取某班 28 名学生的英语考试成绩, 得平均分数 $\bar{x} = 80$ 分, 样本标准差为 $s = 8$ 分, 试在 $\alpha = 0.05$ 下, 检验 $H_0: \mu = 85$.

*第六节　两个正态总体的假设检验

设总体 $X \sim N(\mu_1, \sigma_1^2)$，$Y \sim N(\mu_2, \sigma_2^2)$，$X$ 与 Y 相互独立，$X_1, X_2, \cdots, X_{n_1}$ 与 $Y_1, Y_2, \cdots, Y_{n_2}$ 分别是来自总体 X 与 Y 的样本.

一、U 检验

已知 σ_1^2、σ_2^2，检验假设 $H_0: \mu_1 = \mu_2$. 检验步骤如下：

(1) 建立假设 $H_0: \mu_1 = \mu_2$；

(2) 取统计量 $U = \dfrac{\overline{X} - \overline{Y}}{\sqrt{\dfrac{\sigma_1^2}{n_1} + \dfrac{\sigma_2^2}{n_2}}}$；

(3) 当 H_0 成立时，$U \sim N(0, 1)$；

(4) 对于给定的显著性水平 α，由 $P(|U| \geqslant u_\alpha) = \alpha$，确定临界值 u_α，其中 $\Phi(u_\alpha) = 1 - \dfrac{\alpha}{2}$，可由标准正态分布表查得；

(5) 由样本值计算统计量 U 的值 u，若 $|u| \geqslant u_\alpha$，则拒绝 H_0，否则接受 H_0.

例 1　设甲、乙两台机床生产同类产品，其产品质量分别服从方差 $\sigma_1^2 = 70$、$\sigma_2^2 = 90$ 的正态分布，从甲机床的产品中随机抽取 35 件，其平均质量为 137g，又从乙机床的产品中随机抽取 45 件，其平均质量为 130g. 问 $\alpha = 0.01$ 时，两台机床就质量而言有无显著差异？

解　$H_0: \mu_1 = \mu_2$；

取统计量 $U = \dfrac{\overline{X} - \overline{Y}}{\sqrt{\dfrac{\sigma_1^2}{n_1} + \dfrac{\sigma_2^2}{n_2}}} \sim N(0, 1)$；已知 $\alpha = 0.01$，则 $\Phi(u_\alpha) = 1 - \dfrac{\alpha}{2} = 0.995$，查表得 $u_\alpha = 2.5$；

将 $n_1 = 35$，$\overline{x} = 137$，$\sigma_1^2 = 70$，$n_2 = 45$，$\overline{y} = 130$，$\sigma_2^2 = 90$ 代入 $u = \dfrac{\overline{x} - \overline{y}}{\sqrt{\dfrac{\sigma_1^2}{n_1} + \dfrac{\sigma_2^2}{n_2}}}$ 中得 $u = 3.5$；于是 $|u| = 3.5 > 2.58 = u_\alpha$，所以拒绝 H_0，亦即认为两台机床的产品就质量而言有显著差异.

二、T 检验

若 $\sigma_1^2 = \sigma_2^2$，但其值未知，检验假设 $H_0: \mu_1 = \mu_2$.

检验步骤如下：

(1) 建立假设 $H_0: \mu_1 = \mu_2$；

(2) 取统计量 $T = \dfrac{\overline{X} - \overline{Y}}{\sqrt{\dfrac{(n_1-1)S_1^2 + (n_2-1)S_2^2}{n_1+n_2-2}} \sqrt{\dfrac{1}{n_1} + \dfrac{1}{n_2}}}$；

(3) 当 H_0 成立时，$T \sim t(n_1+n_2-2)$；
(4) 对于给定的显著性水平 α，由 $P(|T| \geqslant t_\alpha)=\alpha$，确定临界值 t_α；
(5) 由样本值计算统计量 T 的值 t，若 $|t| \geqslant t_\alpha$，则拒绝 H_0，否则接受 H_0。

例 2 为比较两种化学纤维的强度，通过试验测得强度数据如下表，假设强度服从正态分布，且两者的方差相等，试检验两种纤维的强度是否有显著差别（$\alpha=0.05$）？

x_i	221	244	243	288	233	220	210	258	245
y_i	268	213	188	189	217	207			

解 建立假设 H_0：$\mu_1=\mu_2$；

注意到 $n_1=9$，$n_2=6$，经计算得 $\bar{x}=240.22$，$\bar{y}=213.67$，$s_1^2=548.45$，$s_2^2=855.07$，代入 T 统计量，得

$$t=\frac{240.22-213.67}{\sqrt{\dfrac{8\times 548.45+5\times 855.07}{9+6-2}}\times\sqrt{\dfrac{1}{9}+\dfrac{1}{6}}}=1.95;$$

由 $\alpha=0.05$，查得 $t_\alpha(n_1+n_2-2)=t_{0.05}(13)=2.16$；

因为 $|t|=1.95<t_{0.05}(13)=216$，故接受 H_0，即认为两种纤维的强度没有显著差别。

三、F 检验

对于两个总体，均值未知，要检验它们的方差是否相等，用 F 检验，检验步骤如下：
(1) 建立假设 H_0：$\sigma_1^2=\sigma_2^2$；
(2) 取统计量 $F=\dfrac{S_1^2/\sigma_1^2}{S_2^2/\sigma_2^2}$；
(3) 当 H_0 成立时，$F=\dfrac{S_1^2}{S_2^2}\sim F(n_1-1,\ n_2-1)$；
(4) 对于给定的显著性水平 α（$0<\alpha<1$），确定临界值 $F_{\frac{\alpha}{2}}(n_1-1,\ n_2-1)$ 和 $F_{1-\alpha/2}(n_1-1,\ n_2-1)$，使 $P(F\leqslant F_{1-\alpha/2})=P(F\geqslant F_{\alpha/2})=\dfrac{\alpha}{2}$；
(5) 由样本值计算统计量 F 的值，若 $F\geqslant F_{\alpha/2}$ 或 $0\leqslant F\leqslant F_{1-\alpha/2}$，则拒绝 H_0，否则接受 H_0。

但在附表中并未给出 $F_{1-\alpha/2}$ 的值，故在统计量 F 的表达式中，应取 S_1^2 和 S_2^2 中的较大者做分子，从而保证 $F>1$，于是当 $F\geqslant F_{\alpha/2}$ 时，便拒绝 H_0；当 $F<F_{\alpha/2}$ 时，接受 H_0。

例 3 按例 2 中数据检验两总体的方差是否相等（$\alpha=0.05$）？

解 H_0：$\sigma_1^2=\sigma_2^2$；

$s_1^2=548.45$，$s_2^2=855.07$，$F=\dfrac{s_2^2}{s_1^2}=1.56$；

按 $\alpha=0.05$，查附表 $F_{0.025}(5,8)=4.82$；

由于 $F=1.56<4.82=F_{0.025}(5,8)$，故接受 H_0。

即可以认为，两种化学纤维强度的方差之间没有显著差异。

习题 10-6

1. 为了化验甲、乙两种卷烟中尼古丁的含量是否相同，现从甲、乙卷烟中各抽取 6 份样品进行化验，测得尼古丁含量为：

甲：23， 24， 27， 26， 21， 23；

乙：26， 27， 23， 31， 23， 25.

据经验知尼古丁含量服从正态分布，且甲种方差为 5，乙种方差为 7，问两种卷烟尼古丁含量是否有显著差异（$\alpha=0.05$）?

2. 为比较 A，B 两棉纺厂棉纱的断裂强度，从两厂的产品中各取一个样本，测试其断裂强度得如下数据：

A：$n_1=200$，$\bar{x}=0.532$；

B：$n_2=100$，$\bar{y}=0.576$.

若两厂棉纱强度 X，Y 分别服从 $\sigma_1=0.218$，$\sigma_2=0.176$ 的正态分布，试检验这两个厂面纱强度的均值有无显著差异（$\alpha=0.1$）?

3. 从两处煤矿各抽样一次，分析其含碳率（%）如下：

甲矿：24.3, 20.8, 23.7, 21.3, 17.04；

乙矿：18.2, 16.9, 20.2, 16.7.

假设各煤矿含碳率都服从正态分布且方差相等，问甲、乙两矿煤的含碳率有无显著差异（$\alpha=0.05$）?

4. 从一批电灯泡中抽取 20 个，测得它们的平均使用时间为 1832 小时，样本标准差为 497 小时；再从另一批电灯泡中抽取 30 个，算得平均使用时间为 1261 小时，样本标准差为 501 小时. 设两批灯泡的总体都服从正态分布，且方差相等. 试检验两批灯泡使用时数的总体均值有无显著性差异（$\alpha=0.01$）?

5. 两台机床加工同一零件，分别取 6 个和 9 个零件，量其长度计算得 $s_1^2=0.345$、$s_2^2=0.357$，假定零件长度服从正态分布，问是否可以认为两台机床所加工零件长度的方差无显著差异（$\alpha=0.05$）?

附表1
泊松分布表

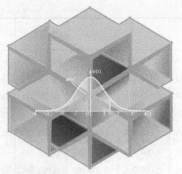

$$P(X \geq c) = \sum_{k=c}^{\infty} \frac{\lambda^v}{k!} e^{-\lambda}$$

e \ λ	0.001	0.002	0.003	0.004	0.005	0.006	0.007	0.008	0.009	0.010
0	1.000 000 0	1.000 000 0	1.000 000 0	1.000 000 0	1.000 000 0	1.000 000 0	1.000 000 0	1.000 000 0	1.000 000 0	1.000 000 0
1	0.000 999 5	0.001 998 0	0.002 995 5	0.003 992 0	0.049 875	0.005 982 0	0.006 975 6	0.007 968 1	0.008 959 6	0.009 950 2
2	0.000 000 5	0.000 002 0	0.000 004 5	0.000 008 0	0.000 012 5	0.000 017 9	0.000 024 4	0.000 031 8	0.000 040 3	0.000 049 7
3							0.000 001	0.000 001	0.000 000 01	0.000 000 2

e \ λ	0.02	0.03	0.04	0.05	0.06	0.07	0.08	0.09	0.10	0.11
0	1.000 000 0	1.000 000 0	1.000 000 0	1.000 000 0	1.000 000 0	1.000 000 0	1.000 000 0	1.000 000 0	1.000 000 0	1.000 000 0
1	0.019 801 3	0.029 554 5	0.039 210 6	0.048 770 6	0.058 235 5	0.067 606 2	0.076 883 7	0.086 068 8	0.095 162 6	0.104 165 9
2	0.000 197 3	0.000 441 1	0.000 779 0	0.001 729 6	0.002 338 6	0.003 034 3	0.003 815 0	0.004 678 8	0.005 624 1	
3	0.000 001 3	0.000 004 4	0.000 010 4	0.000 020 1	0.000 034 4	0.000 054 2	0.000 080 4	0.000 113 6	0.000 154 7	0.000 204 3
4		0.000 000 1	0.000 000 3	0.000 000 5	0.000 000 9	0.000 001 6	0.000 002 5	0.000 003 3	0.000 005 6	
5										0.000 000 1

e \ λ	0.12	0.13	0.14	0.15	0.16	0.17	0.18	0.19	0.20	0.21
0	1.000 000 0	1.000 000 0	1.000 000 0	1.000 000 0	1.000 000 0	1.000 000 0	1.000 000 0	1.000 000 0	1.000 000 0	1.000 000 0
1	0.113 079 6	0.121 904 6	0.130 641 8	0.139 292 0	0.147 856 2	0.156 335 2	0.164 729 8	0.173 040 9	0.181 269 2	0.189 415 8
2	0.006 649 1	0.007 522	0.008 931 6	0.010 185 8	0.011 513 2	0.012 912 2	0.014 381 2	0.015 918 7	0.017 523 1	0.019 193 1
3	0.000 263 3	0.000 332 3	0.000 411 9	0.000 502 9	0.000 605 8	0.000 721 2	0.000 849 8	0.000 992 9	0.001 148 5	0.001 319 7
4	0.000 007 9	0.000 010 7	0.000 014 3	0.000 018 7	0.000 024 0	0.000 030 4	0.000 037 9	0.000 046 7	0.000 056 3	0.000 068 5
5	0.000 000 2	0.000 000 3	0.000 000 4	0.000 000 6	0.000 000 8	0.000 001 0	0.000 001 4	0.000 001 8	0.000 002 3	0.000 002 9
6								0.000 000 1	0.000 000 1	0.000 000 1

e \ λ	0.22	0.23	0.24	0.25	0.26	0.27	0.28	0.29	0.30	0.40
0	1.000 000 0	1.000 000 0	1.000 000 0	1.000 000 0	1.000 000 0	1.000 000 0	1.000 000 0	1.000 000 0	1.000 000 0	1.000 000 0
1	0.197 481 2	0.205 466 1	0.213 372 1	0.221 199 2	0.228 948 4	0.236 620 5	0.244 216 3	0.251 736 4	0.259 181 8	0.329 680 0
2	0.020 927 1	0.022 723 7	0.024 581 5	0.026 499 0	0.028 475 0	0.030 508 0	0.032 596 8	0.034 740 0	0.036 936 3	0.061 551 9
3	0.001 506 0	0.001 708 3	0.001 926 6	0.002 161 5	0.002 413 5	0.002 682 9	0.002 970 1	0.003 275 5	0.003 599 5	0.007 926 3
4	0.000 081 9	0.000 097 1	0.000 114 2	0.000 133 4	0.000 154 8	0.000 178 6	0.000 204 9	0.000 233 9	0.000 265 8	0.000 776 3
5	0.000 003 6	0.000 004 4	0.000 005 4	0.000 006 6	0.000 008 0	0.000 009 6	0.000 011 3	0.000 013 4	0.000 015 8	0.000 061 2
6	0.000 000 1	0.000 000 2	0.000 000 2	0.000 000 3	0.000 000 3	0.000 000 4	0.000 000 5	0.000 000 6	0.000 000 8	0.000 004 0
7										0.000 000 2

续表

e \ λ	0.5	0.6	0.7	0.8	0.9	1.0	1.1	1.2	1.3	1.4
0	1.000 000 0	1.000 000 0	1.000 000 0	1.000 000 0	1.000 000 0	1.000 000 0	1.000 000 0	1.000 000 0	1.000 000 0	1.000 000 0
1	0.393 469	0.451 188	0.503 415	0.550 671	0.593 430	0.632 121	0.667 129	0.698 806	0.727 468	0.753 403
2	0.090 204	0.121 901	0.155 805	0.191 208	0.227 518	0.264 241	0.300 971	0.337 373	0.373 177	0.408 167
3	0.014 388	0.023 115	0.034 142	0.047 423	0.062 857	0.080 301	0.099 584	0.120 513	0.142 888	0.166 502
4	0.001 752	0.003 358	0.005 753	0.009 080	0.013 459	0.018 988	0.025 742	0.033 769	0.043 095	0.053 725
5	0.000 172	0.000 394	0.000 786	0.001 411	0.002 344	0.003 660	0.005 435	0.027 746	0.010 663	0.014 253
6	0.000 014	0.000 039	0.000 090	0.000 184	0.000 343	0.000 594	0.000 968	0.001 500	0.002 231	0.033 201
7	0.000 001	0.000 003	0.000 009	0.000 021	0.000 043	0.000 083	0.000 149	0.000 251	0.000 401	0.000 622
8			0.000 001	0.000 002	0.000 005	0.000 010	0.000 020	0.000 037	0.000 064	0.000 107
9						0.000 001	0.000 002	0.000 005	0.000 009	0.000 016
10								0.000 001	0.000 001	0.000 002

e \ λ	1.5	1.6	1.7	1.8	1.9	2.0	2.1	2.2	2.3	2.4
0	1.000 000 0	1.000 000 0	1.000 000 0	1.000 000 0	1.000 000 0	1.000 000 0	1.000 000 0	1.000 000 0	1.000 000 0	1.000 000 0
1	0.776 870	0.798 103	0.817 316	0.834 701	0.850 431	0.864 665	0.877 544	0.889 197	0.899 741	0.909 282
2	0.442 175	0.475 069	0.506 754	0.537 163	0.566 251	0.593 994	0.620 385	0.645 430	0.669 146	0.691 559
3	0.191 153	0.216 642	0.427 77	0.269 379	0.296 280	0.323 324	0.350 369	0.377 286	0.403 961	0.430 291
4	0.065 642	0.078 813	0.093 189	0.108 708	0.125 298	0.142 877	0.161 357	0.180 648	0.200 653	0.221 277
5	0.018 576	0.023 682	0.029 615	0.036 407	0.044 031	0.052 653	0.062 126	0.072 496	0.083 751	0.095 869
6	0.004 456	0.006 040	0.007 999	0.010 378	0.013 219	0.016 564	0.020 449	0.024 910	0.029 976	0.035 673
7	0.000 926	0.001 336	0.001 875	0.002 569	0.003 446	0.004 534	0.005 862	0.007 461	0.009 362	0.011 594
8	0.000 170	0.000 260	0.000 388	0.000 562	0.000 793	0.001 097	0.001 486	0.001 978	0.002 589	0.003 339
9	0.000 028	0.000 045	0.000 072	0.000 110	0.000 163	0.000 237	0.000 337	0.000 470	0.000 642	0.000 862
10	0.000 000 4	0.000 007	0.000 012	0.000 019	0.000 030	0.000 046	0.000 069	0.000 101	0.000 144	0.000 202
11	0.000 001	0.000 001	0.000 002	0.000 003	0.000 005	0.000 008	0.000 013	0.000 020	0.000 029	0.000 043
12					0.000 001	0.000 001	0.000 002	0.000 004	0.000 006	0.000 008
13								0.000 001	0.000 001	0.000 002

e \ λ	2.5	2.6	2.7	2.8	2.9	3.0	3.1	3.2	3.3	3.4
0	1.000 000 0	1.000 000 0	1.000 000 0	1.000 000 0	1.000 000 0	1.000 000 0	1.000 000 0	1.000 000 0	1.000 000 0	1.000 000 0
1	0.917 915	0.925 726	0.932 794	0.939 190	0.944 977	0.950 213	0.954 951	0.959 238	0.963 117	0.966 627
2	0.712 703	0.732 615	0.751 340	0.768 922	0.785 409	0.800 852	0.815 298	0.828 799	0.841 402	0.853 158
3	0.456 187	0.481 570	0.506 376	0.530 546	0.554 037	0.576 810	0.598 837	0.620 096	0.640 574	0.660 260
4	0.242 424	0.263 998	0.285 908	0.308 063	0.330 377	0.352 768	0.375 160	0.397 480	0.419 662	0.441 643
5	0.108 822	0.122 577	0.137 092	0.152 324	0.168 223	0.184 737	0.201 811	0.219 387	0.237 410	0.255 818
6	0.042 021	0.049 037	0.056 732	0.065 110	0.074 174	0.083 918	0.094 334	0.105 408	0.117 123	0.129 458
7	0.014 187	0.017 170	0.020 569	0.024 411	0.028 717	0.033 509	0.038 804	0.044 619	0.050 966	0.057 853
8	0.004 247	0.005 334	0.006 621	0.008 131	0.009 885	0.011 905	0.014 213	0.016 830	0.019 777	0.023 074
9	0.001 140	0.001 487	0.001 914	0.002 433	0.003 058	0.003 803	0.004 683	0.005 714	0.006 912	0.008 293
10	0.000 277	0.000 376	0.000 501	0.000 660	0.000 858	0.001 102	0.001 401	0.001 762	0.002 195	0.002 709
11	0.000 062	0.000 037	0.000 120	0.000 164	0.000 220	0.000 292	0.000 383	0.000 497	0.000 638	0.000 810
12	0.000 013	0.000 018	0.000 026	0.000 037	0.000 052	0.000 071	0.000 097	0.000 129	0.000 171	0.000 223
13	0.000 002	0.000 004	0.000 005	0.000 008	0.000 011	0.000 016	0.000 023	0.000 031	0.000 042	0.000 057
14		0.000 001	0.000 001	0.000 002	0.000 002	0.000 003	0.000 005	0.000 007	0.000 010	0.000 014
15					0.000 001	0.000 001	0.000 001	0.000 001	0.000 002	0.000 003
16										0.000 001

附表1 泊松分布表

续表

λ \ e	3.5	3.6	3.7	3.8	3.9	4.0	4.1	4.2	4.3	4.4
0	1.000 000 0	1.000 000 0	1.000 000 0	1.000 000 0	1.000 000 0	1.000 000 0	1.000 000 0	1.000 000 0	1.000 000 0	1.000 000 0
1	0.969 803	0.972 676	0.975 276	0.977 629	0.979 758	0.981 684	0.983 427	0.985 004	0.986 431	0.987 723
2	0.864 112	0.874 311	0.883 799	0.892 620	0.900 815	0.908 422	0.915 479	0.922 023	0.928 087	0.933 702
3	0.679 153	0.697 253	0.714 567	0.731 103	0.746 875	0.761 897	0.776 186	0.789 762	0.802 654	0.814 858
4	0.463 367	0.484 784	0.505 817	0.526 515	0.546 753	0.566 530	0.585 818	0.604 597	0.622 846	0.640 552
5	0.271 555	0.293 562	0.312 781	0.332 156	0.351 635	0.371 163	0.390 692	0.410 173	0.429 562	0.448 816
6	0.142 386	0.155 881	0.169 912	0.184 444	0.199 442	0.211 870	0.230 688	0.246 857	0.263 338	0.280 088
7	0.065 288	0.073 273	0.081 809	0.090 892	0.100 517	0.110 674	0.121 352	0.132 536	0.144 210	0.156 355
8	0.026 739	0.030 789	0.035 241	0.040 107	0.045 402	0.051 134	0.057 312	0.063 943	0.071 032	0.078 579
9	0.009 874	0.011 671	0.013 703	0.015 981	0.018 533	0.021 363	0.024 492	0.027 932	0.031 698	0.035 803
10	0.003 315	0.004 024	0.004 818	0.005 799	0.006 890	0.008 132	0.009 540	0.011 127	0.012 906	0.011 890
11	0.001 019	0.001 271	0.001 572	0.001 929	0.002 349	0.002 840	0.003 410	0.004 069	0.004 825	0.005 688
12	0.000 289	0.000 370	0.000 470	0.000 592	0.000 739	0.000 915	0.001 125	0.001 374	0.001 666	0.002 008
13	0.000 076	0.000 100	0.000 130	0.000 168	0.000 216	0.000 274	0.000 345	0.000 431	0.000 534	0.000 658
14	0.000 019	0.000 025	0.000 034	0.000 045	0.000 059	0.000 076	0.000 098	0.000 126	0.000 160	0.000 201
15	0.000 004	0.000 006	0.000 008	0.000 011	0.000 015	0.000 020	0.000 026	0.000 034	0.000 045	0.000 058
16	0.000 001	0.000 001	0.000 002	0.000 003	0.000 004	0.000 005	0.000 007	0.000 009	0.000 012	0.000 016
17			0.000 001	0.000 001	0.000 001	0.000 002	0.000 002	0.000 003	0.000 004
18									0.000 001	0.000 001

λ \ e	4.5	5.0	6.0	7.0	8.0	9.0	10.0
0	1.000 000 0	1.000 000 0	1.000 000 0	1.000 000 0	1.000 000 0	1.000 000 0	1.000 000 0
1	0.988 891	0.993 262	0.997 521	0.999 088	0.999 665	0.999 877	0.999 955
2	0.938 901	0.959 572	0.982 648	0.992 705	0.996 981	0.998 766	0.999 501
3	0.826 422	0.875 348	0.938 030	0.970 364	0.986 246	0.993 768	0.997 231
4	0.657 704	0.734 974	0.848 795	0.918 235	0.957 620	0.978 774	0.989 664
5	0.467 896	0.559 507	0.714 942	0.827 009	0.900 368	0.945 037	0.970 747
6	0.297 070	0.384 039	0.554 319	0.699 292	0.808 764	0.884 310	0.932 914
7	0.168 949	0.237 817	0.393 696	0.550 289	0.686 626	0.793 220	0.869 859
8	0.086 586	0.133 372	0.256 019	0.401 286	0.547 039	0.676 104	0.779 780
9	0.040 257	0.068 094	0.152 761	0.270 909	0.407 452	0.544 348	0.667 181
10	0.017 093	0.031 828	0.083 923	0.169 504	0.283 375	0.412 592	0.542 071
11	0.006 669	0.013 695	0.042 620	0.098 521	0.184 113	0.294 012	0.416 961
12	0.002 404	0.005 453	0.020 091	0.053 350	0.111 923	0.196 992	0.303 225
13	0.000 805	0.002 019	0.008 829	0.027 000	0.063 796	0.124 227	0.208 445
14	0.000 252	0.000 698	0.003 630	0.012 812	0.034 180	0.073 851	0.135 537
15	0.000 074	0.000 226	0.001 402	0.005 718	0.017 256	0.041 467	0.083 460
16	0.000 020	0.000 069	0.000 511	0.002 407	0.008 230	0.022 036	0.048 742
17	0.000 005	0.000 020	0.000 177	0.000 959	0.003 699	0.011 103	0.027 042
18	0.000 001	0.000 005	0.000 058	0.000 363	0.001 575	0.005 317	0.014 277
19		0.000 001	0.000 018	0.000 131	0.000 631	0.002 424	0.007 186
20			0.000 005	0.000 046	0.000 252	0.001 054	0.003 454
21			0.000 001	0.000 015	0.000 093	0.000 438	0.001 588
22				0.000 004	0.000 033	0.000 175	0.000 699
23				0.000 001	0.000 012	0.000 067	0.000 295

续表

e \ λ	4.5	5.0	6.0	7.0	8.0	9.0	10.0
24					0.000 004	0.000 025	0.000 119
25					0.00 0001	0.000 009	0.000 046
26						0.000 003	0.000 017
27						0.000 001	0.000 006
28							0.000 002
29							0.000 001

附表 2
标准正态分布表

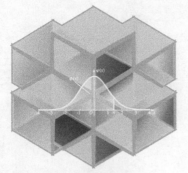

$$\Phi(x)=\int_{-\infty}^{x}\frac{1}{\sqrt{2\pi}}e^{-t^{2}/2}dt$$

x	0.00	0.01	0.02	0.03	0.04	0.05	0.06	0.07	0.08	0.09
0.0	0.5000	0.5040	0.5080	0.5120	0.5160	0.5199	0.5239	0.5279	0.5319	0.5359
0.1	0.5398	0.5438	0.5478	0.5517	0.5557	0.5596	0.5636	0.5675	0.5714	0.5753
0.2	0.5793	0.5832	0.5871	0.5910	0.5948	0.5987	0.6026	0.6064	0.6103	0.6141
0.3	0.6179	0.6217	0.6255	0.6293	0.6331	0.6368	0.6406	0.6443	0.6480	0.6517
0.4	0.6554	0.6591	0.6628	0.6664	0.6700	0.6736	0.6772	0.6808	0.6844	0.6879
0.5	0.6915	0.6950	0.6985	0.7019	0.7054	0.7088	0.7123	0.7157	0.7190	0.7224
0.6	0.7257	0.7291	0.7324	0.7357	0.7389	0.7422	0.7454	0.7486	0.7517	0.7549
0.7	0.7580	0.7611	0.7642	0.7673	0.7704	0.7734	0.7764	0.7794	0.7823	0.7852
0.8	0.7881	0.7910	0.7939	0.7967	0.7995	0.8023	0.8051	0.8078	0.8106	0.8133
0.9	0.8159	0.8186	0.8212	0.8238	0.8264	0.8289	0.8315	0.8340	0.8365	0.8389
1.0	0.8413	0.8438	0.8461	0.8485	0.8508	0.8531	0.8554	0.8577	0.8599	0.8621
1.1	0.8643	0.8665	0.8686	0.8708	0.8729	0.8749	0.8770	0.8790	0.8810	0.8830
1.2	0.8849	0.8869	0.8888	0.8907	0.8925	0.8944	0.8962	0.8980	0.8997	0.9015
1.3	0.9032	0.9049	0.9066	0.9082	0.9099	0.9115	0.9131	0.9147	0.9162	0.9177
1.4	0.9192	0.9207	0.9222	0.9236	0.9251	0.9265	0.9278	0.9292	0.9306	0.9319
1.5	0.9332	0.9345	0.9357	0.9370	0.9382	0.9394	0.9406	0.9418	0.9429	0.9441
1.6	0.9452	0.9463	0.9474	0.9484	0.9495	0.9505	0.9515	0.9525	0.9535	0.9545
1.7	0.9554	0.9564	0.9573	0.9582	0.9591	0.9599	0.9608	0.9616	0.9625	0.9633
1.8	0.9641	0.9649	0.9656	0.9664	0.9671	0.9678	0.9686	0.9693	0.9699	0.9706
1.9	0.9713	0.9719	0.9726	0.9732	0.9738	0.9744	0.9750	0.9756	0.9761	0.9767
2.0	0.9772	0.9778	0.9783	0.9788	0.9793	0.9798	0.9803	0.9808	0.9812	0.9817
2.1	0.9821	0.9826	0.9830	0.9834	0.9838	0.9842	0.9846	0.9850	0.9854	0.9857
2.2	0.9861	0.9864	0.9868	0.9871	0.9875	0.9878	0.9881	0.9884	0.9887	0.9890
2.3	0.9893	0.9896	0.9898	0.9901	0.9904	0.9906	0.9909	0.9911	0.9913	0.9916
2.4	0.9918	0.9920	0.9922	0.9925	0.9927	0.9929	0.9931	0.9932	0.9934	0.9936
2.5	0.9938	0.9940	0.9941	0.9943	0.9945	0.9946	0.9948	0.9949	0.9951	0.9952
2.6	0.9953	0.9955	0.9956	0.9957	0.9959	0.9960	0.9961	0.9962	0.9963	0.9964
2.7	0.9965	0.9966	0.9967	0.9968	0.9969	0.9970	0.9971	0.9972	0.9973	0.9974
2.8	0.9974	0.9975	0.9976	0.9977	0.9977	0.9978	0.9979	0.9979	0.9980	0.9981
2.9	0.9981	0.9982	0.9982	0.9983	0.9984	0.9984	0.9985	0.9985	0.9986	0.9986
3.0	0.9987	0.9987	0.9987	0.9988	0.9988	0.9989	0.9989	0.9989	0.9990	0.9990
3.1	0.9990	0.9991	0.9991	0.9991	0.9992	0.9992	0.9992	0.9992	0.9993	0.9993
3.2	0.9993	0.9993	0.9994	0.9994	0.9994	0.9994	0.9994	0.9995	0.9995	0.9995
3.3	0.9995	0.9995	0.9995	0.9996	0.9996	0.9996	0.9996	0.9996	0.9996	0.9997
3.4	0.9997	0.9997	0.9997	0.9997	0.9997	0.9997	0.9997	0.9997	0.9997	0.9998

附表 3

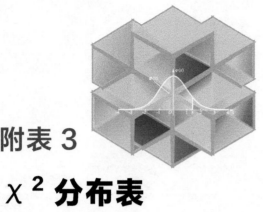

χ^2 分布表

$$P\{\chi^2(n) > \chi^2_\alpha(n)\} = \alpha$$

α \ n	0.995	0.99	0.975	0.95	0.90	0.10	0.05	0.025	0.01	0.005
1	0.000	0.000	0.001	0.004	0.016	2.706	3.843	5.025	6.637	7.882
2	0.010	0.020	0.051	0.103	0.211	4.605	5.992	7.378	9.210	10.597
3	0.072	0.115	0.216	0.352	0.584	6.251	7.815	9.348	11.344	12.837
4	0.207	0.297	0.484	0.711	1.064	7.779	9.488	11.143	13.277	14.860
5	0.412	0.554	0.831	1.145	1.610	9.236	11.070	12.832	15.085	16.748
6	0.676	0.872	1.237	1.635	2.204	10.645	12.592	14.440	16.812	18.548
7	0.989	1.239	1.690	2.167	2.833	12.017	14.067	16.012	18.474	20.276
8	1.344	1.646	2.180	2.733	3.490	13.362	15.507	17.534	20.090	21.954
9	1.735	2.088	2.700	3.325	4.168	14.684	16.919	19.022	21.665	23.587
10	2.156	2.558	3.247	3.940	4.865	15.987	18.307	20.483	23.209	25.188
11	2.603	3.053	3.816	4.575	5.578	17.275	19.675	21.920	24.724	26.755
12	3.074	3.571	4.404	5.226	6.304	18.549	21.026	23.337	26.217	28.300
13	3.565	4.107	5.009	5.892	7.041	19.812	22.362	24.735	27.687	29.817
14	4.075	4.660	5.629	6.571	7.790	21.064	23.685	26.119	29.141	31.319
15	4.600	5.229	6.262	7.261	8.547	22.307	24.996	27.488	30.577	32.799
16	5.142	5.812	6.908	7.962	9.312	23.542	26.296	28.845	32.000	34.267
17	5.697	6.407	7.564	8.682	10.085	24.769	27.587	30.190	33.408	35.716
18	6.265	7.015	8.231	9.390	10.865	25.989	28.869	31.526	34.805	37.156
19	6.843	7.632	8.906	10.117	11.651	27.203	30.143	32.852	36.190	38.580
20	7.434	8.260	9.591	10.851	12.443	28.412	31.410	34.170	37.566	39.997
21	8.033	8.897	10.283	11.591	13.240	29.615	32.670	35.478	38.930	41.399
22	8.643	9.542	10.982	12.338	14.042	30.813	33.924	36.781	40.289	42.796
23	9.260	10.195	11.688	13.090	14.848	32.007	35.172	38.075	41.637	44.179
24	9.886	10.856	12.401	13.848	15.659	33.196	36.415	39.364	42.980	45.558
25	10.519	11.523	13.120	14.611	16.473	34.381	37.652	40.646	44.313	46.925
26	11.160	12.198	13.844	15.379	17.292	35.563	38.885	41.923	45.642	48.290
27	11.807	12.878	14.573	16.151	18.114	36.741	40.113	43.194	46.962	49.642
28	12.461	13.565	15.308	16.928	18.939	37.916	41.337	44.461	48.278	50.993

附表3 χ^2分布表

续表

α n	0.995	0.99	0.975	0.95	0.90	0.10	0.05	0.025	0.01	0.005
29	13.120	14.256	16.147	17.708	19.768	39.087	42.557	45.722	49.586	52.333
30	13.787	14.954	16.791	18.493	20.599	40.256	43.773	46.979	50.892	53.672
31	14.457	15.655	17.538	19.280	21.433	41.422	44.985	48.231	52.190	55.000
32	15.134	16.362	18.291	20.072	22.271	42.585	46.194	49.480	53.486	56.328
33	15.814	17.073	19.046	20.866	23.110	43.745	47.400	50.724	54.774	57.646
34	16.501	17.789	19.806	21.664	23.952	44.903	48.602	51.966	56.061	58.964
35	17.191	18.508	20.569	22.465	24.796	46.059	49.802	53.203	57.340	60.272
36	17.887	19.233	21.336	23.269	25.643	47.212	50.998	54.437	58.619	61.581
37	18.584	19.960	22.105	24.075	26.492	48.363	52.192	55.667	59.891	62.880
38	19.289	20.691	22.878	24.884	27.343	49.513	53.384	56.896	61.162	64.181
39	19.994	21.425	23.654	25.695	28.196	50.660	54.572	58.119	62.426	65.473
40	20.706	22.164	24.433	26.509	29.050	51.805	55.758	59.342	63.691	66.766

附表 4
t 分布表

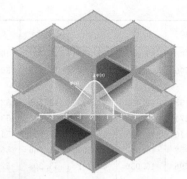

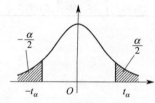

$$P\{|T(n)|\geqslant t_n(n)\}=\alpha$$

n	α=0.5	α=0.20	α=0.10	α=0.05	α=0.02	α=0.01
1	1.0000	3.0777	6.3138	12.7062	31.8207	63.6574
2	0.8165	1.8856	2.9200	4.3027	6.9646	9.9248
3	0.7649	1.6377	2.3534	3.1824	4.5407	5.8409
4	0.7407	1.5332	2.1318	2.7764	3.7469	4.6041
5	0.7267	1.4759	2.0150	2.5706	3.3649	4.0322
6	0.7176	1.4398	1.9432	2.4409	3.1427	3.7074
7	0.7111	1.4149	1.8946	2.3646	2.9980	3.4995
8	0.7064	1.3968	1.8595	2.3060	2.8965	3.3554
9	0.7027	1.3830	1.8331	2.2622	2.8214	3.2498
10	0.6998	1.3722	1.8125	2.2281	2.7638	3.1693
11	0.6974	1.3634	1.7959	2.2010	2.7181	3.1058
12	0.6955	1.3562	1.7823	2.1788	2.6810	3.0545
13	0.6938	1.3502	1.7709	2.1604	2.6503	3.0123
14	0.6924	1.3450	1.7613	2.1448	2.6245	2.9768
15	0.6912	1.3406	1.7531	2.1315	2.6025	2.9467
16	0.6901	1.3368	1.7459	2.1199	2.5835	2.9208
17	0.6892	1.3334	1.7396	2.1098	2.5669	2.8982
18	0.6884	1.3304	1.7341	2.1009	2.5524	2.8784
19	0.6876	1.3277	1.7291	2.0930	2.5395	2.8669
20	0.6870	1.3253	1.7247	2.0860	2.5280	2.8453
21	0.6864	1.3232	1.7207	2.0796	2.5177	3.8314
22	0.6858	1.3212	1.7171	2.0739	2.5083	2.8188
23	0.6853	1.3195	1.7139	2.0687	2.4999	2.8073
24	0.6848	1.3178	1.7109	2.0639	2.4922	2.7969
25	0.6844	1.3163	1.7081	2.0595	2.4851	2.7874
26	0.6840	1.3150	1.7056	2.0555	2.4786	2.7787
27	0.6837	1.3137	1.7033	2.0518	2.4727	2.7707

续表

n	$\alpha=0.5$	$\alpha=0.20$	$\alpha=0.10$	$\alpha=0.05$	$\alpha=0.02$	$\alpha=0.01$
28	0.6834	1.3125	1.7011	2.0484	2.4671	2.7633
29	0.6830	1.3114	1.6991	2.0452	2.4620	2.7564
30	0.6828	1.3104	1.6973	2.0423	2.4573	2.7500
31	0.6825	1.3095	1.6955	2.0395	2.4528	2.7440
32	0.6822	1.3086	1.6939	2.0369	2.4487	2.7385
33	0.6820	1.3077	1.6924	2.0345	2.4448	2.7333
34	0.6818	1.3037	1.6909	2.0322	2.4411	2.7284
35	0.6816	1.3062	1.6896	2.0301	2.4377	2.7238
36	0.6814	1.3055	1.6883	2.0281	2.4345	2.7195
37	0.6812	1.3049	1.6871	2.0262	2.4314	2.7154
38	0.6810	1.3042	1.6860	2.0244	2.4286	2.7116
39	0.6808	1.3036	1.6849	2.0227	2.4258	2.7079
40	0.6807	1.3031	1.6839	2.0211	2.4233	2.7045
41	0.6805	1.3025	1.6829	2.0195	2.4208	2.7012
42	0.6804	1.3020	1.6820	2.0181	2.4185	2.6981
43	0.6802	1.3016	1.6811	2.0167	2.4163	2.6951
44	0.6801	1.3011	1.6802	2.0154	2.4141	2.6923
45	0.6800	1.3006	1.6794	2.0141	2.4121	2.6896

附表 5

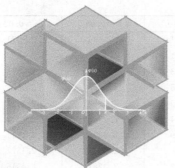

F 分布表

$$P\{F(n_1, n_2) > F_\alpha(n_1, n_2)\} = \alpha \quad (\alpha = 0.10)$$

n_2 \ n_1	1	2	3	4	5	6	7	8	9	10	12	15	20	24	30	40	60	120	∞
1	39.86	49.5	53.59	55.83	57.24	58.20	58.91	59.44	59.86	60.19	60.71	61.22	61.74	62.00	62.26	62.53	62.79	63.06	63.33
2	8.53	9.00	9.16	9.24	9.29	9.33	9.35	9.37	9.38	9.39	9.41	9.42	9.44	9.45	9.46	9.47	9.47	9.48	9.49
3	5.54	5.46	5.39	5.34	5.31	5.28	5.27	5.25	5.24	5.23	5.22	5.20	5.18	5.18	5.17	5.16	5.15	5.14	5.13
4	4.54	4.32	4.19	4.11	4.05	4.01	3.98	3.95	3.94	3.92	3.90	3.87	3.84	3.83	3.82	3.80	3.79	3.78	3.76
5	4.06	3.78	3.62	3.52	3.45	3.40	3.37	3.34	3.32	3.30	3.27	3.24	3.21	3.19	3.17	3.16	3.14	3.12	3.10
6	3.78	3.46	3.29	3.18	3.11	3.05	3.01	2.98	2.96	2.94	2.90	2.87	2.84	2.82	2.80	2.78	2.76	2.74	2.72
7	3.59	3.26	3.07	2.96	2.88	2.83	2.78	2.75	2.72	2.70	2.67	2.63	2.59	2.58	2.56	2.54	2.51	2.49	2.47
8	3.46	3.11	2.92	2.81	2.73	2.67	2.62	2.59	2.56	2.54	2.50	2.46	2.42	2.40	2.38	2.36	2.34	2.32	2.29
9	3.36	3.01	2.81	2.69	2.61	2.55	2.51	2.47	2.44	2.42	2.38	2.34	2.30	2.28	2.25	2.23	2.21	2.18	2.16
10	3.29	2.92	2.73	2.61	2.52	2.46	2.41	2.38	2.35	2.32	2.28	2.24	2.20	2.18	2.16	2.13	2.11	2.08	2.06
11	3.23	2.86	2.66	2.54	2.45	2.39	2.34	2.30	2.27	2.25	2.21	2.17	2.12	2.10	2.08	2.05	2.03	2.00	1.97
12	3.18	2.81	2.61	2.48	2.39	2.33	2.28	2.24	2.21	2.19	2.15	2.10	2.06	2.04	2.01	1.99	1.96	1.93	1.90
13	3.14	2.76	2.56	2.43	2.35	2.28	2.23	2.20	2.16	2.14	2.10	2.05	2.01	1.98	1.96	1.93	1.90	1.88	1.85
14	3.10	2.73	2.52	2.39	2.31	2.24	2.19	2.15	2.12	2.10	2.05	2.01	1.96	1.94	1.91	1.89	1.86	1.83	1.80
15	3.07	2.70	2.49	2.36	2.27	2.21	2.16	2.12	2.09	2.06	2.02	1.97	1.92	1.90	1.87	1.85	1.82	1.79	1.76
16	3.05	2.67	2.46	2.33	2.24	2.18	2.13	2.09	2.06	2.03	1.99	1.94	1.89	1.87	1.84	1.81	1.78	1.75	1.72
17	3.03	2.64	2.44	2.31	2.22	2.15	2.10	2.06	2.03	2.00	1.96	1.91	1.86	1.84	1.81	1.78	1.75	1.72	1.69
18	3.01	2.62	2.42	2.29	2.20	2.13	2.08	2.04	2.00	1.98	1.93	1.89	1.84	1.81	1.78	1.75	1.72	1.69	1.66
19	2.99	2.61	2.40	2.27	2.18	2.11	2.06	2.02	1.98	1.96	1.91	1.86	1.81	1.79	1.76	1.73	1.70	1.67	1.63
20	2.97	2.59	2.38	2.25	2.16	2.09	2.04	2.00	1.96	1.94	1.89	1.84	1.79	1.77	1.74	1.71	1.68	1.64	1.61
21	2.96	2.57	2.36	2.23	2.14	2.08	2.02	1.98	1.95	1.92	1.87	1.83	1.78	1.75	1.72	1.69	1.66	1.62	1.59
22	2.95	2.56	2.35	2.22	2.13	2.06	2.01	1.97	1.93	1.90	1.86	1.81	1.76	1.73	1.70	1.67	1.64	1.60	1.57
23	2.94	2.55	2.34	2.21	2.11	2.05	1.99	1.95	1.92	1.89	1.84	1.80	1.74	1.72	1.69	1.66	1.62	1.59	1.55
24	2.93	2.54	2.33	2.19	2.10	2.04	1.98	1.94	1.91	1.88	1.83	1.78	1.73	1.70	1.67	1.64	1.61	1.57	1.53
25	2.92	2.53	2.32	2.18	2.09	2.02	1.97	1.93	1.89	1.87	1.82	1.77	1.72	1.69	1.66	1.63	1.59	1.56	1.52
26	2.91	2.52	2.31	2.17	2.08	2.01	1.96	1.92	1.88	1.86	1.81	1.76	1.71	1.68	1.65	1.61	1.58	1.54	1.50
27	2.90	2.51	2.30	2.17	2.07	2.00	1.95	1.91	1.87	1.85	1.80	1.75	1.70	1.67	1.64	1.60	1.57	1.53	1.49
28	2.89	2.50	2.29	2.16	2.06	2.00	1.94	1.90	1.87	1.84	1.79	1.74	1.69	1.66	1.63	1.59	1.56	1.52	1.48
29	2.89	2.50	2.28	2.15	2.06	1.99	1.93	1.89	1.86	1.83	1.78	1.73	1.68	1.65	1.62	1.58	1.55	1.51	1.47
30	2.88	2.49	2.28	2.14	2.05	1.98	1.93	1.88	1.85	1.82	1.77	1.72	1.67	1.64	1.61	1.57	1.54	1.50	1.46
40	2.84	2.44	2.23	2.09	2.00	1.93	1.87	1.83	1.79	1.76	1.71	1.66	1.61	1.57	1.54	1.51	1.47	1.42	1.38
60	2.79	2.39	2.18	2.04	1.95	1.87	1.82	1.77	1.74	1.71	1.66	1.60	1.54	1.51	1.48	1.44	1.40	1.35	1.29
120	2.75	2.35	2.13	1.99	1.90	1.82	1.77	1.72	1.68	1.65	1.60	1.55	1.48	1.45	1.41	1.37	1.32	1.26	1.19
∞	2.71	2.30	2.08	1.94	1.85	1.77	1.72	1.67	1.63	1.60	1.55	1.49	1.42	1.38	1.34	1.30	1.24	1.17	1.00

续表

$\alpha=0.05$

n_1 \ n_2	1	2	3	4	5	6	7	8	9	10	12	15	20	24	30	40	60	120	∞
1	161	200	216	225	230	234	237	239	241	242	244	246	248	249	250	251	252	253	254
2	18.5	19.0	19.2	19.2	19.3	19.3	19.4	19.4	19.4	19.4	19.4	19.4	19.4	19.5	19.5	19.5	19.5	19.5	19.5
3	10.1	9.55	9.28	9.12	9.01	8.94	8.89	8.85	8.81	8.79	8.74	8.70	8.66	8.64	8.62	8.59	8.57	8.55	8.53
4	7.71	6.94	6.59	6.39	6.26	6.16	6.09	6.04	6.00	5.96	5.91	5.86	5.80	5.77	5.75	5.72	5.69	5.66	5.63
5	6.61	5.79	5.41	5.19	5.05	4.95	4.88	4.82	4.77	4.74	4.68	4.62	4.56	4.53	4.50	4.46	4.43	4.40	4.36
6	5.99	5.14	4.76	4.53	4.39	4.28	4.21	4.15	4.10	4.06	4.00	3.94	3.87	3.84	3.81	3.77	3.74	3.70	3.67
7	5.59	4.74	4.35	4.12	3.97	3.87	3.79	3.73	3.68	3.64	3.57	3.51	3.44	3.41	3.38	3.34	3.30	3.27	3.23
8	5.32	4.46	4.07	3.84	9.69	3.58	3.50	3.44	3.39	3.35	3.28	3.22	3.15	3.12	3.08	3.04	3.01	2.97	2.93
9	5.12	4.26	3.86	3.63	3.48	3.37	3.29	3.23	3.18	3.14	3.07	3.01	2.94	2.90	2.86	2.83	2.79	2.75	2.71
10	4.96	4.10	3.71	3.48	3.33	3.22	3.14	3.07	3.02	2.98	2.91	2.85	2.77	2.74	2.70	2.66	2.62	2.58	2.54
11	4.84	3.98	3.59	3.36	3.20	3.09	3.01	2.95	2.90	2.85	2.79	2.72	2.65	2.61	2.57	2.53	2.49	2.45	2.40
12	4.75	3.89	3.49	3.26	3.11	3.00	2.91	2.85	2.80	2.75	2.69	2.62	2.54	2.51	2.47	2.43	2.38	2.34	2.30
13	4.67	3.81	3.41	3.18	3.03	2.92	2.83	2.77	2.71	2.67	2.60	2.53	2.46	2.42	2.38	2.34	2.30	2.25	2.21
14	4.60	3.74	3.34	3.11	2.96	2.85	2.76	2.70	2.65	2.60	2.53	2.46	2.39	2.35	2.31	2.27	2.22	2.18	2.13
15	4.54	3.68	3.29	3.06	2.90	2.79	2.71	2.64	2.59	2.54	2.48	2.40	2.33	2.29	2.25	2.20	2.16	2.11	2.07
16	4.49	3.63	3.24	3.01	2.85	2.74	2.66	2.59	2.54	2.49	2.42	2.35	2.28	2.24	2.19	2.15	2.11	2.06	2.01
17	4.45	3.59	3.20	2.96	2.81	2.70	2.61	2.55	2.49	2.45	2.38	2.31	2.23	2.19	2.15	2.10	2.06	2.01	1.96
18	4.41	3.55	3.16	2.93	2.77	2.66	2.58	2.51	2.46	2.41	2.34	2.27	2.19	2.15	2.11	2.06	2.02	1.97	1.92
19	4.38	3.52	3.13	2.90	2.74	2.63	2.54	2.48	2.42	2.38	2.31	2.23	2.16	2.11	2.07	2.03	1.98	1.93	1.88
20	4.35	3.49	3.10	2.87	2.71	2.60	2.51	2.45	2.39	2.35	2.28	2.20	2.12	2.08	2.04	1.99	1.95	1.90	1.84
21	4.32	3.47	3.07	2.84	2.68	2.57	2.49	2.42	2.37	2.32	2.25	2.18	2.10	2.05	2.01	1.96	1.92	1.87	1.81
22	4.30	3.44	3.05	2.82	2.66	2.55	2.46	2.40	2.34	2.30	2.23	2.15	2.07	2.03	1.98	1.94	1.89	1.84	1.78
23	4.28	3.42	3.03	2.80	2.64	2.53	2.44	2.37	2.32	2.27	2.20	2.13	2.05	2.01	1.96	1.91	1.86	1.81	1.76
24	4.26	3.40	3.01	2.78	2.62	2.51	2.42	2.36	2.30	2.25	2.18	2.11	2.03	1.98	1.94	1.89	1.84	1.79	1.73
25	4.24	3.39	2.99	2.76	2.60	2.49	2.40	2.34	2.28	2.24	2.16	2.09	2.01	1.96	1.92	1.87	1.82	1.77	1.71
26	4.23	3.37	2.98	2.74	2.59	2.47	2.39	2.32	2.27	2.22	2.15	2.07	1.99	1.95	1.90	1.85	1.80	1.75	1.69
27	4.21	3.35	2.96	2.73	2.57	2.46	2.37	2.31	2.25	2.20	2.13	2.06	1.97	1.93	1.88	1.84	1.79	1.73	1.67
28	4.20	3.34	2.95	2.71	2.56	2.45	2.36	2.29	2.24	2.19	2.12	2.04	1.96	1.91	1.87	1.82	1.77	1.71	1.65
29	4.18	3.33	2.93	2.70	2.55	2.43	2.35	2.28	2.22	2.18	2.10	2.03	1.94	1.90	1.85	1.81	1.75	1.70	1.64
30	4.17	3.32	2.92	2.69	2.53	2.42	2.33	2.27	2.21	2.16	2.09	2.01	1.93	1.89	1.84	1.79	1.74	1.68	1.62
40	4.08	3.23	2.84	2.61	2.45	2.34	2.25	2.18	2.12	2.08	2.00	1.92	1.84	1.79	1.74	1.69	1.64	1.58	1.51
60	4.00	3.15	2.76	2.53	2.37	2.25	2.17	2.10	2.04	1.99	1.92	1.84	1.75	1.70	1.65	1.59	1.53	1.47	1.39
120	3.92	3.07	2.68	2.45	2.29	2.17	2.09	2.02	1.96	1.91	1.83	1.75	1.66	1.61	1.55	1.50	1.43	1.35	1.25
∞	3.84	3.00	2.60	2.37	2.21	2.10	2.01	1.94	1.88	1.83	1.75	1.67	1.57	1.52	1.46	1.39	1.32	1.22	1.00

$\alpha=0.025$

n_1 \ n_2	1	2	3	4	5	6	7	8	9	10	12	15	20	24	30	40	60	120	∞
1	648	800	864	900	922	937	948	957	963	969	977	985	993	997	1000	1010	1010	1010	1020
2	38.5	39.0	39.2	39.2	39.3	39.3	39.4	39.4	39.4	39.4	39.4	39.4	39.4	39.5	39.5	39.5	39.5	39.5	39.5
3	17.4	16.0	15.4	15.1	14.9	14.7	14.6	14.5	14.5	14.4	14.3	14.3	14.2	14.1	14.1	14.0	14.0	13.9	13.9
4	12.2	10.6	9.98	9.60	9.36	9.20	9.07	8.98	8.90	8.84	8.75	8.66	8.56	8.51	8.46	8.41	8.36	8.31	8.26
5	10.0	8.43	7.76	7.39	7.15	6.98	6.85	6.76	6.68	6.62	6.52	6.43	6.33	6.28	6.23	6.18	6.12	6.07	6.02
6	8.81	7.26	6.60	6.23	5.99	5.82	5.70	5.60	5.52	5.46	5.37	5.27	5.17	5.12	5.07	5.01	4.96	4.90	4.85
7	8.07	6.54	5.89	5.52	5.29	5.12	4.99	4.90	4.82	4.76	4.67	4.57	4.47	4.42	4.36	4.31	4.25	4.20	4.14
8	7.57	6.06	5.42	5.05	4.82	4.65	4.53	4.43	4.36	4.30	4.20	4.10	4.00	3.95	3.89	3.84	3.78	3.73	3.67
9	7.21	5.71	5.08	4.72	4.48	4.32	4.20	4.10	4.03	3.96	3.87	3.77	3.67	3.61	3.56	3.51	3.45	3.39	3.33
10	6.94	5.46	4.83	4.47	4.24	4.07	3.95	3.85	3.78	3.72	3.62	3.52	3.42	3.37	3.31	3.26	3.20	3.14	3.08
11	6.72	5.26	4.63	4.28	4.04	3.88	3.76	3.66	3.59	3.53	3.43	3.33	3.23	3.17	3.12	3.06	3.00	2.94	2.88

续表

$\alpha = 0.025$

n_2 \ n_1	1	2	3	4	5	6	7	8	9	10	12	15	20	24	30	40	60	120	∞
12	6.55	5.10	4.47	4.12	3.89	3.73	3.61	3.51	3.44	3.37	3.28	3.18	3.07	3.02	2.96	2.91	2.85	2.79	2.72
13	6.41	4.97	4.35	4.00	3.77	3.60	3.48	3.39	3.31	3.25	3.15	3.05	2.95	2.89	2.84	2.78	2.72	2.66	2.60
14	6.30	4.86	4.24	3.89	3.66	3.50	3.38	3.29	3.21	3.15	3.05	2.95	2.84	2.79	2.73	2.67	2.61	2.55	2.49
15	6.20	4.77	4.15	3.80	3.58	3.41	3.29	3.20	3.12	3.06	2.96	2.86	2.76	2.70	2.64	2.59	2.52	2.46	2.40
16	6.12	4.69	4.08	3.73	3.50	3.34	3.22	3.12	3.05	2.99	2.89	2.79	2.68	2.63	2.57	2.51	2.45	2.38	2.32
17	6.04	4.62	4.01	3.66	3.44	3.28	3.16	3.06	2.98	2.92	2.82	2.72	2.62	2.56	2.50	2.44	2.38	2.32	2.25
18	5.98	4.56	3.95	3.61	3.38	3.22	3.10	3.01	2.93	2.87	2.77	2.67	2.56	2.50	2.44	2.38	2.32	2.26	2.19
19	5.92	4.51	3.90	3.56	3.33	3.17	3.05	2.96	2.88	2.82	2.72	2.62	2.51	2.45	2.39	2.33	2.27	2.20	2.13
20	5.87	4.46	3.86	3.51	3.29	3.13	3.01	2.91	2.84	2.77	2.68	2.57	2.46	2.41	2.35	2.29	2.22	2.16	2.09
21	5.83	4.42	3.82	3.48	3.25	3.09	2.97	2.87	2.80	2.73	2.64	2.53	2.42	2.37	2.31	2.25	2.18	2.11	2.04
22	5.79	4.38	3.78	3.44	3.22	3.05	2.93	2.84	2.76	2.70	2.60	2.50	2.39	2.33	2.27	2.21	2.14	2.08	2.00
23	5.75	4.35	3.75	3.41	3.18	3.02	2.90	2.81	2.73	2.67	2.57	2.47	2.36	2.30	2.24	2.18	2.11	2.04	1.97
24	5.72	4.32	3.72	3.38	3.15	2.99	2.87	2.78	2.70	2.64	2.54	2.44	2.33	2.27	2.21	2.15	2.08	2.01	1.94
25	5.69	4.29	3.69	3.35	3.13	2.97	2.85	2.75	2.68	2.61	2.51	2.41	2.30	2.24	2.18	2.12	2.05	1.98	1.91
26	5.66	4.27	3.67	3.33	3.10	2.94	2.82	2.73	2.65	2.59	2.49	2.39	2.28	2.22	2.16	2.09	2.03	1.95	1.88
27	5.63	4.24	3.65	3.31	3.08	2.92	2.80	2.71	2.63	2.57	2.47	2.36	2.25	2.19	2.13	2.07	2.00	1.93	1.85
28	5.61	4.22	3.63	3.29	3.06	2.90	2.78	2.69	2.61	2.55	2.45	2.34	2.23	2.17	2.11	2.05	1.98	1.91	1.83
29	5.59	4.20	3.61	3.27	3.04	2.88	2.76	2.67	2.59	2.53	2.43	2.32	2.21	2.15	2.09	2.03	1.96	1.89	1.81
30	5.57	4.18	3.59	3.25	3.03	2.87	2.75	2.65	2.57	2.51	2.41	2.31	2.20	2.14	2.07	2.01	1.94	1.87	1.79
40	5.42	4.05	3.46	3.13	2.90	2.74	2.62	2.53	2.45	2.39	2.29	2.18	2.07	2.01	1.94	1.88	1.80	1.72	1.64
60	5.29	3.93	3.34	3.01	2.79	2.63	2.51	2.41	2.33	2.27	2.17	2.06	1.94	1.88	1.82	1.74	1.67	1.58	1.48
120	5.15	3.80	3.23	2.89	2.67	2.52	2.39	2.30	2.22	2.16	2.05	1.94	1.82	1.76	1.69	1.61	1.53	1.43	1.31
∞	5.02	3.69	3.12	2.79	2.57	2.41	2.29	2.79	2.11	2.05	1.94	1.83	1.71	1.64	1.57	1.48	1.39	1.27	1.00

$\alpha = 0.01$

n_2 \ n_1	1	2	3	4	5	6	7	8	9	10	12	15	20	24	30	40	60	120	∞
1	4050	5000	5400	5620	5760	5860	5930	5980	6020	6060	6110	6160	6210	6230	6260	6290	6310	6340	6370
2	98.5	99.0	99.2	99.2	99.3	99.3	99.4	99.4	99.4	99.4	99.4	99.4	99.4	99.5	99.5	99.5	99.5	99.5	99.5
3	34.1	30.8	29.5	28.7	28.2	27.9	27.7	27.5	27.3	27.2	27.1	26.9	26.7	26.6	26.5	26.4	26.3	26.2	26.1
4	21.2	18.0	16.7	16.0	15.5	15.2	15.0	14.8	14.7	14.5	14.4	14.2	14.0	13.9	13.8	13.7	13.7	13.6	13.5
5	16.3	13.3	12.1	11.4	11.0	10.7	10.5	10.3	10.2	10.1	9.89	9.72	9.55	9.47	9.38	9.29	9.20	9.11	9.02
6	13.7	10.9	9.78	9.15	8.75	8.47	8.26	8.10	7.98	7.87	7.72	7.56	7.40	7.31	7.23	7.14	7.06	6.97	6.88
7	12.2	9.55	8.45	7.85	7.46	7.19	6.99	6.84	6.72	6.62	6.47	6.31	6.16	6.07	5.99	5.91	5.82	5.74	5.65
8	11.3	8.65	7.59	7.01	6.63	6.37	6.18	6.03	5.91	5.81	5.67	5.52	5.36	5.28	5.20	5.12	5.03	4.95	4.86
9	10.6	8.02	6.99	6.42	6.06	5.80	5.61	5.47	5.35	5.26	5.11	4.96	4.81	4.73	4.65	4.57	4.48	4.40	4.31
10	10.0	7.56	6.55	5.99	5.64	5.39	5.20	5.06	4.94	4.85	4.71	4.56	4.41	4.33	4.25	4.17	4.08	4.00	3.91
11	9.65	7.21	6.22	5.67	5.32	5.07	4.89	4.74	4.63	4.54	4.40	4.25	4.10	4.02	3.94	3.86	3.78	3.69	3.60
12	9.33	6.93	5.95	5.41	5.06	4.82	4.64	4.50	4.39	4.30	4.16	4.01	3.86	3.78	3.70	3.62	3.54	3.45	3.36
13	9.07	6.70	5.74	5.21	4.86	4.62	4.44	4.30	4.19	4.10	3.96	3.82	3.66	3.59	3.51	3.43	3.34	3.25	3.17
14	8.86	6.51	5.56	5.04	4.69	4.46	4.28	4.14	4.03	3.94	3.80	3.66	3.51	3.43	3.35	3.27	3.18	3.09	3.00
15	8.68	6.36	5.42	4.89	4.56	4.32	4.14	4.00	3.89	3.80	3.67	3.52	3.37	3.29	3.21	3.13	3.05	2.96	2.87
16	8.53	6.23	5.29	4.77	4.44	4.20	4.03	3.89	3.78	3.69	3.55	3.41	3.26	3.18	3.10	3.02	2.93	2.84	2.75
17	8.40	6.11	5.18	4.67	4.34	4.10	3.93	3.79	3.68	3.59	3.46	3.31	3.16	3.08	3.00	2.92	2.83	2.75	2.65
18	8.29	6.01	5.09	4.58	4.25	4.01	3.84	3.71	3.60	3.51	3.37	3.23	3.08	3.00	2.92	2.84	2.75	2.66	2.57
19	8.18	5.93	5.01	4.50	4.17	3.94	3.77	3.63	3.52	3.43	3.30	3.15	3.00	2.92	2.84	2.76	2.67	2.58	2.49
20	8.10	5.85	4.94	4.43	4.10	3.87	3.70	3.56	3.46	3.37	3.23	3.09	2.94	2.86	2.78	2.69	2.61	2.52	2.42
21	8.02	5.78	4.87	4.37	4.04	3.81	3.64	3.51	3.40	3.31	3.17	3.03	2.88	2.80	2.72	2.64	2.55	2.46	2.36
22	7.95	5.72	4.82	4.31	3.99	3.76	3.59	3.45	3.35	3.26	3.12	2.98	2.83	2.75	2.67	2.58	2.50	2.40	2.31

续表

$\alpha = 0.01$

n_1 \ n_2	1	2	3	4	5	6	7	8	9	10	12	15	20	24	30	40	60	120	∞
23	7.88	5.66	4.76	4.26	3.94	3.71	3.54	3.41	3.30	3.21	3.07	2.93	2.78	2.70	2.62	2.54	2.45	2.35	2.26
24	7.82	5.61	4.72	4.22	3.90	3.67	3.50	3.36	3.26	3.17	3.03	2.89	2.74	2.66	2.58	2.49	2.40	2.31	2.21
25	7.77	5.57	4.68	4.18	3.85	3.63	3.46	3.32	3.22	3.13	2.99	2.85	2.70	2.62	2.54	2.45	2.36	2.27	2.17
26	7.72	5.53	4.64	4.14	3.82	3.59	3.42	3.29	3.18	3.09	2.96	2.81	2.66	2.58	2.50	2.42	2.33	2.23	2.13
27	7.68	5.49	4.60	4.11	3.78	3.56	3.39	3.26	3.15	3.06	2.93	2.78	2.63	2.55	2.47	2.38	2.29	2.20	2.10
28	7.64	5.45	4.57	4.07	3.75	3.53	3.36	3.23	3.12	3.03	2.90	2.75	2.60	2.52	2.44	2.35	2.26	2.17	2.06
29	7.60	5.42	4.54	4.04	3.73	3.50	3.33	3.20	3.09	3.00	2.87	2.73	2.57	5.49	2.41	2.33	2.23	2.14	2.03
30	7.56	5.39	4.51	4.02	3.70	3.47	3.30	3.17	3.07	2.98	2.84	2.70	2.55	2.47	2.39	2.30	2.21	2.11	2.01
40	7.31	5.18	4.31	3.83	3.51	3.29	3.12	2.99	2.89	2.80	2.66	2.52	2.37	2.29	2.20	2.11	2.02	1.92	1.80
60	7.08	4.98	4.13	3.65	3.34	3.12	2.95	2.82	2.72	2.63	2.50	2.35	2.20	2.12	2.03	1.94	1.84	1.73	1.60
120	6.85	4.79	3.95	3.48	3.17	2.96	2.79	2.66	2.56	2.47	2.34	2.19	2.03	1.95	1.86	1.76	1.66	1.53	1.38
∞	6.63	4.61	3.78	3.32	3.02	2.80	2.64	2.51	2.41	2.32	2.18	2.04	1.88	1.79	1.70	1.59	1.47	1.32	1.00

$\alpha = 0.005$

n_1 \ n_2	1	2	3	4	5	6	7	8	9	10	12	15	20	24	30	40	60	120	∞
1	16200	20000	21600	22500	23100	23400	23700	23900	24100	24200	24400	24600	24800	24900	25000	25100	25300	25400	25500
2	199	199	199	199	199	199	199	199	199	199	199	199	199	199	199	199	199	199	200
3	55.6	49.8	47.5	46.2	45.4	44.8	44.4	44.1	43.9	43.7	43.4	43.1	42.8	42.6	42.5	42.3	42.1	42.0	41.8
4	31.3	26.3	24.3	23.2	22.5	22.0	21.6	21.4	21.1	21.0	20.7	20.4	20.2	20.0	19.9	19.8	19.6	19.5	19.3
5	22.8	18.3	16.5	15.6	14.9	14.5	14.2	14.0	13.8	13.6	13.4	13.1	12.9	12.8	12.7	12.5	12.4	12.3	12.1
6	18.6	14.5	12.9	12.0	11.5	11.1	10.8	10.6	10.4	10.3	10.0	9.81	9.59	9.47	9.36	9.24	9.12	9.00	8.88
7	16.2	12.4	10.9	10.1	9.52	9.16	8.89	8.68	8.51	8.38	8.18	7.97	7.75	7.65	7.53	7.42	7.31	7.19	7.08
8	14.7	11.0	9.60	8.81	8.30	7.95	7.69	7.50	7.34	7.21	7.01	6.81	6.61	6.50	6.40	6.29	6.18	6.06	5.95
9	13.6	10.1	8.72	7.96	7.47	7.13	6.88	6.69	6.54	6.42	6.23	6.03	5.83	5.73	5.62	5.52	5.41	5.30	5.19
10	12.8	9.43	8.08	7.34	6.87	6.54	6.30	6.12	5.97	5.85	5.66	5.47	5.27	5.17	5.07	4.97	4.86	4.75	4.64
11	12.2	8.91	7.60	6.88	6.42	6.10	5.86	5.68	5.54	5.42	5.24	5.05	4.86	4.76	4.65	4.55	4.44	4.34	4.23
12	11.8	8.51	7.23	6.52	6.07	5.76	5.52	5.35	5.20	5.09	4.91	4.72	4.53	4.43	4.33	4.23	4.12	4.01	3.90
13	11.4	8.19	6.93	6.23	5.79	5.48	5.25	5.08	4.94	4.82	4.64	4.46	4.27	4.17	4.07	3.97	3.87	3.76	3.65
14	11.1	7.92	6.68	6.00	5.56	5.26	5.03	4.86	4.72	4.60	4.43	4.25	4.06	3.96	3.86	3.76	3.66	3.55	3.44
15	10.8	7.70	6.48	5.80	5.37	5.07	4.85	4.67	4.54	4.42	4.25	4.07	3.88	3.79	3.69	3.58	3.48	3.37	3.26
16	10.6	7.51	6.30	5.64	5.21	4.91	4.69	4.52	4.38	4.27	4.10	3.92	3.73	3.64	3.54	3.44	3.33	3.22	3.11
17	10.4	7.35	6.16	5.50	5.07	4.78	4.56	4.39	4.25	4.14	3.97	3.79	3.61	3.51	3.41	3.31	3.21	3.10	2.98
18	10.2	7.21	6.03	5.37	4.96	4.66	4.44	4.28	4.14	4.03	3.86	3.68	3.50	3.40	3.30	3.20	3.10	2.99	2.87
19	10.1	7.09	5.92	5.27	4.85	4.56	4.34	4.18	4.04	3.93	3.76	3.59	3.40	3.31	3.21	3.11	3.00	2.89	2.78
20	9.94	6.99	5.82	5.17	4.76	4.47	4.26	4.09	3.96	3.85	3.68	3.50	3.32	3.22	3.12	3.02	2.92	2.81	2.69
21	9.83	6.89	5.73	5.09	4.68	4.39	4.18	4.01	3.88	3.77	3.60	3.43	3.24	3.15	3.05	2.95	2.84	2.73	2.61
22	9.73	6.81	5.65	5.02	4.61	4.32	4.11	3.94	3.81	3.70	3.54	3.36	3.18	3.08	2.98	2.88	2.77	2.66	2.55
23	9.63	6.73	5.58	4.95	4.54	4.26	4.05	3.88	3.75	3.64	3.47	3.30	3.12	3.02	2.92	2.82	2.71	2.60	2.48
24	9.55	6.66	5.52	4.89	4.49	4.20	3.99	3.83	3.69	3.59	3.42	3.25	3.06	2.97	2.87	2.77	2.66	2.55	2.43
25	9.48	6.60	5.46	4.84	4.43	4.15	3.94	3.78	3.64	3.54	3.37	3.20	3.01	2.92	2.82	2.72	2.61	2.50	2.38
26	9.41	6.54	5.41	4.79	4.38	4.10	3.89	3.73	3.60	3.49	3.33	3.15	2.97	2.87	2.77	2.67	2.56	2.45	2.33
27	9.34	6.49	5.36	4.74	4.34	4.06	3.85	3.69	3.56	3.45	3.28	3.11	2.93	2.83	2.73	2.63	2.52	2.41	2.29
28	9.28	6.44	5.32	4.70	4.30	4.02	3.81	3.65	3.52	3.41	3.25	3.07	2.89	2.79	2.69	2.59	2.48	2.37	2.25
29	9.23	6.40	5.28	4.66	4.26	3.98	3.77	3.61	3.48	3.38	3.21	3.04	2.86	2.76	2.66	2.56	2.45	2.33	2.21
30	9.18	6.35	5.24	4.62	4.23	3.95	3.74	3.58	3.45	3.34	3.18	3.01	2.82	2.73	2.63	2.52	2.42	2.30	2.18
40	8.83	6.07	4.98	4.37	3.99	3.71	3.51	3.35	3.22	3.12	2.95	2.78	2.60	2.50	2.40	2.30	2.18	2.06	1.93
60	8.49	5.79	4.73	4.14	3.76	3.49	3.29	3.13	3.01	2.90	2.74	2.57	2.39	2.29	2.19	2.08	1.96	1.83	1.69
120	8.18	5.54	4.50	3.92	3.55	3.28	3.09	2.93	2.81	2.71	2.54	2.37	2.19	2.09	1.98	1.87	1.75	1.61	1.43
∞	7.88	5.30	4.28	3.72	3.35	3.09	2.90	2.74	2.62	2.52	2.36	2.19	2.00	1.90	1.79	1.67	1.53	1.36	1.00

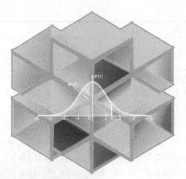

习题参考答案

第1章习题参考答案

习题 1-1

1. (1) $\{x \mid x \neq 1\}$; (2) $\{x \mid x \geqslant -\frac{1}{3}\}$;
   (3) $\{x \mid x \neq \pm 1\}$; (4) $\{x \mid x \geqslant 2 \text{ 或 } x \leqslant -2\}$;
   (5) $\{x \mid x \geqslant -2 \text{ 或 } x \neq \pm 1\}$; (6) $\{x \mid -1 \leqslant x \leqslant 1 \text{ 或 } x \neq 0\}$;
   (7) $\{x \mid -2 < x < 2\}$; (8) $\{x \mid x \neq 1 \text{ 且 } x \neq 2\}$.

2. (1) 单调下降; (2) 单调上升; (3) 单调上升.

3. (1) 偶函数; (2) 既非奇函数又非偶函数; (3) 偶函数;
   (4) 偶函数; (5) 非奇非偶.

4. (1) $T = 2\pi$; (2) $T = \frac{\pi}{2}$; (3) $T = 2$; (4) $T = \pi$.

5. (1) $-1, -1, 1, a^2 + a + 1$; (2) $3, \frac{\sqrt{35}}{2}, \sqrt{5}$;
   (3) $-\frac{1}{2}, -5, \frac{x}{x+3}, \frac{1-2x}{1+x}$; (4) $1, 2, \frac{1}{2}$; (5) $3, \frac{3}{2}, 0$.

6. (1) $y = x^{\frac{1}{3}}$; (2) $y = \lg(-x)$; (3) $y = \frac{2x}{1-x}$; (4) $x^y = 2$; (5) $y = \frac{1}{3}\arcsin 2y$.

7. (1) $y = u^5$, $u = x^2 + 3x + 1$; (2) $y = u^3$, $u = \sin v$, $v = 1 + 2x$;
   (3) $y = u^2$, $u = \cos v$, $v = x^{\frac{1}{2}}$; (4) $y = e^u$, $u = -\frac{1}{2}x^2$.

习题 1-2

1. (1) 1; (2) 7; (3) 7; (4) 2; (5) 15; (6) $\frac{6}{13}$; (7) $-\frac{1}{4}$;
   (8) $\frac{1}{2}$; (9) -4; (10) $\frac{1}{6}$; (11) 4; (12) -3.

2. (1) 2; (2) $\frac{1}{2}$; (3) $\frac{1}{3}$; (4) $\frac{3}{2}$; (5) ∞;

(6) 若 $m>n$，为 ∞；若 $m=n$，为 $\dfrac{a_0}{b_0}$；若 $m<n$，为 0.

习题 1-3

1. 不一定，例略．

2. (1) 无穷大；　(2) 无穷大；　(3) 无穷小；　(4) 无穷小；　(5) 无穷大．

3. 同阶无穷小．

4. 同阶无穷小．

习题 1-4

1. (1) ω；　(2) 3；　(3) $\dfrac{2}{5}$；　(4) 1；　(5) 2；　(6) $\cos a$．

2. (1) e^{-1}；　(2) e^2；　(3) $e^{\frac{1}{2}}$；　(4) e^2；　(5) e；　(6) e^k．

习题 1-5

1. 略．

2. (1) $x=-2$；　(2) $x=2$，$x=1$；　(3) $x=0$；　(4) $x=1$．

3. (1) $a=1$；　(2) $a=1$，$b=1$．

4. (1) 1；　(2) $-e^{-1}-1$；　(3) $-\infty$；　(4) 0．

5. 在 $x=\pm 1$ 处间断．

6. $(-\infty, 1) \cup (2, +\infty)$．

7. 略．

8. 略．

第 2 章习题参考答案

习题 2-1

1. (1) $-f'(x_0)$；　(2) $2f'(x_0)$；　(3) $2f'(x_0)$．

2. (1) 7.5；　(2) $-\sin x_0$．

3. $f'\left(\dfrac{\pi}{4}\right)=\dfrac{\sqrt{2}}{2}$，切线方程 $y-\dfrac{\sqrt{2}}{2}=\dfrac{\sqrt{2}}{2}\left(x-\dfrac{\pi}{4}\right)$，法线方程 $y-\dfrac{\sqrt{2}}{2}=-\sqrt{2}\left(x-\dfrac{\pi}{4}\right)$．

4. $f'(x)=2ax+b$，$f'\left(\dfrac{1}{2}\right)=a+b$．

习题 2-2

1. (1) $y'=4x^3-6x$；　　　　(2) $y'=\dfrac{\sqrt{3}}{2}x^{-\frac{1}{2}}+\dfrac{1}{3}x^{-\frac{2}{3}}-x^2$；

　(3) $y'=40x^4+12x^2+4x$；　　(4) $y'=21x^{\frac{5}{2}}+10x^{\frac{3}{2}}+2$；

　(5) $y'=\dfrac{1}{1+\cos x}$；　　　　(6) $y'=\dfrac{x^2+2x+2}{e^x}$；

　(7) $y'=\dfrac{2e^x}{(1-e^x)^2}$；　　　(8) $y'=\dfrac{1}{x+x^3}-\dfrac{\arctan x}{x^2}$．

2. (1) $y'=-3\sin 3x$；　　　　(2) $y'=\cos x\, e^{\sin x}$；

(3) $y' = \dfrac{2}{2x-1}$;   (4) $y' = \dfrac{x}{\sqrt{x^2+a^2}}$;

(5) $y' = -\dfrac{1}{x^2}e^{\frac{1}{x}}$;   (6) $y' = \dfrac{1}{2\sqrt{x}\,(1-x)}$;

(7) $y' = 2\cos 2x + 2x\cos^2 x$;   (8) $y' = -\tan x$;

(9) $y' = 3\sin^2 x \cos^2 x - \sin^4 x$;   (10) $y' = \dfrac{3}{x}\ln^2 x$;

(11) $y' = \dfrac{2\sqrt{1+x^2}+1}{2\sqrt{1+x^2}\,(x+\sqrt{1+x^2})}$;   (12) $y' = -2x e^{-x^2}$;

(13) $y' = \dfrac{2x}{1+(1+x^2)^2}$;   (14) $y' = \dfrac{2x}{\ln a\,(1+x^2)}$.

3. (1) $y' = \dfrac{\cos x + 2y}{\sin y - 2x}$;   (2) $y' = \dfrac{y-2xy}{xy-2x}$;

(3) $y' = \dfrac{y-1}{x\,(2-y)}$;   (4) $y' = \dfrac{1}{1-\cos y}$.

4. $-\dfrac{7}{8}$.

5. (1) $y' = \dfrac{2y}{x}\ln x$;   (2) $y' = \dfrac{y}{3}\left[\dfrac{1}{x+1}+\dfrac{1}{x+2}-\dfrac{1}{x+3}\right]$.

6. (1) $y'' = \dfrac{-2(1+x^2)}{(1-x^2)^2}$;   (2) $y'' = e^{-x}$.

习题 2-3

1. (1) $\Delta y = \Delta x^2 + \Delta x$, $dy = dx = \Delta x$;

   (2) $\Delta y = \Delta x^3 + 6\Delta x^2 + 10\Delta x$, $dy = 10 dx = 10\Delta x$.

2. (1) $dy = (1-x+x^2-x^3)dx$; (2) $dy = (x^2\cos x + 2x\sin x)dx$; (3) $dy = (\ln x + 1 - x)dx$; (4) $dy = \dfrac{1-x^2}{(1+x^2)^2}dx$; (5) $dy = -10x(1-x^2)^4 dx$; (6) $dy = \left(\dfrac{1}{2\sqrt{x}}+\dfrac{1}{x}+\dfrac{1}{2}x^{-\frac{3}{2}}\right)dx$.

3. (1) $\dfrac{1}{2}+\dfrac{\sqrt{3}\pi}{360}$;   (2) $10\dfrac{1}{75}$.

第3章习题参考答案

习题 3-1 略.

习题 3-2

(1) 5;   (2) 1;   (3) 3;   (4) 0;   (5) 0;   (6) $e^{\frac{1}{2}}$.

习题 3-3

1. (1) 单调上升;   (2) $(0,2)$ 上单调下降, $(2,+\infty)$ 上单调上升.

2. (1) $(-\infty, \dfrac{1}{2})$ 单调上升区间, $(\dfrac{1}{2}, +\infty)$ 单调下降区间;

   (2) $(0, \dfrac{1}{2})$ 单调下降区间, $(\dfrac{1}{2}, +\infty)$ 单调上升区间;

(3) $(-\infty, -2)$、$(0, +\infty)$ 单调上升区间,$(-2, -1) \cup (-1, 0)$ 单调下降区间.

3. 略.

4. (1) 极大值 $f(0)=1$,极小值 $f(1)=0$.

   (2) 极大值 $f\left(\dfrac{7}{3}\right)=\dfrac{4}{27}$,极小值 $f(3)=0$.

   (3) 无极值.

   (4) 极大值 $f(\pm 1)=e^{-1}$,极小值 $f(0)=0$.

5. (1) 最大值 $f(4)=142$,最小值 $f(1)=7$.

   (2) 最大值 $f(0)=f(4)=0$,最小值 $f(1)=-1$.

6. 最大值 $f(0)=1$,无最小值.

7. 两个数均等于 4.

习题 3-4

1. (1) 拐点 $\left(\dfrac{1}{2}, -\dfrac{1}{2}\right)$,凹区间 $\left(\dfrac{1}{2}, +\infty\right)$,凸区间 $\left(-\infty, \dfrac{1}{2}\right)$.

   (2) 拐点 $(1, 0)$,$(-1, 0)$,凹区间 $(-\infty, 1)$,$(1, +\infty)$,凸区间 $(-1, 1)$.

2. 水平渐近线:$y=0$.

第 4 章习题参考答案

习题 4-1

$y=\dfrac{1}{2}x^2+3x-5$

习题 4-2

(1) 正确;　　(2) 正确.

习题 4-3

1. (1) $\dfrac{1}{2}x^5-2x^3+9x+C$;　　(2) $\dfrac{2}{3}x^{\frac{3}{2}}+2x^{\frac{1}{2}}+C$;

   (3) $x-\cos x+5\sin x+C$;　　(4) $-\cot x-x+C$;

   (5) $-\dfrac{1}{x}-\arctan x+C$;　　(6) $\dfrac{3}{8}x-\dfrac{1}{4}\sin 2x+\dfrac{1}{32}\sin 4x+C$;

   (7) $\dfrac{1}{4}\sin 2x-\dfrac{1}{16}\sin 8x+C$;　　(8) $\tan x-\cot x+C$.

2. (1) $-e^{-x}+C$;　　(2) $\dfrac{1}{3}\sin(3x-5)+C$;　(3) $\arcsin\dfrac{x}{\sqrt{5}}+C$;

   (4) $-\dfrac{1}{3}\cos^3 x+C$;　(5) $\dfrac{1}{3}\ln^3 x+C$;　　(6) $\ln|x|+C$;

   (7) $\dfrac{1}{6}\arctan\dfrac{3}{2}x+C$;　(8) $\dfrac{1}{4}\arctan\left(x+\dfrac{1}{2}\right)+C$;

   (9) $\sin e^x+C$;　(10) $\dfrac{1}{2}\sec^2 x+\ln|\ln x|+C$;

   (11) $\sin x-\dfrac{2}{3}\sin^3 x+\dfrac{1}{5}\sin^5 x+C$;　(12) $e^{\sin x}+C$.

3. (1) $\dfrac{2}{5}(x+1)^{\frac{5}{2}}-\dfrac{2}{3}(x+1)^{\frac{3}{2}}+C$; (2) $\dfrac{3}{4}(x+a)^{\frac{4}{3}}+C$;

(3) $3x^{\frac{1}{3}}-6x^{\frac{1}{6}}+6\ln(1+x^{\frac{1}{6}})+C$; (4) $\dfrac{x}{\sqrt{1-x^2}}+C$;

(5) $\dfrac{1}{3}\ln\left|\dfrac{3}{2}x+\dfrac{1}{2}\sqrt{9x^2-4}\right|+C$;   (6) $2\ln\dfrac{\sqrt{1+e^x}-1}{\sqrt{1+e^x}+1}+C$.

4. (1) $\dfrac{1}{2}x^2\arctan x+\dfrac{1}{2}\arctan x-\dfrac{1}{2}x+C$; (2) $x(\ln x-1)+C$;

(3) $\dfrac{1}{2}e^{2x}(x-1)+C$;   (4) $e^{-x}(-x^2-2x-2)+C$;

(5) $\dfrac{1}{2}e^x(\sin x-\cos x)+C$; (6) $\dfrac{1}{2}[\sec x\tan x+\ln|\sec x+\tan x|]+C$.

5. (1) $-\dfrac{1}{x-1}-\dfrac{1}{(x-1)^2}+C$; (2) $2\ln\left|\dfrac{x+3}{x+2}\right|-\dfrac{3}{x+3}+C$;

(3) $2\ln|x|-2\ln|x+1|+\dfrac{2}{x+1}-\dfrac{1}{2(x+1)^2}+C$;

(4) $3\ln|x+2|+\dfrac{1}{2}\ln(x^2+2x+2)-2\arctan(x+1)+C$.

习题 4-4

(1) $\ln\left|\dfrac{x}{2x+1}\right|+C$; (2) $\dfrac{1}{3}(x-1)\sqrt{2x+1}+C$;

(3) $\dfrac{x}{4}-\dfrac{9}{8(2x+3)}-\dfrac{3}{4}\ln|2x+3|+C$;

(4) $\dfrac{1}{3}(x^2+3)^{\frac{3}{2}}+C$;

(5) $\dfrac{1}{\sqrt{2}}\arctan\dfrac{x+1}{\sqrt{2}}+C$;

(6) $\ln|2x+2+2\sqrt{x^2+2x+3}|+C$;

(7) $x^2\sin x+2x\cos x-2\sin x+C$;

(8) $\dfrac{1}{13}e^{2x}(2\cos 3x+3\sin 3x)+C$.

第 5 章习题参考答案

习题 5-1

1. (1) $b-a$, $\int_a^b dx$; (2) $\int_0^3(2t+1)dt$;

(3) 3,-2,$[-2,3]$;   (4) $f(x)+C$;

(5) $-\cos x+c_1 x+c_2$.

2. (1) C;   (2) C.

3. (1) 20;   (2) 2π.

习题 5-2

1. (1) $\int_c^b f(x)dx$;   (2) 0.

2. (1) <；　　(2) >；　　(3) >；　　(4) >.

3. (1) $0 \leqslant \int_1^e \ln x \, dx \leqslant e-1$；　　(2) $1 \leqslant \int_1^2 x^3 \, dx \leqslant 8$.

习题 5-3

1. (1) B；　　(2) A.

2. (1) 3；　　(2) 0.

3. (1) $2\sqrt{3}-1$；　　(2) $\ln 2$；　　(3) 1；　　(4) $\dfrac{1}{6}$；　　(5) $\dfrac{1}{4}(e^2+1)$；

(6) $\dfrac{2\pi}{3}-\dfrac{\sqrt{3}}{2}$；　　(7) 4π；　　(8) $2(\sqrt{3}-1)$；　　(9) $\dfrac{\pi^2}{32}$；　　(10) $2-\dfrac{\pi}{2}$.

习题 5-4

1. $\dfrac{9}{2}$.　　2. $\dfrac{1}{2}\pi a$.　　3. 18.

第6章习题参考答案

习题 6-1

1. (1) 3 阶；(2) 3 阶；(3) 1 阶；(4) 1 阶.

2. 略.

3. (1) 特解为：$y=\dfrac{1}{6}\left[(2x-1)^3+5\right]$；(2) 特解为：$y=x^3+6x^2+5$.

习题 6-2

1. $\sqrt{1-x^2}+\sqrt{1-y^2}=C$ $(0<C\leqslant 2)$，$x=\pm 1$ $(0<y<1)$，$y=\pm 1$ $(0x<x<1)$；

2. $y=\dfrac{1}{2}(\arctan x)^2$；

3. $e^y=\dfrac{1}{2}(e^{2x}+1)$；

4. $y=-\cos x+\dfrac{\sin x}{x}+\dfrac{C}{x}$；

5. $y=e^{x^2}(x^3+C)$；

6. $y=e^{-2x}(\cos x-2)$.

习题 6-3

1. $y=2x-2-\dfrac{1}{2}(\ln x)^2-\ln x$；

2. $y=2xe^x-6e^x+C_1 x^2+C_2 x+C_3$；

3. $y=C_1 e^{-x}+C_2$；

4. $y=e^x(x-1)+1$.

习题 6-4

1. $y=C_1 e^{2x}+C_2 x e^{2x}$；

2. $y=C_1 e^{5x}+C_2 e^{-2x}$；

3. $y = e^{2x}(\dfrac{x}{2}+1)$;

4. $y = e^{2x}(C_1\cos 3x + C_2\sin 3x)$.

第7章习题参考答案

习题 7-1

1. (1) 14;   (2) 6;   (3) 7;   (4) 15.

2. (1) 0;   (2) 27.

3. 6.

4. (1) A;   (2) B.

5. (1) $x=1$, $y=2$, $z=3$; (2) $x_1=0$, $x_2=2$, $x_3=0$, $x_4=0$.

习题 7-2

1. (1) D;   (2) D;   (3) A;   (4) B.

2. (1) $\boldsymbol{C}^{-1}\boldsymbol{B}^{-1}\boldsymbol{A}^{-1}$; (2) $\dfrac{\begin{pmatrix} d & -b \\ -c & a \end{pmatrix}}{ad-bc}$; (3) $-\dfrac{1}{2}$.

3. (1) $\begin{pmatrix} 0 & -1 \\ \frac{1}{2} & \frac{3}{2} \end{pmatrix}$; (2) $\begin{bmatrix} \frac{1}{2} & 0 & -\frac{1}{6} \\ 0 & 0 & \frac{1}{3} \\ 0 & \frac{1}{2} & \frac{1}{6} \end{bmatrix}$.

4. $\begin{pmatrix} 1 & 1 \\ \frac{1}{4} & 0 \end{pmatrix}$.

习题 7-3

1. (1) 2;   (2) 1;   (3) 2.

2. (1) $\begin{cases} x_1 = \dfrac{3}{2}x_3 + \dfrac{5}{4} \\ x_2 = \dfrac{3}{2}x_3 - \dfrac{1}{4} \\ x_4 = 0 \end{cases}$;   (2) $x=2$, $y=0$, $z=-2$.

第8章习题参考答案

习题 8-1

1. A 是随机事件，B 是不可能事件，C 是必然事件.

2. (1) $A_1\overline{A_2}\overline{A_3} + \overline{A_1}A_2\overline{A_3} + \overline{A_1}\overline{A_2}A_3$; (2) $\overline{A_1}\overline{A_2}\overline{A_3}$ 或 $\overline{A_1\cup A_2\cup A_3}$;
(3) $A_1\cup A_2\cup A_3$;   (4) $\overline{A_1}A_2\overline{A_3}$.

3. $\overline{A}\cup \overline{B}$ 表示"语文和数学至少有一门不及格"，$\overline{A}\overline{B}$ 表示"语文和数学都不及格"，AB 表示"语文和数学都及格"，$\overline{A}\cap \overline{B} \subset \overline{A}\cup \overline{B}$.

4. 若事件 A 与 B 互斥，则 A 与 B 未必互逆，但若 A 与 B 互逆，则 A 与 B 必互斥.

5. (1) $A \subset B$；(2) $A \supset B$.

6. 基本事件是"有 i 粒种子发芽"（$i=0，1，2，\cdots，50$），基本空间由 51 个基本事件组成；而 A 事件由其中 41 个基本事件组成（$i=0，1，2，\cdots，40$）；事件 B 由其中 25 个基本事件组成（$i=26，27，\cdots，50$）.

习题 8-2

1. $\dfrac{C_4^3 C_6^2}{C_{10}^5} = \dfrac{60}{252} = 0.238$.

2. (1) $\dfrac{1}{10^7}$； (2) $\dfrac{1}{10 \times 9 \times 8 \times 7 \times 6 \times 5 \times 4} = 0.0000017$.

3. $\dfrac{C_{20}^1 C_{40}^2}{C_{60}^3} = 0.4559$.   4. $\dfrac{C_{90}^4}{C_{100}^4} = 0.65$；$\dfrac{C_{10}^4}{C_{100}^4} = 0.000054$.

5. $\dfrac{C_3^2}{C_5^2} = 0.3$.   6. $1 - \dfrac{C_{39}^5}{C_{32}^5} = 0.7785$.

7. (1) $1 - 18\% = 82\%$；(2) $1 - 15\% = 85\%$；

(3) $80\% + 15\% = 95\%$；(4) 13%.

8. (1) 0.76；(2) 0.24. 9. $\dfrac{C_5^1 C_{99}^1}{C_{100}^1 C_{99}^1} = 0.05$.

10. 98%. 11. $\dfrac{5}{12}$.

习题 8-3

1. (1) 0.26；   (2) 0.6；   (3) 0.67.

2. 0.01.

3. (1) 0.1；   (2) 0.1；   (3) $\dfrac{1}{9}$.

4. (1) 0.27；   (2) 0.15.

5. 0.00835.   6. 0.32.   7. $\dfrac{3}{7}$.

习题 8-4

1. (1) 0.56；(2) 0.94；(3) 0.38. 2. 0.8. 3. 0.328. 4. 0.467.

5. (1) 0.0015；(2) 0.0485；(3) 0.0785.

6. (1) 0.0512；   (2) 0.9933. 7. 0.8891.

8. 11. 9. (1) 0.9606；(2) 0.0388；(3) 0.00061. 10. $\dfrac{1}{3}$.

第 9 章习题参考答案

习题 9-1

1. 用"$X=0$"表示"A 发生".

2. $X = \begin{cases} 0, & A \text{ 发生} \\ 1, & B \text{ 发生} \\ 2, & C \text{ 发生} \end{cases}$

3. X 可能取 0，1，2 三个值．

4. $\{X \leqslant 2000\}$；$\{1500 < X < 2000\}$． 5. (1) $a = \frac{1}{2}$，$b = \frac{1}{\pi}$；(2) $\frac{1}{2}$．

习题 9-2

1. (1) 是； (2) 不是．

2. (1) $C = 1$； (2) $C = \frac{27}{38}$．

3. (1) $\frac{1}{5}$；(2) $\frac{1}{5}$；(3) $\frac{3}{5}$．

4. (1) $F(x) = \begin{cases} 0, & x < -1 \\ \frac{1}{3}, & -1 \leqslant x < 0 \\ \frac{5}{6}, & 0 \leqslant x < 1 \\ 1, & x \geqslant 1 \end{cases}$；(2) $\frac{2}{3}$，$\frac{1}{6}$．

5.

X	0	1	2
p	0.1	0.5	0.4

6. $P(X=k) = \dfrac{C_3^k C_{17}^{3-k}}{C_{20}^3}$，$k = 0, 1, 2, 3$．

7. (1) 0.0016． (2) 1． 8. $1 - e^{-0.5} \approx 0.3935$． 9. 10．

习题 9-3

1. (1) $c = 2$； (2) 0.6． 2. (1) $c = \frac{1}{\pi}$；(2) $F(x) = \frac{1}{2} + \frac{1}{\pi} \arctan x$；(3) $\frac{1}{4}$．

3. (1) 0.9975，0.1353，0.8647；(2) $f(x) = \begin{cases} 2e^{-2x}, & x \geqslant 0 \\ 0, & x < 0 \end{cases}$． 4. $\frac{1}{2}$．

5. (1) $\frac{8}{27}$；(2) $\frac{1}{27}$．

习题 9-4

1. 0.5，0.8644，0.8688，0.9918． 2. (1) 0.9886；(2) $a = 111.84$．
3. 0.0456． 4. 0.9544． 5. 31.25．

习题 9-5

1. 甲的技术好.
2. -0.2, 2.8, 13.4, 2.76.   3.0.   4.0, 2.   5. 5.48 元.   6. 1.2, 0.36.
7. (1) 5.7; (2) 1.997.   8. (1) $\lambda+4$, $2\lambda+4$; (2) λ, 4λ.
9. $k\mu+b$, $k^2\sigma^2$.   10. 15, 0.4.   11. 18.   12. 略.

习题 9-6

1. $\varepsilon=1$, $\dfrac{D(X)}{\varepsilon^2}=\dfrac{35}{12}>\dfrac{2}{3}$; $\varepsilon=2$, $\dfrac{D(X)}{\varepsilon^2}=\dfrac{35}{48}>\dfrac{1}{3}$.

2. 0.996.   3. 0.9032.   4. 0.033.

第 10 章习题参考答案

习题 10-1

1. (1) 是; (2) 是; (3) 不是; (4) 是; (5) 是; (6) 是.
2. (1) $n-1$; (2) 1; (3) σ^2.
3. (1) 23.209, 18.549; (2) 3.1693, 2.1788; (3) 5.26, $\dfrac{1}{2.5}=0.4$.
4. (1) 1.645, -1.645, 1.96; (2) 30.578, 5.229;
   (3) 1.8595, -1.8595, 2.3060; (4) 2.75, 2.19.
5. 0.25.   6. 0.01.   7. 0.83.   8. $X\sim F(12, 8)$, 2.5, (2) 0.05.

习题 10-2

1. $E(\hat{\theta})^2=D(\hat{\theta})+[E(\hat{\theta})]^2=D(\hat{\theta})+\theta^2>\theta^2$.

2. $E(\overline{X})^2=D(\overline{X})+[E(\overline{X})]^2=\dfrac{\sigma^2}{n}+\mu^2\neq\mu^2$.

3. $\hat{\mu}_2$ 最有效.   4. 略.   5. $k=\dfrac{1}{2(n-1)}$.   6. $E(X)=4$; $D(X)=2.985$.

7. $k_1+k_2=1$; $k_1=\dfrac{1}{3}$; $k_2=\dfrac{2}{3}$.

8. $a=\dfrac{n_1}{n_1+2}$; $b=\dfrac{n_2}{n_1+n_2}$.

9. $\mu=232.397$, $\sigma^2=0.00344$.   10. $\lambda=\dfrac{1}{\overline{X}}$.

11. $\theta=-\dfrac{n}{\sum\limits_{i=1}^{n}\ln X_i}$.   12. $\alpha=-1-\dfrac{n}{\sum\limits_{i=1}^{n}\ln X_i}$.

习题 10-3

1. (2.014, 2.186).   2. (14.692, 15.208); (14.754, 15.146).
3. (420.1, 429.9).   4. (1244.2, 1273.8)
5. $n>4u_\alpha^2\sigma^2/L^2$, 其中 u_α 满足 $P(|U|\geq u_\alpha)=\alpha$, $U\sim N(0, 1)$.
6. (6.2/23.685, 6.2/6.571) = (0.2618, 0.9435)   ($\overline{X}=5.8$).
7. (1) (184.49, 657.28); (2) (190.05, 701.77). 8. (0.0349, 0.0732).

习题 10-4

略.

习题 10-5

1. $|u|=11.18>1.96$，拒绝 H_0.　　2. $|u|=0.87<1.96$，接受 H_0.
3. $|t|=0.578<2.756$，接受 H_0.　　4. $|t|=0.365<2.093$，接受 H_0.
5. $\lambda_1=\chi^2_{0.95}(14)=6.571$，$5.04<\lambda_1$，拒绝 H_0.
6. $|t|=3.307>2.052$，拒绝 H_0.

习题 10-6

1. $|u|=1.27<1.96$，接受 H_0.　　2. $|u|=1.88>1.65$，拒绝 H_0.
3. $|t|=2.245<2.37$，接受 H_0.　　4. $|t|=3.96>2.684$，拒绝 H_0.
5. $F=1.03<6.76=F_{0.025}(8,5)$，接受 H_0.

参考文献

[1] 叶海江,张志国,高云峰. 高职高专数学综合教程 [M]. 长春:吉林人民出版社,2006.

[2] 叶海江,孙晓祥. 高等数学(上册)[M]. 北京:中国人民大学出版社,2016.

[3] 叶海江,孙晓祥. 高等数学(下册)[M]. 北京:中国人民大学出版社,2016.

[4] 周静,耿道理. 高等数学 [M]. 上海:上海交通大学出版社,2016.

[5] 吴赣昌. 高等数学(理工类·高职高专版)[M]. 4版. 北京:中国人民大学出版社,2017.

[6] 高云峰. 线性代数 [M]. 上海:同济大学出版社,2015.

[7] 高云峰. 线性代数 [M]. 北京:中国农业出版社,2013.

[8] 杜凤娥. 线性代数 [M]. 北京:中国人民大学出版社,2009.

[9] 同济大学数学系. 线性代数 [M]. 北京:高等教育出版社,2007.

[10] 杜宇静. 概率论与数理统计 [M]. 上海:上海交通大学出版社,2015.

[11] 盛骤. 概率论与数理统计 [M]. 北京:高等教育出版社,2005.

[12] 吴赣昌. 概率论与数理统计 [M]. 北京:中国人民大学出版社,2005.